挑战思维极限

勾股定理的365种证明

李迈新◎编著

清华大学出版社

北京

内 容 简 介

本书主要介绍了勾股定理的 365 种证明方法，并按证法的特点进行归纳、整理和总结，让读者有一个全面而系统的了解.

书中大多数证法用到的知识不超过初中几何的教学范围，许多证法思路巧妙，别具一格，对提高读者的几何素养大有裨益，而且对激发读者思维潜能、培养创新意识和能力颇有帮助. 本书可以作为广大中学师生和数学爱好者的参考读物.

图书在版编目(CIP)数据

挑战思维极限: 勾股定理的 365 种证明/李迈新编著.—北京：清华大学出版社，2016（2023.10重印）

ISBN 978-7-302-45879-1

Ⅰ. ①挑…　Ⅱ. ①李…　Ⅲ. ①勾股定理–定理证明　Ⅳ. ①O123.3

中国版本图书馆 CIP 数据核字(2016)第 294593 号

责任编辑：汪　操　刘远星
封面设计：蔡小波
责任校对：王淑云
责任印制：刘海龙

出版发行：清华大学出版社
　　　　　　网　　　址：http://www.tup.com.cn, http://www.wqbook.com
　　　　　　地　　　址：北京清华大学学研大厦 A 座　　　邮　　编：100084
　　　　　　社 总 机：010-83470000　　　　　　　　邮　　购：010-62786544
　　　　　　投稿与读者服务：010-62776969, c-service@tup.tsinghua.edu.cn
　　　　　　质量反馈：010-62772015, zhiliang@tup.tsinghua.edu.cn
印 装 者：三河市少明印务有限公司
经　　销：全国新华书店
开　　本：170mm×230mm　　印　张：16　　字　数：296 千字
版　　次：2016 年 12 月第 1 版　　印　次：2023 年 10 月第 11 次印刷
定　　价：45.80 元

产品编号：061064-02

前 言

勾股定理是初等几何的著名定理之一. 它的内容为"直角三角形两直角边上正方形面积之和等于斜边上正方形的面积". 即"如果直角三角形两直角边长度分别为 a 和 b, 斜边长度为 c, 那么 $a^2 + b^2 = c^2$".

这个定理的内容简洁优美, 证明方法也是千变万化, 各式各样. 从古到今, 无数数学家和数学爱好者都研究过这个定理的证明, 得到了很多有趣的证法. 于是就有了一个问题: 勾股定理到底有多少种不同的证明方法? 这个问题的答案在笔者看来是无穷多种, 比如从本书中介绍的十字分块法就可以得到任意数目的分块方案, 每个分块方案都可以产生一个证明. 所以这个问题可以转化成: 勾股定理到底有多少种不同的有代表性的证明方法? 下面是笔者在撰写本书前查找到的一些资料, 它们的回答如下:

1. 美国数学月刊杂志于 1896—1899 年连载了一篇名为 *New and Old Proofs of the Pythagorean Theorem* 的论文, 作者为 B. F. Yanney 和 J. A. Calderhead, 里面介绍了 104 种勾股定理的不同证法.

2. E. S. Loomis 撰写的 *Pythagorean Proposition* 一书中共提到 367 种证明方法. 不过据笔者仔细阅读和研究, 该书的一些证法其本质上是相同的, 个别证法甚至存在错误, 有些证法仅是证明了等腰直角三角形的情形,因此不算完整的证明. 即便如此, 该书中有效的证明方法也接近 300 种, 本书收录了近 200 种.

3. 由王岳庭、程其坚编著, 内蒙古人民出版社于 1985 年出版的《定理的多种证明公式的多种推导》一书中介绍了勾股定理的 48 种证法.

4. 进入 21 世纪以后, 国外的数学爱好者建立了一个和勾股定理证法相关的网站 (参见文献 [3]). 到本书定稿时, 该网站已收录了 118 种不同的证法.

本书在前人工作的基础上, 对已有的勾股定理的证法进行整理和改编, 去粗取精, 并加入了 56 种作者自己发现的证法. 最终本书给出了 365 种不同证法.

考虑到不同层次读者的知识水平，本书的内容编排尽量遵循从易到难、从特殊到一般的原则．以分块法开头，目的是从一些简单易懂的例子出发，让小学生都能动手进行图形的裁剪和拼接，加深对这个定理的直观印象，由此再演变出割补法和面积法．对初中生而言，面积法和相似法都是可以接受的内容，所以一个初中学生经过努力和思考，应该可以看懂书中 2/3 的内容．最后以泛化法结尾，将勾股定理的结论一般化，符合一般读者的认知规律．读者在阅读和思考的过程中可以不断地提升自己的数学修养，体会数学的抽象之美．总之一句话，不论您是几何初学者还是数学大家，在这 365 种证法中，总有一"款"适合您！

需要指出的是，虽然本书的内容为勾股定理的各种证明，但本书的主要目的是挑战思维极限．

对于数学专业工作者或爱好者来说，这个极限并不是去刻意追求证法的数量，而是要挑战读者的思考极限，能够将平面几何中的常见证明思路结合起来，学以致用，理解不同定理间的横向联系，达到融会贯通的目的．如果读者在本书的启发之下发现新的证法，相信无论对该读者还是笔者都将是一件很有成就感的事．

对其他专业和领域的读者而言，阅读本书之后，如果能触类旁通，则可以开拓自己的视野，体会思考的乐趣，激发思维潜能，提高创新意识和能力，从而促进自己在本专业和领域的不断改进和提高．这才是提高自我、挑战自己思维极限的全面体现．

本书定稿之前，由山西临县一中李有贵老师和哈尔滨师范大学数学科学学院 2014 级黄小娟同学进行了仔细阅读和校对，修正了很多细节性错误，使本书得到了进一步完善，在这里向他们表示感谢．

此外，也要感谢培养我的各级母校——大连金南路小学、大连第 76 中学、大连第 23 中学、大连理工大学．由于笔者水平和精力有限，书中的疏漏、错误之处难免，敬请广大中学师生和数学爱好者提出宝贵意见．

另外由于篇幅所限，有些证法只提供了证明的要点，省略了部分辅助线的作法及详细证明过程，给广大读者留下了无限的思考空间．欢迎感兴趣的读者就阅读过程中的疑惑、想法、建议及书中的一些不完善之处与作者联系探讨．笔者的联系方式为：微信 13252957329，QQ 29985091．

李迈新

2016 年 9 月

本书约定

为方便阅读，这里将本书的常见约定简介如下，以后不再赘述.

1. 除另有说明外，本书中的 $\triangle ABC$ 均为直角三角形，记为 $\text{Rt}\triangle ABC$，其中 C 为直角. 三边长度关系满足 $a \leqslant b < c$.

2. 书中经常会遇到以某条边向三角形外侧或者内侧做正方形的情况，如一一注明，则篇幅太长. 故本书约定：当证法里未对辅助线做法做详细说明时，"$BCDE$" "$ACFG$" "$ABHK$" 分别代表边长为 a、b、c 的三个正方形，分别叫做正方形 a、b、c，有时也分别称为小正方形、大正方形和斜正方形. 比如证法 152、证法 193 等.

3. 本书中的大部分辅助线做法可以归纳为以下几种情形：

(1) 延长两条已作出直线，求它们的交点；

(2) 过一点作某条已知直线的垂线；

(3) 过一点作某条已知直线的平行线；

(4) 以三角形的一条边为边长向外或者向内作一正方形；

(5) 作三角形的外接圆或者内切圆；

(6) 以某点为圆心，作一圆过另一已知点；

(7) 求直线和圆的交点；

(8) 作三角形的中位线；

(9) 作某个角的平分线；

(10) 作一条线段的垂直平分线 (即中垂线).

由于很多相邻证法的辅助线做法类似，如只写出一个，不免挂一漏万，但又如各证法都写出详细的辅助线做法，又有重复之嫌. 故作者的解决方案为：对前述的情形 (1)~(7)，由于可以直接观察得出，故一般不在证法中另外说明，角分线、中位线和中垂线则会明确指出.

4. 当以某条边为边长向外做正方形时, 为醒目起见, 该正方形的 4 条边均用实线画出, 其他辅助线仍然用虚线.

5. 对使用面积法的某些证法, 会用实线将整个图形的边界标出, 使读者能够直接看出要计算面积的区域.

6. 对比较明显又经常出现的三点共线和三线共点的情形, 一般不做证明, 直接使用该结论. 比如图 9.14 中做出正方形 $ACFG$ 和 $ABHK$ 之后, 则易证 K、F、G 三点共线.

7. 图形的面积一般用字母 S 表示, 其后的下标为图形名称, 比如 S_{ABCD} 即表示四边形 $ABCD$ 的面积.

8. 每种证法以符号 "□" 作为证法的结束.

目 录

第 1 章

分 块 法

分块法的主要思想是为了证明两个图形的面积相等, 先将两个图形分割成一些数目相同的图块, 然后证明每组对应的图块面积相等, 即可证明两个图形的总面积相等.

在证明两个不规则的子图块全等时, 往往需要用到下面的多边形全等判定条件. 它可以看作是判断两个三角形是否全等的角边角定理在多边形中的推广.

定理 1.1　如图 1.1 所示, 若两个多边形 $A_1A_2\cdots A_n$ 和 $B_1B_2\cdots B_n$ 同时满足如下三个条件, 则它们全等.

(1) 两个多边形的边数都为 n.

(2) 各内角对应相等, 即 $\angle A_1 = \angle B_1, \angle A_2 = \angle B_2, \cdots, \angle A_n = \angle B_n$.

(3) 有 $n-2$ 条连续边对应相等, 即 $a_1 = b_1, a_2 = b_2, \cdots, a_{n-2} = b_{n-2}$.

证　如图 1.1 所示, 由 $a_1 = b_1, a_2 = b_2, \angle A_2 = \angle B_2$ 可知 $\triangle A_3A_2A_1 \cong \triangle B_3B_2B_1$, 故 $\angle 1 = \angle 1'$, $A_1A_3 = B_1B_3$, 又已知 $\angle A_4A_3A_2 = \angle B_4B_3B_2$, 所以 $\angle 2 = \angle 2'$, 于是由边角边定理知 $\triangle A_1A_3A_4 \cong \triangle B_1B_3B_4$, 同理可证 $\triangle A_1A_4A_5 \cong \triangle B_1B_4B_5$, 依次类推直到 $A_1A_{n-2}A_{n-1} \cong \triangle B_1B_{n-2}B_{n-1}$. 于是可知 $A_1A_{n-1} = B_1B_{n-1}$, $\angle \alpha = \angle \alpha'$, $\angle A_{n-2}A_{n-1}A_n = \angle B_{n-2}B_{n-1}B_n$.

再由 $\angle 3 = \angle 3'$, $\angle 4 = \angle 4'$, $\cdots$, $\angle \alpha = \angle \alpha'$ 可知 $\angle A_2A_1A_{n-1} = \angle B_2B_1B_{n-1}$, 再从 $\angle A_2A_1A_n = \angle B_2B_1B_n$ 可知 $\angle \beta = \angle \beta'$. 然后根据角边角定理知 $\triangle A_1A_{n-1}A_n \cong \triangle B_1B_{n-1}B_n$. 故 $A_{n-1}A_n = B_{n-1}B_n$, $A_nA_1 = B_nB_1$. 从而 $A_1A_2\cdots A_n$ 和 $B_1B_2\cdots B_n$ 对应角相等, 对应边也相等, 因此它们全等.

在应用定理 1.1 时, 条件 (1) 和条件 (2) 往往是容易验证的. 所以本书中在判定两个图块全等时, 一般只需证明它们满足条件 (3) 即可. 参见后面的证法 1 和证法 4.

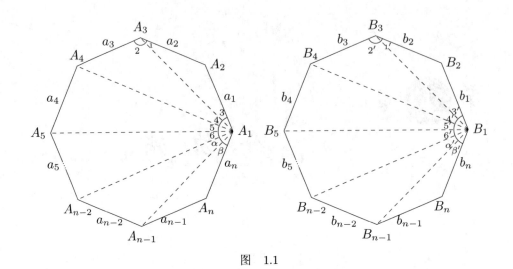

图　1.1

1.1　分块对应法

分块对应法是最直观的分块法, 它的要点是将两个图形分解成对应全等的子图块, 并为每组对应的图块进行相同的编号, 从而得到两个图形面积相等的结论. 在参考文献 [2] 中有很多用分块对应法证明勾股定理的例子, 比如下面的证法 1～证法 7, 它们都非常有代表性, 都可以看成弦图 (见第 6 章 "拼摆法" 中的图 6.1) 的变种. 请读者自行体会其中的演变.

证法 1　如图 1.2(a) 所示. 作 $MN \parallel AB$, 则 $AM = BC, CM = AB$, 显然四边形 $SMCF$ 和 $LHBR$ 的四个角对应相等, 以及 $BH = AB = MC, BR = AC = FC$, 由定理 1.1 知这两个四边形全等. 再截取 $AX = GM = b - a$, 易证 $\mathrm{Rt}\triangle AXT \cong \mathrm{Rt}\triangle MGS$. 故 $XP = b - (b-a) = a = BE(AP = BR = AC = b)$, 再由 $KP = BC$ 和定理 1.1 可知两个直角梯形 $TXPK$ 和 $NEBC$ 全等.

综上所述, 可知子图 (b) 中编号相同的图块各自对应全等, 即大正方形面积为两个小正方形面积之和, 于是立得 $c^2 = a^2 + b^2$. □

证法 2　如图 1.3 所示, 仿照证法 1 易证各同编号的图块对应全等, 于是立得 $c^2 = a^2 + b^2$. □

证法 3　如图 1.4 所示, 其中图块 4 为直角梯形, 高和下底均为 a. 仿照证

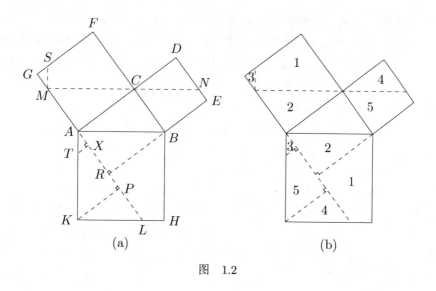

图　1.2

法1 易证各同编号的图块对应全等, 于是立得

$$S_{ABHK} = \sum_{i=1}^{8} S_i = a^2 + b^2 = S_{BCDE} + S_{ACFG}.$$

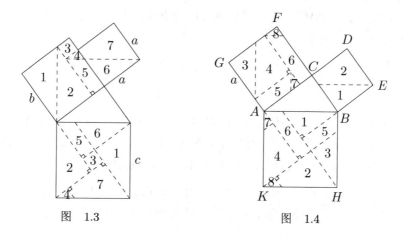

图　1.3　　　　　　　　图　1.4

证法 4　如图 1.5(a) 所示, 截取 $PW = CL$, 则有 $BW = XL \implies$ Rt$\triangle BZW \cong$ Rt$\triangle XBL$, 故 $WZ = BL = RH$. 再截取 $XU = VZ$. 作 $UQ \perp XY$, 则 Rt$\triangle XUQ \cong$ Rt$\triangle VZE$. 于是有 $UQ = ZE.XQ = VE \implies$

$QY = DV$. 又易知 $BZ = BX = CP$, 故 $BE - BZ = CD - CP$, 得 $ZE = PD \implies \text{Rt}\triangle ZEV \cong \text{Rt}\triangle PDJ \implies PJ = VZ = XU$. 再考虑到 $BJ = AB = LR$, 于是可得 $LR - LX - XU = BJ - BW - PJ \implies UR = PW$.

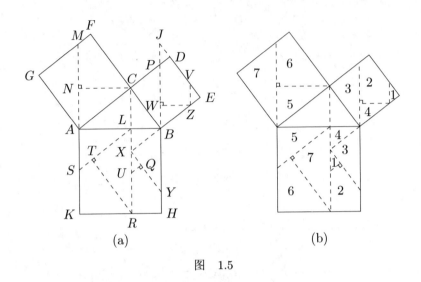

图 1.5

现在可知两五边形 $PDVZW$ 和 $UQYHR$ 有三组连续边对应相等: $RU = WP, UQ = PD, QY = DV$, 又显然可以看出这两个五边形的对应角相等, 于是根据定理 1.1 知它们全等.

类似可证子图 (b) 中其他编号相同的图块对应全等, 最后可得 $c^2 = a^2 + b^2$.
□

证法 5 如图 1.6(a) 所示, 截取 $BU = CP$, $SZ = QU$, 仿照证法 4 可知 $BP + QU = c$, 于是 $LZ = BP$, 再考虑到 $ZV = UE = PD$, $LW = CP = BU$, 便可根据定理 1.1 知五边形 $LZVYW$ 和 $BPDQU$ 全等.

易证 $TL = AC = CF$, $KL = RC$, 根据定理 1.1 知四边形 $KLTX$ 和 $RCFM$ 全等. 又易证子图 (b) 中其他同编号的图块对应全等, 故 $c^2 = a^2 + b^2$.
□

证法 6 如图 1.7(a) 所示, 作 $KP \parallel AC$ 交 CR 于 X, 显然 $CX = AK = BH$, 于是 $CXHB$ 是平行四边形, 故 $XH \parallel BC \parallel AN$. 从而 $\angle PXH = \angle CAN = 90°$. 再考虑到 $PX = CT$, 可知 $\text{Rt}\triangle PXH \cong \text{Rt}\triangle TCB$.

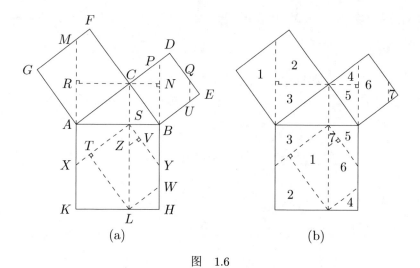

图　1.6

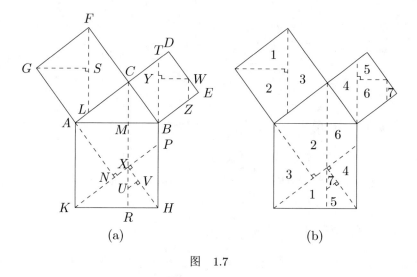

图　1.7

现在截取 $BZ = CT, XU = WZ$，再仿照证法 4 可证子图 (b) 中其他同编号的图块对应全等. 于是可得

$$S_{ABHK} = \sum_{i=1}^{7} S_i = S_{ACFG} + S_{BCDE}.$$　□

证法 7　如图 1.8(a) 所示，截取 $KL = CT, BP = CN$，并将两直角边上的正方形按子图 (b) 进行分块和编号. 然后在子图 (c) 中作内正方形 $ABHK$，截

5

取 $AX = KM, CI = HN$. 再将正方形 $ABHK$ 按子图 (d) 进行分块和编号.

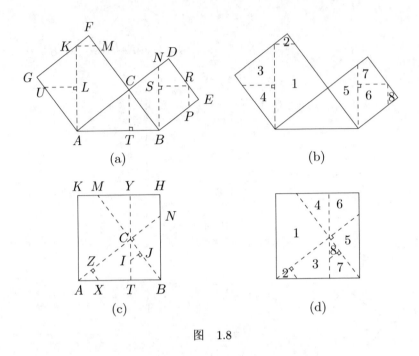

图　1.8

容易验证子图 (b) 和 (d) 中相同编号的图块对应全等, 故

$$S_{ABHK} = \sum_{i=1}^{8} S_i = S_{ACFG} + S_{BCDE}. \qquad \square$$

下面的证法 8 利用角分线进行分块, 别有一番情趣.

证法 8　如图 1.9(a) 所示, 作 AB 的三条平行线 GY, RP 和 EX. 易知 $\angle 10 = \angle 4, \angle 6 = \angle 9$, 再由 $AC = FG$ 可知 $\triangle GFY \cong \triangle CAR$.

现在作 CL 平分 $\angle ACB$, 则 $CL \parallel AF \parallel BD$. 且 $\angle 5 = 45° = \angle 7 \implies CA = AM$, 再考虑到 $\angle 1 = \angle 3, AK = AB$, 可知 $\triangle AKM \cong \triangle ABC$, 于是 $\angle AMK$ 为直角, 同理可证 $NH \perp BN$. 设 SM 和 NT 分别为 $\angle AMK$ 和 $\angle BNH$ 的平分线, 则由 $\angle 8 = 45° = \angle 4, \angle 6 = \angle 3 = \angle 1, AM = AC$ 可知 $\triangle AMS \cong \triangle CAR$. 同理可证 $\triangle HNT \cong \triangle CAR$.

综上所述, 我们就证明了子图 (b) 中所有编号为 1 的三角形彼此全等. 类似可证子图 (b) 中其他同编号的三角形彼此全等, 于是由子图 (a) 和 (b) 立得

$$S_{ABHK} = 2\sum_{i=1}^{4} S_i = S_{ACFG} + S_{BCDE}. \qquad \Box$$

历史上还出现过和图 1.9(b) 类似的另外两个分块方案, 即参考文献 [2] 中的第 19 个和第 24 个几何证法, 我们把它们集中到图 1.9 的子图 (c) 和 (d) 中, 使读者有一个更全面的了解.

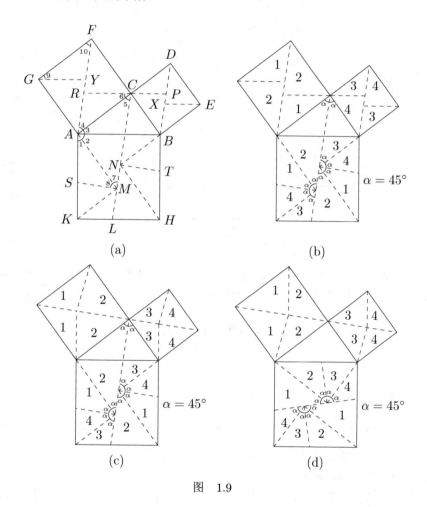

图　1.9

下面看一个利用正方形的对角线 (其实也是角分线) 进行分块的例子, 即证法 9.

证法 9　如图 1.10(a) 所示, 截取 $GM = CL = a$. 易证 $ALNM$ 和 $XZYW$ 都是边长为 $b - a$ 的正方形, 所以它们面积相等. 再从 $\angle 2 = \angle 4 = \angle 5$ 和

$\angle 2 + \angle 1 = 90°$，$\angle 5 + \angle 6 = 90°$ 可知 $\angle 1 = \angle 6$. 现在截取 $KS = b - a = MN$，再由 $MF = AB = KH$ 及 $\angle MNF = 135° = \angle KSH$ 可知 $\triangle FMN \cong \triangle HKS$. 再截取 $BR = b - a$，同理可证 $\triangle ABR \cong \triangle FLN$.

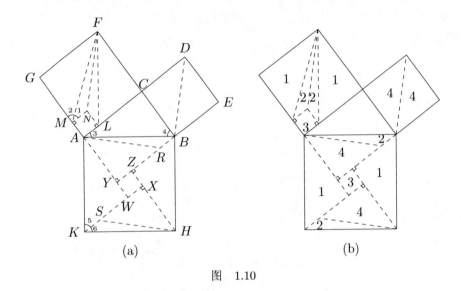

图　1.10

综上所述，我们证明了子图 (b) 中所有编号为 2 的三角形彼此全等. 类似可证子图 (b) 中其他同编号的图块对应全等，于是由子图 (a) 和 (b) 立得

$$S_{ABHK} = 2(S_1 + S_2 + S_4) + S_3 = S_{ACFG} + S_{BCDE}. \qquad \square$$

1.2　镶嵌法

前一节介绍的分块方案都是历史上比较经典的案例，体现了数学爱好者的智慧. 到了 21 世纪，随着计算机技术的发展，人们又发现了用计算机批量生成勾股定理证明方法的途径.

在参考文献 [6] 中就描述了这样一个新颖的思路：构造两种不同的正方形瓷砖，边长分别为 a 和 b. 把它们按图 1.11 所示的方式进行摆放，显然可以铺满一个无穷平面. 现在再构造一个边长为 c 的瓷砖，把它随机地放到平面上的任意位置，那么随着瓷砖 c 每放到任何一个不同的位置，都可以得到一个不同的分块证法. 这个思路的英文原名是 "Tessellation"，中文可以理解为 "镶嵌"，这即是本节名称的来源.

在参考文献 [4] 对应的网址中有一个镶嵌法的计算机动画程序. 下面的图 1.11 ~ 图 1.19 介绍了该程序的不同演示效果.

证法 10 如图 1.11 所示, W、X、Y、Z 分别是四个大正方形的对称中心, 将它们连接起来, 显然

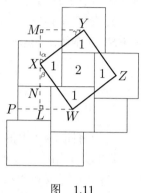

$LX = \dfrac{b}{2} + \dfrac{b}{2} = b$, $LW = WP - LP = \left(a + \dfrac{b}{2}\right) - \dfrac{b}{2} = a$. 故 $XW = c$. 类似可知 $MY = b = LX$, $MX = a = LW$, 故 $\mathrm{Rt}\triangle YXM \cong \mathrm{Rt}\triangle XWL$. 得 $YX = XW$, $\alpha + \beta = \alpha + \gamma = 90°$, 知 $XY \perp XW$.

类似可证 $WZ = YZ = XY$. 故 $WXYZ$ 是边长为 c 的正方形. 易知[①] $S_1 = \dfrac{1}{4}b^2$. 于是立得

图　1.11

$$c^2 = S_{WXYZ} = S_2 + 4S_1 = a^2 + b^2.\qquad\square$$

下面将图 1.11 中的正方形 c 向右平移, 使其两条边分别过最右侧的小正方形的两个相邻顶点, 即可得到图 1.12 的分块方案, 详见证法 11.

证法 11 如图 1.12(a) 所示, A、B、C、M 分别是三个小正方形的顶点, AB 交 CM 于 W 点. 然后截取 $NL = a$, TN 交 BL 于 Z 点. 用类似过程可作出 X 点和 Y 点, 易证

$$\mathrm{Rt}\triangle ABC \cong \mathrm{Rt}\triangle CMF \cong \mathrm{Rt}\triangle BLN.$$

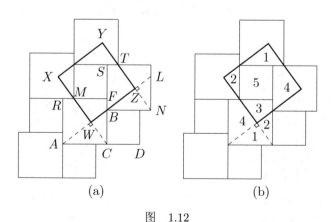

图　1.12

---

① 从正方形的对称中心作两条相互垂直的直线, 必四等分正方形的面积.

由此可知 AB 和 BL 在同一条直线上, 且 $CM \perp AB$. 再由 Rt$\triangle ACW \cong$ Rt$\triangle BNZ$ 可知 $AW = BZ$, 于是有 $ZW = BW + BZ = BW + AW = AB$. 同理可证 $WXYZ$ 另外三边的长度也等于 AB, 故它是边长为 c 的正方形.

又 $RM = b - a = ST$, $AR = b = BS$, 根据定理 1.1 可知四边形 $ARMW$ 和 $BSTZ$ 全等, 于是根据子图 (b) 中的编号方案知

$$c^2 = \sum_{i=1}^{5} S_i = a^2 + b^2. \qquad \square$$

我们将图 1.12 中的斜正方形沿直线 WA 向左下平移, 使 W 点和 A 点重合, 就可以得到图 1.13 所示的分块方案. 然后将图 1.13 中的斜正方形向右平移到不同的位置, 又可以得到图 1.14 ~ 图 1.16 所示的证法.

证法 12 如图 1.13 所示, W、X、Y、Z 分别是 4 个小正方形的顶点, 仿照证法 10 可证 $WXYZ$ 是边长为 c 的正方形. 又显然有 $S_1 + S_3 = a^2$, $S_2 + S_4 + S_5 = b^2$. 于是立得

$$c^2 = \sum_{i=1}^{5} S_i = a^2 + b^2. \qquad \square$$

证法 13 如图 1.14 所示, 仿照证法 10 可证图中加粗的四边形是边长为 c 的正方形, 且编号相同的子图块对应全等, 于是立得

$$c^2 = \sum_{i=1}^{6} S_i = a^2 + b^2. \qquad \square$$

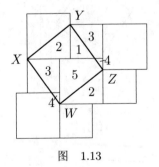

图　1.13

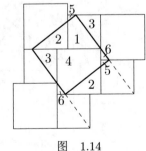

图　1.14

证法 14 将图 1.13 中的正方形 c 向右平移一段距离, 即可得到图 1.15 的分块方案, 显然有

$$c^2 = \sum_{i=1}^{7} S_i = a^2 + b^2. \qquad \square$$

证法 15 将图 1.15 中的正方形 c 向右平移到图 1.16 所示的位置, 显然有

$$c^2 = \sum_{i=1}^{6} S_i = a^2 + b^2. \qquad \square$$

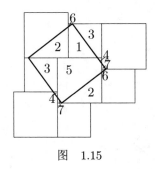

图　1.15

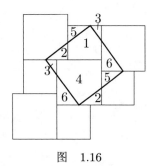

图　1.16

证法 16 将图 1.16 中的正方形 c 向下平移至图 1.17 所示的位置, 显然有

$$c^2 = \sum_{i=1}^{7} S_i = a^2 + b^2. \qquad \square$$

证法 17 如图 1.18 所示, W、X、Y、Z 分别是四个小正方形的对称中心, 用和证法 10 相似的方法可以证明 $WXYZ$ 是边长为 c 的正方形. 又易证

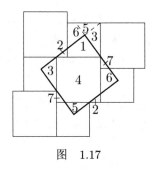

图　1.17

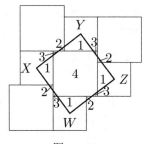

图　1.18

11

$S_2 = S_3, S_1 = \frac{1}{4}a^2$, 于是有

$$c^2 = S_{WXYZ} = 4S_1 + 4S_2 + S_4 = 4S_1 + (4S_3 + S_4) = a^2 + b^2. \qquad \square$$

证法 18 将图 1.18 中的正方形 c 向上平移 $\frac{1}{2}(b-a)$ 个单位的距离, 得到图 1.19 所示的分块方案, 于是有

$$c^2 = \sum_{i=1}^{8} S_i = (S_1 + S_4 + S_5 + S_7) + (S_2 + S_3 + S_6 + S_8) = a^2 + b^2. \qquad \square$$

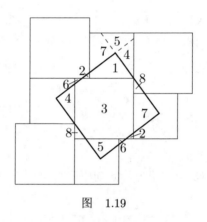

图   1.19

1.3   十字分块法

张景中院士和彭翕成老师在前一节介绍的镶嵌法的基础上, 用动态几何软件 —— 超级画板实现了另一种用计算机批量生成勾股定理分块证明法的途径. 其基本思想是先作直角三角形的三个外正方形, 然后在平面内任取一点 P, 过 P 点作斜边的平行线 l_1, 再作 l_1 的垂线 l_2, 随着 P 点位置的变化, 可以得到许多精巧的分块方案.

显然, 这个思路的特点是直线 l_1 和 l_2 构成一个十字, 所以可称为十字分块法. 下面是十字分块法的一些实例, 它们均改编自参考文献 [8] 中 210~214 页的内容.

首先介绍 P 点过小正方形左上顶点的情形, 即证法 19.

证法 19 如图 1.20 所示, 作出 l_1 和 l_2 之后, 将小正方形中的图块 2 向右上平移, 使 E 点和 H 点重合, 就找到了斜正方形中图块 2 的摆放位置. 由此可以确定图块 3、4、5 的摆放位置. 于是由图 1.20 可知

$$c^2 = \sum_{i=1}^{5} S_i = a^2 + b^2.$$ □

现在让 P 下移一段距离, 可得证法 20. 为了简化篇幅, 我们以后用实心圆点标出 P 的原始位置以及图块平移之后 P 的新位置, 不再标出顶点的字母编号.

证法 20 如图 1.21 所示, 显然有

$$c^2 = \sum_{i=1}^{7} S_i = a^2 + b^2.$$ □

当 l_1 过小正方形右下顶点时就得到了证法 21.

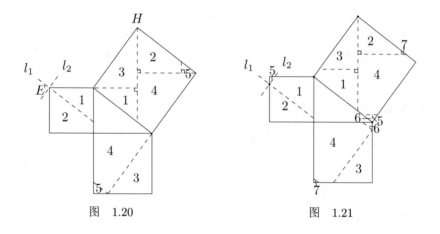

图 1.20   图 1.21

证法 21 如图 1.22 所示, 显然有

$$c^2 = \sum_{i=1}^{6} S_i = a^2 + b^2.$$ □

现在考虑 P 点在小正方形内运行的情形. 当 P 点过正方形 a 的对称中心时, 可以得到证法 22. 细心的读者会发现该证法与前面介绍过的证法 17 有异曲同工之妙.

证法 22 如图 1.23 所示, 显然有

$$c^2 = \sum_{i=1}^{9} S_i = a^2 + b^2.$$ □

从证法 22 还可以看出十字分块法的另一个重要的特点, 当把某个正方形用十字线分成 4 块之后, 要想办法 (一般是平移操作) 把得到的 4 个子图块分别 "贴" 到斜正方形的 4 个角上, 贴的时候要保证交点 P 和对应顶点重合, 便可确定分块方案. 读者可以通过下面介绍的其他例子加深对这个特点的理解.

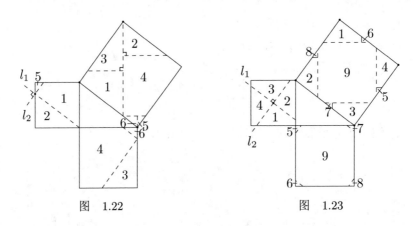

图 1.22   图 1.23

证法 23 如图 1.24 所示, 显然有

$$c^2 = \sum_{i=1}^{8} S_i = a^2 + b^2.$$ □

现在让 l_1 过小正方形的左上顶点, P 在 l_1 内, 可以得到证法 24.

证法 24 如图 1.25 所示, 显然有

$$c^2 = \sum_{i=1}^{7} S_i = a^2 + b^2.$$ □

现在保持图 1.25 中的 l_1 位置不变, 调整 l_2 的位置, 使其过小正方形的左下顶点, 即可得到证法 25.

证法 25 如图 1.26 所示, 显然有

$$c^2 = \sum_{i=1}^{7} S_i = a^2 + b^2.$$ □

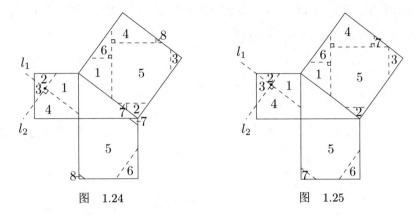

图 1.24　　　　　　　　　　　图 1.25

现在考虑 P 为小正方形内任意一点, 把小正方形分成 4 个不规则四边形的情形, 即证法 26.

证法 26　如图 1.27 所示, 显然有

$$c^2 = \sum_{i=1}^{9} S_i = a^2 + b^2.$$ □

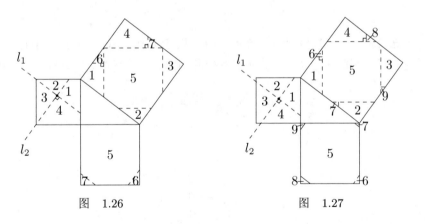

图 1.26　　　　　　　　　　　图 1.27

下面介绍对大正方形 b 使用十字分块方案的例子. 首先看 P 过大正方形对称中心的情形, 即证法 27, 读者可以将它与前面介绍过的证法 10 进行比较, 会发现二者殊途同归, 会得到本质相同的分块方案.

证法 27　分块方案如图 1.28 所示, l_1 和 l_2 都过正方形 b 的中心, 易证 $S_1 = S_2 = S_3 = S_4$. 于是有

$$c^2 = S_5 + 4S_1 = a^2 + b^2.$$ □

现在将图 1.28 中的十字线中心移动到正方形 b 内其他点, 可以得到证法 28.

证法 28　如图 1.29 所示, 显然有

$$c^2 = \sum_{i=1}^{6} S_i = a^2 + b^2. \qquad \Box$$

现在让 l_1 过正方形 b 的对称中心, P 点位于 b 的边上. 可以得到证法 29.

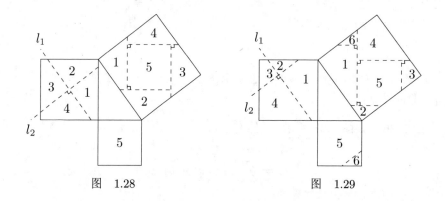

图　1.28　　　　　　　　　　图　1.29

证法 29　如图 1.30 所示, 过大正方形的中心作直线 l_1 和斜边平行, 又作直线 l_2 和 l_3 分别和 l_1 垂直, 易证编号相同的图块对应全等, 于是有

$$c^2 = \sum_{i=1}^{6} S_i = a^2 + b^2. \qquad \Box$$

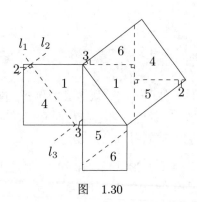

图　1.30

第 **2** 章

割 补 法

在求不规则几何图形面积的时候, 一个常用的方法是把图形切下一部分, 把切下来的那部分移动到其他位置, 拼成一个规则的图形. 这个方法一般称为割补法. 显然第 1 章介绍的分块法可以看成是割补法的特例. 比如我们熟悉的平行四边形面积公式, 其推导过程的核心就是通过割补转化为长方形 (或正方形), 求梯形面积则是通过割补转化为平行四边形, 求圆面积是通过割补转化为近似长方形, 等等.

割补法在勾股定理的证明中有悠久的历史, 最经典的就是下面的证法 30.

证法 30 如图 2.1 所示, 首先作两个边长分别为 a 和 b 的正方形, 设它们的总面积为 S, 如子图 (a) 所示. 再从子图 (b) 和 (c) 中可以看出, S 可以分割

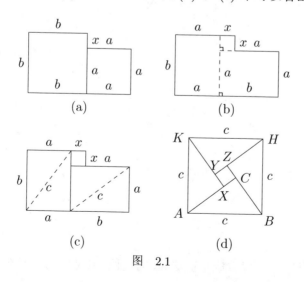

图　2.1

成 4 个全等的直角三角形和一个边长为 $x = b - a$ 的小正方形. 在子图 (d) 中又把这 4 个直角三角形和小正方形拼接成了一个边长为 c 的正方形. 于是可知 $a^2 + b^2 = c^2$. □

在参考文献 [2] 中记录了近 40 种和证法 30 类似的证法, 其中比较典型的是下面的证法 31.

证法 31 如图 2.2 所示, 截取 $CR = a$, 则 $S_{MPRF} = (b-a)^2 = S_2$, $S_{CRPL} = S_{CBNL}$. 故有

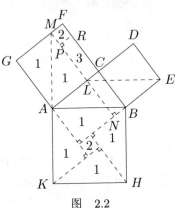

$$S_{BCDE} + S_{ACFG}$$
$$= S_{BCDE} + S_3 + 2S_1 + S_2$$
$$= S_{BCDE} + S_{CBNL} + 2S_1 + S_2$$
$$= 2S_1 + 2S_1 + S_2 = 4S_1 + S_2$$
$$= S_{ABHK}. \qquad \square$$

图 2.2

下面的证法 32 也是从证法 30 变化而来的.

证法 32 如图 2.3 所示, 子图 (a) 由两个边长分别为 a 和 b 的正方形拼接而成. 现在我们将子图 (a) 中的 Rt$\triangle ABC$ 沿向量 $\overrightarrow{BD}$ 平移, 便可得到子图 (b) 中的 Rt$\triangle HDG$. 类似地, 将 Rt$\triangle BDE$ 沿向量 $\overrightarrow{BA}$ 平移后, 便可得到子图 (b) 中的 Rt$\triangle AHF$.

这样我们就可以通过割补法将子图 (a) 中的两个正方形拼接为子图 (b) 中的正方形 $ABDH$. 于是立得 $a^2 + b^2 = c^2$. □

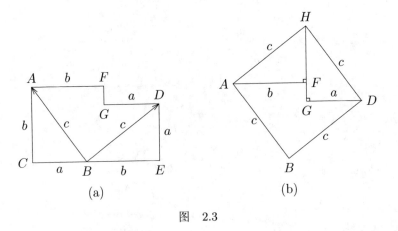

(a)   (b)

图 2.3

下面的证法 33 可以看成是证法 30 的变种. 其证法的关键在于能够观察出

图 2.4 中的多边形 $RTLA$ 和 $BPDE$ 全等以及 Rt$\triangle GSM \cong$ Rt$\triangle BPC$.

证法 33 如图 2.4 所示, 容易证明 $XZ = YZ = b - a, NC = CL = b - a$, 故 $S_{CNST} = CL \cdot CN = (b-a)^2 = S_{XWYZ}$. 现在就有

$$S_{ABHK} = S_{\triangle AKW} + S_{\triangle KHX} + S_{\triangle HBZ} + S_{\triangle BAY} + S_{XWYZ}$$

$$= S_{\triangle AMG} + S_{\triangle AML} + S_{\triangle CRA} + S_{\triangle GNF} + S_{CNST}$$

$$= S_{RTLA} + S_{\triangle GSM} + S_{RTSG} + S_{\triangle CRA} + S_{\triangle GNF} + S_{CNST}$$

$$= S_{RTLA} + S_{\triangle GSM} + S_{ACFG}$$

$$= S_{BPDE} + S_{\triangle BPC} + S_{ACFG}$$

$$= S_{BCDE} + S_{ACFG}. \qquad \square$$

下面的证法 34 中也能看出证法 30 的影子.

证法 34 如图 2.5 所示, 由 $S_1 + S_2 = S_3$ 立得 $c^2 = a^2 + b^2$. $\qquad \square$

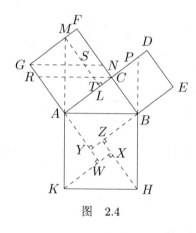

图 2.4

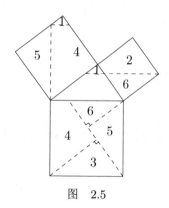

图 2.5

下面的证法 35 和证法 36 都与证法 34 类似, 但是分块数更少.

证法 35 如图 2.6 所示, 易证 $S_6 = S_3 + S_2, S_7 = S_1 + S_5$. 故

$$c^2 = S_4 + S_6 + S_7$$

$$= S_4 + S_3 + S_2 + S_1 + S_5$$

$$= S_1 + S_2 + S_3 + (S_4 + S_5)$$

$$= b^2 + a^2. \qquad \square$$

证法 36 如图 2.7 所示, 易知

$$S_{\mathrm{Rt}\triangle SHB} = \frac{1}{2} S_{LSBE} = S_{\mathrm{Rt}\triangle LHS} + S_{\mathrm{Rt}\triangle BEH}$$

故有

$$S_{ABHK} = (S_4 + S_6) + S_2 + S_3$$
$$= (S_4 + S_1 + S_5) + S_2 + S_3$$
$$= (S_4 + S_5) + (S_1 + S_2 + S_3)$$
$$= S_{BCDE} + S_{ACFG}. \qquad \square$$

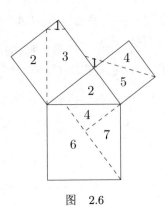

图 2.6

下面的证法 37 比证法 36 更加简洁.

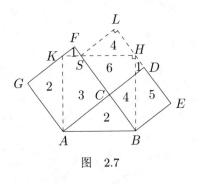

图 2.7

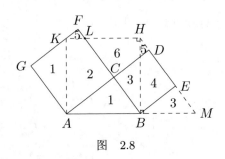

图 2.8

证法 37 如图 2.8 所示, 易证 $\mathrm{Rt}\triangle BHL \cong \mathrm{Rt}\triangle HBM$, 故 $S_3 + S_6 = S_3 + S_4 + S_5$. 于是有

$$S_{ACFG} + S_{BCDE} = (S_1 + S_2 + S_5) + (S_3 + S_4)$$
$$= S_1 + S_2 + (S_5 + S_3 + S_4)$$
$$= S_1 + S_2 + (S_3 + S_6) = S_{ABHK}. \qquad \square$$

下面的证法 38 与证法 36 一脉相承.

证法 38 从图 2.9(a) 和 (b) 中可以看出

$$c^2 = a^2 + b^2 \Longleftrightarrow S_5 = S_6 + S_1 \Longleftrightarrow S_{CSHP} = S_{\mathrm{Rt}\triangle HBE}. \qquad (2.1)$$

作 $HN \parallel AD$. 由 $HD = b - a = KF, \angle KFL = \angle LHD, \angle FLK = \angle HLD$ 可知 $\triangle KFL \cong \triangle DHL$. 于是可知 $LF = LH$. 再考虑到 $\angle LHN = \angle A =$

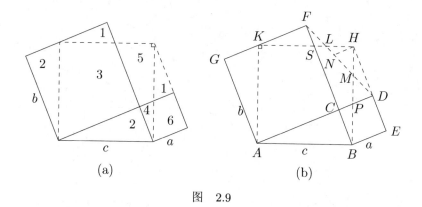

图　2.9

$\angle SFL, \angle FLS = \angle HLN$, 得到 $\triangle LHN \cong \triangle LFS$, 所以 $HN = FS$. 而 $\triangle HDP \cong \triangle KSF \implies FS = DP$, 故 $HN \underset{=}{\parallel} DP$, 于是 $\triangle HNM \cong \triangle PDM$. 现在就有

$$S_{SCPH} = (S_{\mathrm{Rt}\triangle FCD} - S_{\triangle FSL} - S_{\triangle PMD}) + S_{\triangle HNL} + S_{\triangle HNM}$$

$$= S_{\mathrm{Rt}\triangle FCD} + (S_{\triangle HNL} - S_{\triangle FSL}) + (S_{\triangle HNM} - S_{\triangle PMD})$$

$$= S_{\mathrm{Rt}\triangle FCD} = S_{\mathrm{Rt}\triangle ABC} = S_{\mathrm{Rt}\triangle HEB}. \tag{2.2}$$

由式 (2.1) 和式 (2.2) 立得 $a^2 + b^2 = c^2$. □

　　以上介绍的证法 30 ～ 证法 38 的过程都是先对两个直角边上的正方形进行分割, 然后将其中的某些子图块拼成斜正方形的一部分, 可以称之为 "割直补斜".

　　作为对比, 下面我们将介绍几个 "割斜补直" 的证法, 即证法 39 ～ 证法 44. 它们的特点是先对斜边上的正方形 c 进行分块, 然后把某些子图块拼到直角边的正方形中去. 这些证法大多数也都可以看作是证法 30 及证法 1 的变形.

　　证法 39　如图 2.10 所示, 由 $S_3 = S_1 + S_2$ 立得 $c^2 = a^2 + b^2$. □

　　证法 40　如图 2.11 所示, 由 $S_8 + S_9 = S_7$ 立得 $c^2 = a^2 + b^2$. □

　　证法 41　如图 2.12 所示, 由 $S_7 + S_6 = S_2$, $S_8 + S_9 = S_3$ 立得 $c^2 = a^2 + b^2$. □

　　证法 42　如图 2.13 所示, 由 $S_6 + S_7 = S_3$ 立得 $c^2 = a^2 + b^2$. □

　　证法 43　如图 2.14 所示, 由 $S_6 = S_8$, $S_7 + S_8 = S_3$ 立得 $c^2 = a^2 + b^2$. □

　　证法 44　如图 2.15 所示, 由 $S_1 + S_2 = S_3$, $S_6 + S_7 = S_9$ 立得 $c^2 = a^2 + b^2$. □

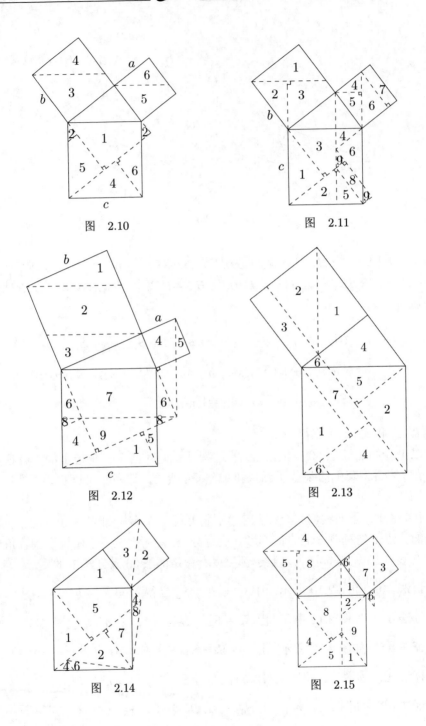

图 2.10

图 2.11

图 2.12

图 2.13

图 2.14

图 2.15

第 3 章

搭 桥 法

在数学中经常会遇到要证明两个几何变量 a 和 b(角度、长度、面积、体积)相等, 但又很难在它们之间建立直接联系的情况. 此时一个常见的思路是先构造一个中间变量 c, 使 c 同时和两个变量产生关系, 然后证明 $a = c$ 且 $b = c$, 这样根据等号的传递性便得到了欲证的 $a = b$. 在这个过程中, 辅助变量 c 的角色相当于在 a 和 b 之间建立了一个传递信息的桥梁, 所以这种思路可称为搭桥法.

在本章中, 使用搭桥法证明勾股定理的主要步骤如下:

(1) 构造三个正方形, 边长分别为 a、b、c.

(2) 将正方形 c 划分为两个矩形 c_1 和 c_2.

(3) 构造一个平行四边形 G, 使 G 的长边等于 c_1 的长边 (也就是斜边 c), 并且 S 的两条长边的距离 (即长边上的高) 等于 c_1 的另一条边的长度, 于是根据 "等底等高的平行四边形面积相等" 可知 G 和 c_1 面积相等. 此外还要使 G 的短边和短边上的高也为 a. 这样 $S_G = a^2$. 于是就有 $S_{c_1} = a^2$.

(4) 用类似的方法可证明 $S_{c_2} = b^2$.

(5) 最后根据 $c^2 = S_{c_1} + S_{c_2}$ 便得到 $c^2 = a^2 + b^2$.

在上面的步骤中, 最核心的地方就是让平行四边形 G 同时和长方形 c_1、正方形 a 都有公共底边, 实现搭桥的目的. 所以本章中的证法也可以叫做 "共底法". 下面的证法 45 就是一个最典型的共底法实例. 请读者自行观察证明过程中的公共底边的变化.

证法 45 如图 3.1 所示, 显然有

$$S_{ABHK} = S_{AKMN} + S_{BHMN} = S_{ACLK} + S_{BCLH}$$

$$= S_{ACFG} + S_{BCDE}.$$

□

如果我们把图 3.1 逆时针旋转 90°, 便可得到证法 46.

证法 46　如图 3.2 所示, 容易证明 $DFKG$ 是边长为 b 的正方形, 以及

$$S_{ABNM} = S_{ABEF} = S_{BEDC}. \tag{3.1}$$

$$S_{KHNM} = S_{KHEF} = S_{FKGD}. \tag{3.2}$$

由式 (3.1)、式 (3.2) 及 $S_{ABHK} = S_{MNAB} + S_{MNHK}$ 立得 $c^2 = a^2 + b^2$. □

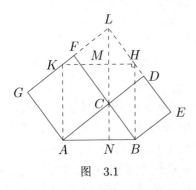

图　3.1

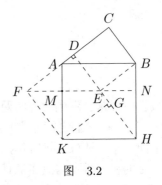

图　3.2

下面的证法 47 也体现了共底的思想.

证法 47　如图 3.3 所示, 作内正方形 $ACFG$ 和外正方形 $BCDE$. 易证 $DF = AB$.

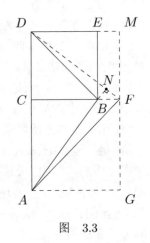

因为

$$DF \cdot AN = 2S_{\triangle ADF} = AG \cdot AD,$$

$$DF \cdot BN = 2S_{\triangle BDF} = BF \cdot FM.$$

所以

$$DF \cdot (AN - BN)$$

$$= S_{AGMD} - S_{FBEM}.$$

所以

$$DF \cdot AB = S_{ACFG} + S_{BCDE}.$$

所以

$$AB^2 = AC^2 + BC^2. \qquad □$$

图　3.3

证法 45 和证法 46 都只构造了一个中间图形, 所以可称为一次搭桥法. 自然, 我们也可以增加中间图形的个数, 即多次搭桥. 比如下面的证法 48 ∼ 证法 54.

证法 48　如图 3.4 所示, 易证平行四边形 $ABEP$ 与平行四边形 $BHRC$、

$ABNG$ 和 $ACKR$ 分别全等, 于是可得

$$S_{BHLM} = S_{BHRC} = S_{BAPE} = S_{BEDC}. \tag{3.3}$$

$$S_{AKLM} = S_{AKRC} = S_{ABNG} = S_{ACFG}. \tag{3.4}$$

将式 (3.3) 与式 (3.4) 对应相加, 再考虑到 $S_{ABHK} = S_{AMLK} + S_{BMLH}$, 立得 $c^2 = a^2 + b^2$. $\square$

证法 49 如图 3.5 所示, 作 $GM \parallel DF \parallel EN$, 截取 $CX = c$. 易证平行四边形 $AKXC$ 和 $MDFG$ 全等, 四边形 $CXHB$ 和 $FDEN$ 全等, 立得

$$S_{ABHK} = S_{AKRL} + S_{BHRL} = S_{AKXC} + S_{BHXC}$$

$$= S_{MDFG} + S_{DFNE} = S_{FGAC} + S_{DEBC}. \qquad \square$$

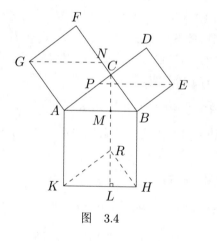

图 3.4

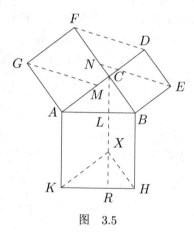

图 3.5

证法 50 如图 3.6(a) 所示, 作 $LR \parallel AG$, 则 $AGLR$ 是平行四边形, 故 $AR = GL$. 于是可得

$$\left. \begin{array}{l} S_{AGBY} = AB \cdot GL \\ S_{ARSB} = AB \cdot AR \end{array} \right\} \implies S_{ARSB} = S_{AGBY} = S_{AGFC}. \tag{3.5}$$

从子图 (a) 中还可以看出

$$S_{RSKH} = S_{BCDE} \iff S_{RSKH} = S_{BEXA}$$

$$\iff AB \cdot EM = KH \cdot RK \iff EM = RK. \tag{3.6}$$

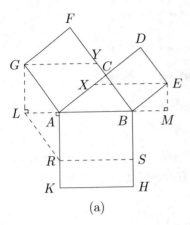 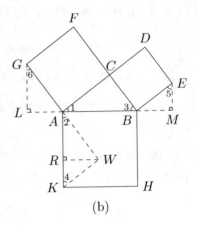

$$\text{(a)} \qquad\qquad\qquad \text{(b)}$$

图 3.6

下面证明 $EM = RK$. 延长 GA 交 RS 于 W 点, 如子图 (b) 所示. 由 $AR = GL, \angle 2 = \angle 6$ 可知 $\text{Rt}\triangle ARW \cong \text{Rt}\triangle GLA$, 于是 $AW = GA = AC$, 再由 $AK = AB, \angle 2 = \angle 1$ 可知 $\text{Rt}\triangle AKW \cong \text{Rt}\triangle ABC$, 于是有 $KW = BC = BE, \angle 4 = \angle 3 = \angle 5$. 故 $\text{Rt}\triangle WKR \cong \text{Rt}\triangle BEM$, 从而 $KR = EM$. 于是可从式 (3.6) 得到 $S_{RSHK} = S_{BCDE}$. 再结合式 (3.5) 便得

$$S_{BCDE} + S_{ACFG} = S_{RSHK} + S_{RSBA} = S_{ABHK}. \qquad\qquad \square$$

证法 51　如图 3.7 所示, 在两直角边的延长线上分别截取 $AR = AC, BS = BC$. 易证 $AM = AB = BN$. 于是可得

$$S_{ABHK} = S_{AKPL} + S_{BHPL} = S_{AKYR} + S_{BHZS}$$

$$= S_{AMXR} + S_{BSWN} = S_{ACFG} + S_{BCDE}. \qquad\qquad \square$$

证法 52　如图 3.8 所示, 首先作外正方形 $ACFG$ 和内正方形 $BCDE$, 再作 $LN \parallel GK \parallel AB$. 显然有

$$\text{Rt}\triangle APC \cong \text{Rt}\triangle AHG \implies AP = AH,$$

$$\text{Rt}\triangle BPC \cong \text{Rt}\triangle AML \implies BP = AM.$$

所以
$$PA + PB = AH + AM \implies AB = HM. \qquad\qquad (3.7)$$

由式 (3.7) 可知 $HKNM$ 是边长为 c 的正方形. 又显然有

$$S_{ABKH} = S_{ABXG} = S_{AGFC}. \qquad\qquad (3.8)$$

$$S_{ABNM} = S_{ABEL} = S_{BEDC}. \qquad\qquad (3.9)$$

由式 (3.8)、式 (3.9) 及 $S_{HKNM} = S_{ABKH} + S_{ABNM}$ 立得 $c^2 = a^2 + b^2$. $\qquad \square$

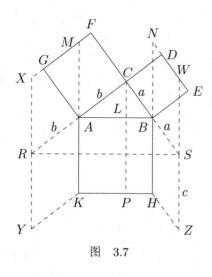

图 3.7

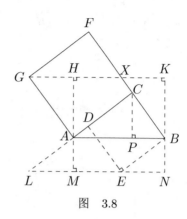

图 3.8

证法 53 如图 3.9(a) 所示, 过 A、B 两点分别作斜边的垂线 AK、BH, 易证 $\mathrm{Rt}\triangle AKG \cong \mathrm{Rt}\triangle ABC \cong \mathrm{Rt}\triangle HBE$, 故 $AK = HB = AB$, 于是可知四边形 $ABHK$ 为正方形.

在子图 (b) 中作 $GN \parallel AB \parallel EM$. 由 $KG = BE$ 和 $\angle G = \angle E$ 可知 $\mathrm{Rt}\triangle KGS \cong \mathrm{Rt}\triangle EBT$, 故 $KS = BT$. 于是 $S_{KSNH} = S_{MABT}$.

再由子图 (c) 和 (d) 可知

$$S_{BCDE} = S_{BERA} = S_{ABTM} = S_{SNHK}, \tag{3.10}$$

$$S_{AGFC} = S_{AGPB} = S_{ABNS}. \tag{3.11}$$

式 (3.10)+ 式 (3.11) 立得

$$S_{BCDE} + S_{ACFG} = S_{NSKH} + S_{NSAB} = S_{ABHK}. \qquad \square$$

证法 54 如图 3.10 所示, 易证 $AN \underline{\underline{\parallel}} SL$, 且 $AN = AB$. 于是可得

$$S_{AKHB} = S_{NASL} = S_{ACPN} + S_{PCSL}$$

$$= S_{ACFG} + S_{PCBR} = S_{ACFG} + S_{BCDE}. \qquad \square$$

以上的证法都是用平行四边形作为搭桥的材料. 事实上, 我们也可以构造三角形作为传递的中介, 只要使该三角形也满足 "同时和两个图形共底等高" 即可. 再注意到 "平行四边形的面积等于和其等底等高的三角形的面积的二倍", 一样可以证明两个图形面积相等. 这就是下面的证法 55 ~ 证法 62 的出发点.

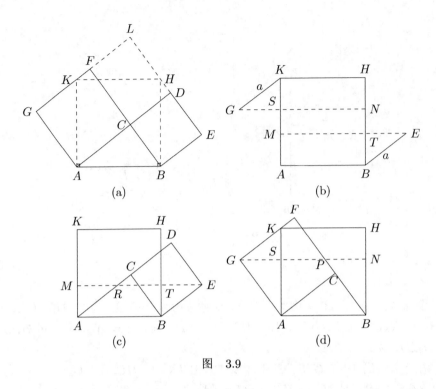

图 3.9

证法 55 如图 3.11 所示，易证 $FNHM$ 是边长为 a 的正方形，以及

$$S_{ABHK} = S_{AKLP} + S_{BHLP} = 2S_{\triangle CAK} + 2S_{\triangle CBH}$$

$$= S_{ACFG} + 2S_{\triangle CMH} = S_{ACFG} + S_{MFNH}. \qquad \square$$

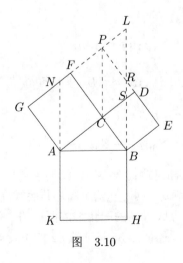

图 3.10

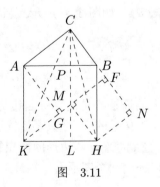

图 3.11

证法 56 如图 3.12 所示, 由 $BE = BC$, $BA = BH$ 及 $\angle EBA = \angle CBH$ 可知 $\triangle ABE \cong \triangle HBC$. 同样, 由 $AG = AC$, $AB = AK$ 及 $\angle GAB = \angle CAK$ 可知 $\triangle GAB \cong \triangle CAK$. 于是立得

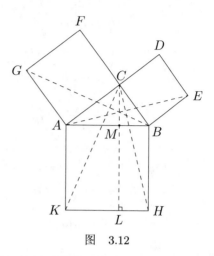

图 3.12

$$S_{ABHK} = S_{AMLK} + S_{BMLH}$$
$$= 2S_{\triangle CAK} + 2S_{\triangle CBH}$$
$$= 2S_{\triangle GAB} + 2S_{\triangle ABE}$$
$$= S_{ACFG} + S_{BCDE}. \quad \square$$

证法 57 如图 3.13 所示, 易证 $AK \underset{=}{\parallel} CP$, 故 $\triangle ACP \cong \triangle CAK$, $\triangle BCH \cong \triangle CBP$. 于是可得

$$\left.\begin{array}{l} S_{BHNM} = 2S_{\triangle BHC} \\ S_{BCDE} = 2S_{\triangle BCP} \end{array}\right\} \implies S_{BHNM} = S_{BCDE}. \tag{3.12}$$

$$\left.\begin{array}{l} S_{AKNM} = 2S_{\triangle AKC} \\ S_{ACFG} = 2S_{\triangle ACP} \end{array}\right\} \implies S_{AKNM} = S_{ACFG}. \tag{3.13}$$

由式 (3.12)+ 式 (3.13) 及 $S_{ABHK} = S_{MNKA} + S_{MNHB}$ 立得 $c^2 = a^2 + b^2$. $\quad \square$

证法 58 如图 3.14 所示, 作 $CR \perp KH$, 截取 $CX = c$. 显然线段 AN、AK、BH、BS 都和 CX 平行且相等. 由此易证 $\triangle ACN \cong \triangle KXA$, $\triangle BCS \cong \triangle HXB$. 于是可得

$$S_{AKRM} = 2S_{\triangle AKX} = 2S_{\triangle NAC} = S_{ACFG}, \tag{3.14}$$

$$S_{BHRM} = 2S_{\triangle BHX} = 2S_{\triangle SBC} = S_{BCDE}. \tag{3.15}$$

由式 (3.14)+ 式 (3.15), 再考虑到 $S_{ABHK} = S_{AKRM} + S_{BHRM}$, 立得 $c^2 = a^2 + b^2$. $\quad \square$

证法 59 如图 3.15 所示, 显然有

$$S_{BHMN} = 2S_{\triangle BHC} = S_{BCDE}. \tag{3.16}$$

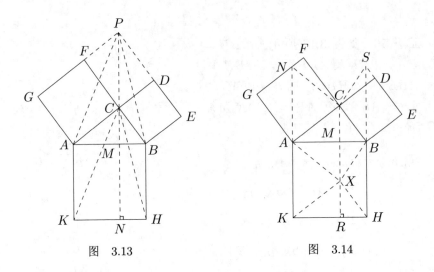

图 3.13   图 3.14

再由 $AB = AK, AG = AC, \angle 1 = \angle 2$ 得到 $\triangle ABG \cong \triangle AKC$. 故

$$\left.\begin{array}{l} S_{AKMN} = 2S_{\triangle AKC} \\[2mm] S_{AGFC} = 2S_{\triangle AGB} \end{array}\right\} \implies S_{AKMN} = S_{ACFG}. \tag{3.17}$$

由式 (3.16)+ 式 (3.17) 及 $S_{ABHK} = S_{MNAK} + S_{MNBH}$ 立得 $c^2 = a^2 + b^2$. □

证法 60 如图 3.16 所示, 作外正方形 $ACFG$ 和内正方形 $BCDE$. 显然有

$$S_{AKMN} = 2S_{\triangle AKC} = S_{ACFG}. \tag{3.18}$$

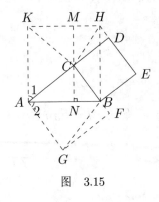

图 3.15

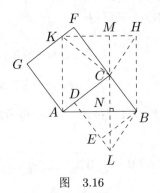

图 3.16

现在延长 DE 交 MN 的延长线于 L 点. 易证 Rt$\triangle LCD \cong \triangle ABC$. 故 $CL \underset{=}{\parallel} BH$, 从而 $\triangle CBH \cong \triangle BCL$. 于是可得

$$\left.\begin{array}{l} S_{BHMN} = 2S_{\triangle BHC} \\ S_{BCDE} = 2S_{\triangle BCL} \end{array}\right\} \Longrightarrow S_{BHMN} = S_{BCDE}. \tag{3.19}$$

由式 (3.18)+ 式 (3.19) 及 $S_{ABHK} = S_{MNAK} + S_{MNBH}$ 立得 $c^2 = a^2 + b^2$. □

证法 61 如图 3.17(a) 所示, 作内正方形 $BCDE$. 由 $BC = BE, AB = BH, \angle 1 = \angle 2$ 可知 $\triangle ABE \cong \triangle HBC$. 于是可得

$$\left.\begin{array}{l} S_{BHMN} = 2S_{\triangle BHC} \\ S_{BEDC} = 2S_{\triangle BEA} \end{array}\right\} \Longrightarrow S_{BHMN} = S_{BCDE}. \tag{3.20}$$

类似地, 在子图 (b) 中作内正方形 $ACFG$, 由 $AC = AG, AB = AK, \angle 3 = \angle 4$ 可知 $\triangle AKC \cong \triangle ABG$. 于是可得

$$\left.\begin{array}{l} S_{AKMN} = 2S_{\triangle AKC} \\ S_{AGFC} = 2S_{\triangle AGB} \end{array}\right\} \Longrightarrow S_{AKMN} = S_{ACFG}. \tag{3.21}$$

由式 (3.20)+ 式 (3.21) 及 $S_{ABHK} = S_{MNAK} + S_{MNBH}$ 立得 $c^2 = a^2 + b^2$. □

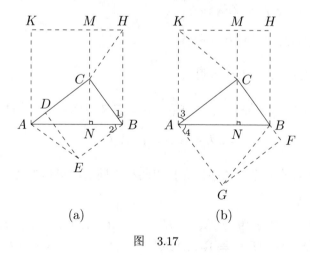

(a) (b)

图　3.17

证法 62 如图 3.18(a) 所示, 作正方形 $CNED$. 由 $CN = CB, AC = AC$ 可知 Rt$\triangle ACN \cong$ Rt$\triangle ACB$, 故 $\angle 1 = \angle 2 = \angle 3, AN = AB = BH$. 又 $\angle 1 = \angle 5$,

故 $\angle 3 = \angle 5$. 再从 $EN = BC$ 可知 $\triangle ENA \cong \triangle CBH$. 于是可得

$$\left.\begin{aligned} S_{BHML} = 2S_{\triangle BHC} \\ S_{ENCD} = 2S_{\triangle ENA} \end{aligned}\right\} \implies S_{BHML} = S_{NCDE} = a^2. \tag{3.22}$$

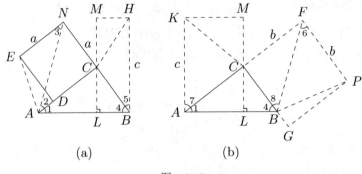

图　3.18

类似地, 在子图 (b) 中作正方形 $CGPF$, 由 $CF = AC, BC = BC$ 可知 Rt$\triangle CBF \cong$ Rt$\triangle CBA$, 故 $BF = AB = AK, \angle 4 = \angle 8 = \angle 6$. 又 $\angle 7 = \angle 4$, 故 $\angle 7 = \angle 6$. 再从 $FP = AC$ 可知 $\triangle BFP \cong \triangle KAC$. 于是可得

$$\left.\begin{aligned} S_{AKML} = 2S_{\triangle AKC} \\ S_{FPGC} = 2S_{\triangle FPB} \end{aligned}\right\} \implies S_{AKML} = S_{CFPG} = b^2. \tag{3.23}$$

由式 (3.22)+ 式 (3.23) 可得

$$a^2 + b^2 = S_{MLBH} + S_{MLAK} = BH \cdot BL + AK \cdot AL$$

$$= c \cdot (BL + AL) = c \cdot AB = c^2. \qquad \square$$

我们也可以在一个证法中同时使用两种不同的图形作为搭桥介质, 参见证法 63 和证法 64.

证法 63 如图 3.19 所示, 过 K 点作 AC 的平行线, 交 GA 的延长线于 L 点, 易证 Rt$\triangle AKL \cong$ Rt$\triangle ABC$, 故 $AL = AC = b, KL = BC$, 于是 $S_{ACFG} = 2S_{\triangle ALB}$.

现在延长 EB 至 S 点, 使 $BS = a$. 显然 $S_{BCDE} = 2S_{\triangle ABS}$. 再由 $AB = KH, BS = KL$ 和 $\angle 3 = \angle 1 = \angle 2$ 可得 $\triangle ABS \cong \triangle HKL$. 现在过 L 点

作 $MN \parallel AB$, 就有

$$S_{ABHK} = S_{ABNM} + S_{MNKH} = 2S_{\triangle ABL} + 2S_{\triangle KLH}$$

$$= 2S_{\triangle ALB} + 2S_{\triangle ABS} = S_{ACFG} + S_{BCDE}. \qquad \square$$

证法 64 如图 3.20 所示, 由 $\angle 1 = \angle 2, BC = DE, CL = DF$ 可知 $\triangle CBL \cong \triangle DEF.$ 于是有

$$S_{ABHK} = S_{AKNM} = S_{AKLC} + S_{MNLC} = S_{ACFG} + 2S_{\triangle CBL}$$

$$= S_{ACFG} + 2S_{\triangle DEF} = S_{ACFG} + S_{BCDE}. \qquad \square$$

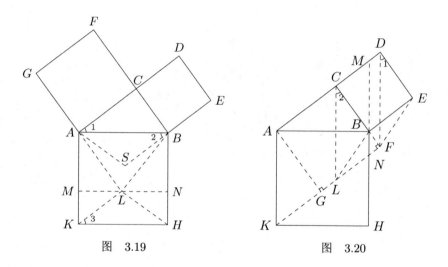

图 3.19 　　　　　　　　　　图 3.20

最后我们给出几个搭桥法和其他证法 (比如割补法、消去法) 相结合的例子. 即证法 65 ∼ 证法 70.

证法 65 如图 3.21 所示, 易证四边形 $KLNS$ 和 $XNMB$ 都是正方形, 边长分别为 a 和 b. 又显然有

$$S_{KLNS} + S_{BXNM} = S_{KLXA} + S_{BXLH} = S_{AKLHBX}. \qquad (3.24)$$

再由 $\mathrm{Rt}\triangle AXB \cong \mathrm{Rt}\triangle KLH$ 可得

$$\left.\begin{array}{l} S_{ABHK} = S_{AXBHK} + S_{\mathrm{Rt}\triangle AXB} \\ S_{AKLHBX} = S_{AXBHK} + S_{\mathrm{Rt}\triangle KLH} \end{array}\right\} \implies S_{ABHK} = S_{AKLHBX}. \qquad (3.25)$$

由式 (3.24)、式 (3.25) 立得 $a^2 + b^2 = c^2$. □

证法 66 如图 3.22 所示，易证 $LC \parallel AK$, 且 $LC = AK = AB = BH$. 故

$$S_{ACFG} + S_{BCDE} = S_{ACLK} + S_{BCLH} = S_{AKLHBC}. \tag{3.26}$$

再由 $\mathrm{Rt}\triangle ABC \cong \mathrm{Rt}\triangle KHL$ 可得

$$\left.\begin{array}{l} S_{ABHK} = S_{ACBHK} + S_{\mathrm{Rt}\triangle ABC} \\ S_{AKLHBC} = S_{ACBHK} + S_{\mathrm{Rt}\triangle KHL} \end{array}\right\} \implies S_{ABHK} = S_{AKLHBC}. \tag{3.27}$$

由式 (3.26)、式 (3.27) 立得 $a^2 + b^2 = c^2$. □

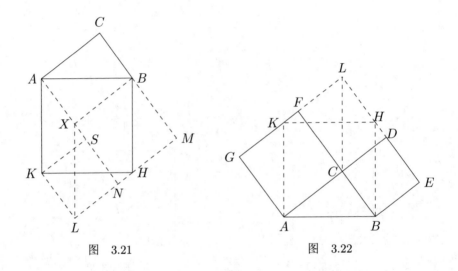

图 3.21   图 3.22

证法 67 如图 3.23 所示，作外正方形 $BCDE$, 显然有 $S_{BCDE} = S_{BEPA}$. 再作 $KF \parallel AC$, $XY \parallel AB$, 易证 $\mathrm{Rt}\triangle AKG \cong \mathrm{Rt}\triangle ABC$, 故 $AG = AC$, $KG = BC = BE$, 由此可知 $ACFG$ 是边长为 b 的正方形，以及 $\mathrm{Rt}\triangle KGX \cong \mathrm{Rt}\triangle BES$. 于是有

$$\left.\begin{array}{l} S_{XYHK} = KH \cdot KX \\ S_{ABEP} = AB \cdot BS \end{array}\right\} \implies S_{XYHK} = S_{ABEP} = S_{BCDE}. \tag{3.28}$$

现在作 $EP \parallel AB$, 截取 $AN = BL$. 则 $\mathrm{Rt}\triangle ANM \cong \mathrm{Rt}\triangle BLF$. 由此易证四边形 $NMGX$ 和 $RDES$ 全等以及 $\mathrm{Rt}\triangle LGY \cong \mathrm{Rt}\triangle RPS$. 于是可得

$$S_{NMGX} + S_{\mathrm{Rt}\triangle LGY} = S_{RDES} + S_{\mathrm{Rt}\triangle RPS} = S_{\mathrm{Rt}\triangle PED} = S_{\mathrm{Rt}\triangle ABC}.$$

故知

$$S_{AXYB} = S_{NMGX} + S_{\text{Rt}\triangle LGY} + S_{AGLB} + S_{\text{Rt}\triangle ANM}$$

$$= S_{\text{Rt}\triangle ABC} + S_{AGLB} + S_{\text{Rt}\triangle BLF} = S_{ACFG}. \qquad (3.29)$$

由式 (3.27)、式 (3.29) 立得

$$S_{BCDE} + S_{ACFG} = S_{XYHK} + S_{XYBA} = S_{ABHK}. \qquad \Box$$

证法 68 如图 3.24 所示, 过 F 点作 $DE \parallel AB$, 连接 AD 交 FG 于 P, 并在 AD 上截取 $AL = DP$. 易证 $\text{Rt}\triangle APG \cong \text{Rt}\triangle ABC$. 故有

$$DL = DP + PL = AL + PL = AP = AB = c.$$

于是 $S_{DLNE} = c^2$. 又显然有

$$S_{LKJD} = S_{\text{Rt}\triangle DPF} + S_{\text{Rt}\triangle CSK} + S_{PLSCF} + S_{\text{Rt}\triangle CFJ},$$

$$S_{MPAC} = S_{\text{Rt}\triangle LSA} + S_{\text{Rt}\triangle MFJ} + S_{PLSCF} + S_{\text{Rt}\triangle CFJ}.$$

再由 $\text{Rt}\triangle DFP \cong \text{Rt}\triangle LSA$, $\text{Rt}\triangle CSK \cong \text{Rt}\triangle MFJ$. 便知 $S_{LKJD} = S_{MPAC} = S_{ACFG} = b^2$. 同理可证 $S_{JENK} = a^2$, 而 $S_{LNED} = S_{JENK} + S_{LKJD}$, 立得 $c^2 = a^2 + b^2$. $\qquad \Box$

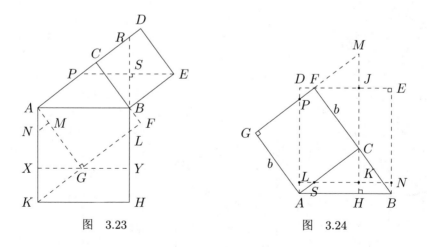

图 3.23   图 3.24

证法 69 如图 3.25 所示, 易证直角梯形 $ACPG$ 和 $CAKT$ 全等, 再考虑到 $\text{Rt}\triangle CXT \cong \text{Rt}\triangle CPF$, 便有

$$\left.\begin{array}{l} S_{FCAG} + S_{\triangle FCP} = S_{GACP} \\ S_{CXKA} + S_{\triangle CXT} = S_{CAKT} \end{array}\right\} \Longrightarrow S_{ACFG} = S_{CXKA}. \quad (3.30)$$

类似地, 由直角梯形 $CBHL \cong BCPE$ 及 $\mathrm{Rt}\triangle CXL \cong \mathrm{Rt}\triangle CPD$ 可知

$$\left.\begin{array}{l} S_{CDEB} + S_{\triangle CDP} = S_{BCPE} \\ S_{CXHB} + S_{\triangle CXL} = S_{CBHL} \end{array}\right\} \Longrightarrow S_{BCDE} = S_{CXHB}. \quad (3.31)$$

式 (3.30)+ 式 (3.31) 可得

$$S_{BCDE} + S_{ACFG} = S_{BHXC} + S_{AKXC}$$

$$= S_{BHRM} + S_{AKRM} = S_{ABHK}. \qquad \square$$

证法 70　如图 3.26 所示, 显然有

$$\left.\begin{array}{l} S_{DFMN} = 2S_{\triangle DFB} \\ S_{BFPE} = 2S_{\triangle BFP} \\ S_{\triangle BFD} = S_{\triangle BFP} \end{array}\right\} \Longrightarrow S_{MNDF} = S_{FPEB}. \quad (3.32)$$

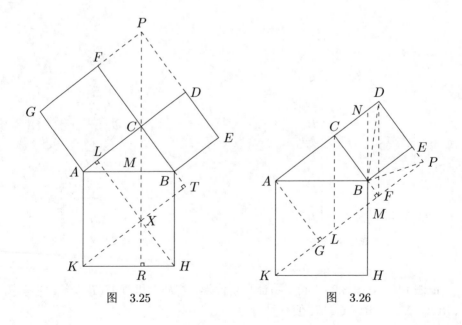

图　3.25　　　　　图　3.26

于是有

$$
\left.
\begin{array}{l}
S_{CLFD} = S_{MNDF} + S_{MNCL} \\
S_{CFPD} = S_{BEPF} + S_{BEDC} \\
S_{CDFL} = S_{CDPF}
\end{array}
\right\} \implies S_{CLMN} = S_{BCDE}. \tag{3.33}
$$

由式 (3.32) 和式 (3.33) 立得

$$
S_{AKHB} = S_{AKMN} = S_{CLKA} + S_{CLMN}
$$

$$
= S_{ACFG} + S_{BCDE}. \qquad \square
$$

第 **4** 章

"化积为方"法

"化积为方"是一个古老的几何学问题, 其主要内容是给定一个长方形, 要求作出一个和它面积相等的正方形. 显然如果设长方形的高和宽分别为 w 和 h, 那么这个正方形的边长 l 是 h 和 w 的比例中项.

本章中的证法就是根据化积为方的思想, 构造两个长方形, 使它们的长边都为 c, 短边分别为 x 和 y, 且 $x + y = c$. 然后证明它们的面积分别和两个直角边上的正方形面积相等. 从而证明勾股定理. 前一章的搭桥法可以看作是"化积为方"法的一个特例.

化积为方最直接的办法就是利用射影定理, 比如下面的证法 71.

证法 71 如图 4.1 所示, 由射影定理和面积公式可知

$$S_{ANFK} = cx = b^2,$$

$$S_{BNFH} = cy = a^2.$$

$$S_{ABHK} = S_{BNFH} + S_{ANFK},$$

$$S_{ABHK} = c^2.$$

所以 $a^2 + b^2 = c^2$. □

下面的证法 72 ~ 证法 74 都是从证法 71 发展变化而来, 其核心仍然是射影定理.

证法 72 如图 4.2 所示, 作内正方形 $BCDE$, 作 $DM \parallel AB$.

因为 $CF = CA, CD = CB$, 所以 $\text{Rt}\triangle FDC \cong \text{Rt}\triangle ABC$. 所以 $FD =$

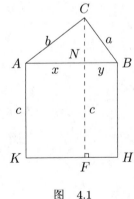

图 4.1

$AB, \angle 1 = \angle B$. 又因为 $\angle 2 = \angle A$, 所以 $\angle FDM = 90°$. 于是由射影定理有

$$S_{MNGF} = FM \cdot AC = FM \cdot FC = FD^2 = c^2,$$

$$S_{ANMC} = CM \cdot AC = CM \cdot FC = DC^2 = a^2.$$

再考虑到 $S_{MNGF} = S_{ANMC} + S_{ACFG}$, 立得 $c^2 = a^2 + b^2$. □

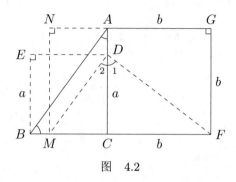

图 4.2

证法 73 如图 4.3 所示, 过 A 点作 AB 的垂线, 交 FG 于 K 点, 易证 $\mathrm{Rt}\triangle AKG \cong \mathrm{Rt}\triangle ABC$, 故 $AK = c$, 于是 $S_{ABHK} = c^2$.

因为 $S_{ALMG} = 2S_{\triangle ALK}, S_{AKHB} = 2S_{\triangle AKL}$, 所以 $S_{ALMG} = S_{ABHK} = c^2$. 又因为 $S_{CLMF} = CL \cdot b = a^2, S_{ALMG} = S_{CLMF} + S_{ACFG}$, 所以 $c^2 = a^2 + b^2$.□

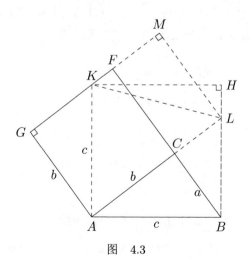

图 4.3

证法 74 如图 4.4 所示, 作 $BN \parallel CF$. 由 $\mathrm{Rt}\triangle AKL \cong \mathrm{Rt}\triangle ABM$ 可知 $AL = AM = a, KL = BM = b$, 于是有

$$S_{ABNF} = AF \cdot AM = (AL + LF) \cdot AL = AL^2 + LF \cdot AL. \qquad (4.1)$$

再将 $S_{ABHK} = S_{ABNF}$ 和 $LF \cdot AL = KL^2$ 代入式 (4.1) 立得 $c^2 = a^2 + b^2$. $\qquad\square$

证法 75 如图 4.5 所示, 显然有

$$S_{AKHB} = S_{AKLM} = S_{AMNG} = S_{CFNM} + S_{ACFG}. \qquad (4.2)$$

再由射影定理可知 $S_{CFNM} = bx = a^2$. 将其代入式 (4.2) 立得 $c^2 = a^2 + b^2$. $\qquad\square$

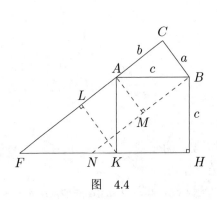
图 4.4

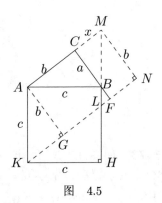
图 4.5

证法 76 如图 4.6 所示, 作外正方形 $ACFG$, 过 B 点作 AB 的垂线交 AC 的延长线于 N 点, 则根据射影定理和面积公式可知

$$S_{ANMG} = b \cdot AN = c^2,$$

$$S_{CNMF} = b \cdot CN = a^2,$$

$$S_{ACFG} = b^2,$$

$$S_{ANMG} = S_{CNMF} + S_{ACFG}.$$

因此 $c^2 = b^2 + a^2$. $\qquad\square$

下面的证法 77 的价值在于用共底法证明了射影定理.

证法 77 如图 4.7 所示, 作 $PE \parallel AB$, $CM \perp AB$, $AP \perp PE$.

因为 $BE = BC$, $\angle 1 = \angle 2$, 所以 $\mathrm{Rt}\triangle LBE \cong \mathrm{Rt}\triangle MBC$. 因此 $BL = BM = y$, 故 $S_{ABLP} = AB \cdot BL = cy$. 又因为 $S_{BEDC} = S_{BEXA}$, $S_{ABEX} = S_{ABLP}$, 所以 $a^2 = cy$, 同理可证 $b^2 = cx$. 因此 $a^2 + b^2 = c(x + y) = c^2$. $\qquad\square$

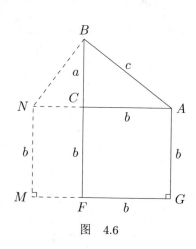

图 4.6

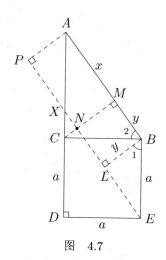

图 4.7

下面的证法 78 ~ 证法 82 的特点是构造一个和长方形共底的平行四边形或三角形, 然后证明这个中间图形的底和高都等于某条直角边. 从而达到化积为方的目的. 作者称之为"求高法".

证法 78 如图 4.8 所示, 过外正方形 $ABHK$ 的两个顶点 K、H 分别作两直角边的平行线, 相交于 F 点, 则 $\angle 1 = \angle A, \angle 2 = \angle B, KH = AB$, $\mathrm{Rt}\triangle KHF \cong \mathrm{Rt}\triangle ABC$. 因此

$$S_{\triangle KFH} + S_{AKFHB} = S_{\triangle ABC} + S_{AKFHB}.$$

$$S_{ABHK} = S_{CAKFHB} = S_{CFBD} + S_{ACFK}. \tag{4.3}$$

另一方面, 易证 $AKFC$ 和 $BCFH$ 都是平行四边形, 于是有

$$CF = AB, CF \parallel AK \implies CF \perp AB \implies \angle 4 = \angle A,$$

因此

$$\mathrm{Rt}\triangle FCG \cong \mathrm{Rt}\triangle ABC \implies CG = BC, GF = AC.$$

$$S_{CFHB} = BC \cdot CG = a^2, S_{ACFK} = AC \cdot GF = b^2. \tag{4.4}$$

由式 (4.3) 和式 (4.4) 立得 $c^2 = a^2 + b^2$. □

证法 79 如图 4.9 所示, 易证 $\mathrm{Rt}\triangle KAR \cong \mathrm{Rt}\triangle ABC \cong \mathrm{Rt}\triangle BHP$, 故 $RK = AC = b, PH = BC = a$. 于是有

$$S_{BMLH} = 2S_{\triangle CBH} = BC \cdot PH = a^2, \tag{4.5}$$

$$S_{AMLK} = 2S_{\triangle CAK} = AC \cdot RK = b^2. \tag{4.6}$$

由式 (4.5) + 式 (4.6), 再考虑到 $S_{AMLK} + S_{BMLH} = S_{ABHK}$, 立得 $c^2 = a^2 + b^2$. □

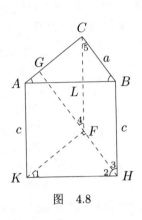
图 4.8

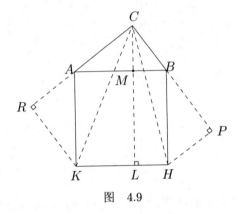
图 4.9

证法 80 如图 4.10 所示, 在 KH 的垂线 CL 上截取 $RC = c$. 易证 $\text{Rt}\triangle RCN \cong \text{Rt}\triangle ABC \cong \text{Rt}\triangle HBP$, 故 $RN = AC = b, BP = BC = a$, 于是立得

$$c^2 = S_{ABHK} = S_{CBHR} + S_{CAKR}$$

$$= BC \cdot PB + AC \cdot NR = a^2 + b^2. \qquad \square$$

证法 81 如图 4.11 所示, 作外正方形 $ABHK$, $HD \perp AC$, $BE \perp DH$, 易证 $BCDE$ 是边长为 a 的正方形. 于是有

$$S_{ABNM} = S_{ABEL} = S_{EBCD} = a^2. \tag{4.7}$$

再过 E 点作 $LN \parallel AB$. 易证 $\text{Rt}\triangle KHP \cong \text{Rt}\triangle HBE \cong \text{Rt}\triangle ABC$, 故 $KP = HE = AC$. 于是可知

$$S_{MNHK} = 2S_{\triangle KEH} = KP \cdot HE = b^2. \tag{4.8}$$

由式 (4.7)、式 (4.8) 及 $S_{ABHK} = S_{ABNM} + S_{MNHK}$ 立得 $c^2 = a^2 + b^2$. □

证法 82 如图 4.12 所示, 易证 $\text{Rt}\triangle KAL \cong \text{Rt}\triangle ABC \cong \text{Rt}\triangle BHP$. 故 $KL = AC, HP = BC$. 于是可得

$$c^2 = S_{ABHK} = S_{BHNM} + S_{AKNM} = 2S_{\triangle BHC} + 2S_{\triangle AKC}$$

$$= HP \cdot BC + AC \cdot KL = a^2 + b^2. \qquad \square$$

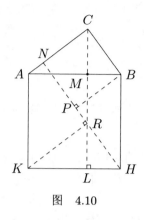

图 4.10

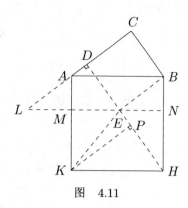

图 4.11

下面的证法 83 可以看作是证法 82 的变形.

证法 83 如图 4.13 所示, 作边长为 c 的正方形 $CKLH$. 设 M 为 AB 中点, 在 MC 延长线上截取 $CN = b$. 作 $LP \perp HP$, $KR \perp CN$. 于是 $\angle 5 = \angle 3 = \angle 1, CN = AC, CH = AB$, 所以

$$\text{Rt}\triangle CHN \cong \text{Rt}\triangle ABC \implies NH = BC, \angle 7 = \angle 2.$$

因此 $\angle 8 = \angle 1$. 又因为 $LH = AB$, 所以 $\text{Rt}\triangle HLP \cong \text{Rt}\triangle ABC \implies LP = BC$. 因为 $\angle 6 = \angle 4 = \angle 2, CK = AB$, 所以 $\text{Rt}\triangle KCR \cong \text{Rt}\triangle ABC \implies KR = AC$.

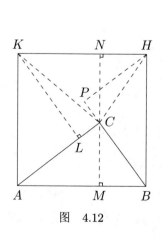

图 4.12

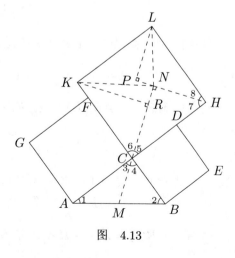

图 4.13

43

现在就有

$$c^2 = S_{CKLH} = 2(S_{\triangle LNH} + S_{\triangle KNC})$$
$$= NH \cdot LP + KR \cdot CN = a^2 + b^2. \qquad \square$$

最后再给出一个求高法的例子, 即证法 84. 它的价值在于用面积法证明了射影定理.

证法 84 如图 4.14 所示, 作 H 点关于 AC 的对称点 D, 则 $\angle 1 = \angle 2, DA = AH$. 在 CD 延长线上截取 $DE = AB$. 作 $AF \underline{\underline{\parallel}} DE$, 则有

$$S_{\triangle FAC} = \frac{1}{2} S_{AFED} = \frac{1}{2} FA \cdot AD = \frac{1}{2} AB \cdot AH. \qquad (4.9)$$

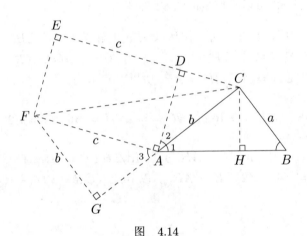

图 4.14

现在作 F 点在 AC 延长线上的垂足, 记为 G, 则有

$$\angle 2 + \angle 3 = 90° = \angle 1 + \angle B \implies \angle 3 = \angle B.$$

再考虑到 $AF = AB$, 立得 $\text{Rt}\triangle FAG \cong \text{Rt}\triangle ABC$, 于是 $FG = AC$. 从而可知

$$S_{FAC} = \frac{1}{2} AC \cdot FG = \frac{1}{2} AC \cdot AC = \frac{1}{2} AC^2. \qquad (4.10)$$

结合式 (4.9)、式 (4.10) 就有 $AC^2 = AB \cdot AH$.

类似可证 $BC^2 = AB \cdot BH$. 于是可得

$$AC^2 + BC^2 = AB \cdot AH + AB \cdot BH = AB \cdot (AH + BH) = AB^2. \qquad \square$$

第 **5** 章

等积变换法

等积变换法的特点是首先对一个图形 A 进行分割, 得到一系列的子图块 $S_{A_1}, S_{A_2}, \cdots, S_{A_n}$, 得到一个等式 $S_A = \sum\limits_{i=1}^{n} S_{A_i}$. 然后对这个等式中的某些项作等量代换, 并进行整理, 可得到一个新的等式 $S_A = \sum\limits_{j=1}^{m} S_{B_j}$ 然后证明这个新式子的右边表示的是另一个图形 B 的面积, 即 $\sum\limits_{j=1}^{m} S_{B_j} = S_B$, 从而可得 $S_A = S_B$. 我们把这个思路叫做等积变换法.前面介绍的分块法、割补法、搭桥法、化积为方法等都可以看作是等积变换法的特例.

本章将介绍一般情况下用等积变换法证明勾股定理的例子, 详见下面的证法 85 ~ 证法 93.

证法 85 如图 5.1 所示, 易证 $\triangle AKG \cong \triangle ABC$, 从而 $GK = BC = BE$, $\angle 5 = \angle 4 = \angle 3$. 再考虑到 $\angle 1 = 45° = \angle 2$, 可知 $\triangle GKM \cong \triangle EBN$. 故 $KM = BN$, 易知 MN 必过内正方形 $ABHK$ 的对称中心, 从而有 $c^2 = 2S_{ABNM}$. 再考虑到

$$
\begin{aligned}
S_{ABNM} &= S_{\triangle CNB} + S_{\triangle ABC} + S_{\triangle AMC} \\
&= S_{\triangle CNB} + S_{\triangle AKG} + S_{\triangle AMC} \\
&= S_{\triangle CNB} + S_{\triangle GMK} + S_{\triangle AMG} + S_{\triangle AMC} \\
&= S_{\triangle CNB} + S_{\triangle ENB} + S_{\triangle AMC} + S_{\triangle AMG} \\
&= S_{\triangle BCE} + S_{\triangle ACG},
\end{aligned}
$$

立得

$$c^2 = 2\left(\frac{a^2}{2} + \frac{b^2}{2}\right) = a^2 + b^2. \qquad \Box$$

证法 86　如图 5.2 所示, 易证

$$c^2 = a^2 + b^2 \iff S_6 = S_7. \qquad (5.1)$$

又显然有

$$S_{\triangle BCH} = \frac{1}{2}BC \cdot HL = \frac{a^2}{2},$$

$$S_{\triangle BCD} = \frac{1}{2}BC \cdot CD = \frac{a^2}{2}.$$

于是可得

$$S_{\triangle BCH} = S_{\triangle BCD} \implies S_5 + S_6 = S_5 + S_7 \implies S_6 = S_7. \qquad (5.2)$$

由式 (5.1) 和式 (5.2) 立得 $a^2 + b^2 = c^2$.　$\Box$

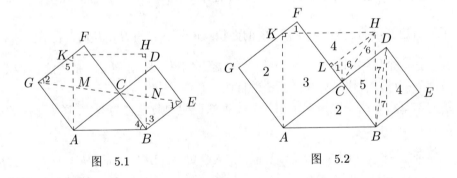

图　5.1　　　　　　　　图　5.2

证法 87　如图 5.3 所示, 易证

$$LK = BC = BE \implies \triangle LKM \cong \triangle EBN$$

$$\implies KM = BN$$

$$\implies S_{KMNH} = S_{BNMA}.$$

由 $\angle \delta = 45° = \angle \theta, AC = AG, \angle \alpha = \angle \beta$ 可知 $\triangle ACM \cong \triangle AGP$. 同理可证 $\triangle BCP \cong \triangle BEN$. 于是可得

$$S_{ABHK} = 2(S_1 + S_2) + 2(S_3 + S_4) = S_{ACFG} + S_{BCDE}. \qquad \Box$$

证法 88 如图 5.4 所示,CM 为 $\angle C$ 的平分线, 作 $AG \parallel BC, BE \parallel AC$, 易证 $S_{\mathrm{Rt}\triangle AGC} = \dfrac{1}{2}b^2, S_{\mathrm{Rt}\triangle BEC} = \dfrac{1}{2}a^2$, 及

$$AK = AB \implies \triangle AKG \cong \triangle ABC$$

$$\implies KG = BC = BE$$

$$\implies \triangle BEN \cong \triangle KGM$$

$$\implies BN = KM$$

$$\implies S_{ANMK} = S_{HMNB}.$$

故有

$$S_{AKMN} = S_{\triangle AGN} + S_{\triangle AKG} + S_{\triangle KGM}$$

$$= S_{\triangle AGN} + S_{\triangle ABC} + S_{\triangle BEN}$$

$$= S_{\triangle ANG} + S_{\triangle ANC} + S_{\triangle BNC} + S_{\triangle BNE}$$

$$= S_{\triangle AGC} + S_{\triangle BEC}. \tag{5.3}$$

由式 (5.3) 立得 $\dfrac{c^2}{2} = \dfrac{a^2}{2} + \dfrac{b^2}{2} \implies c^2 = a^2 + b^2.$ □

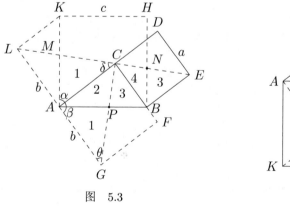

图 5.3

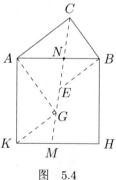

图 5.4

证法 89 如图 5.5 所示, 由 $AD = b + a = KF, AB = KH, \angle 1 = \angle 2$ 可知 $\triangle ABD \cong \triangle KHF$. 再考虑到

$$S_{ABHK} = S_{ALMB} + S_{LMHK} = S_{ANFB} + 2S_{\triangle KHF}$$

和

$$S_{ACFG} + S_{BCDE} = S_{ANFB} + 2S_{Rt\triangle ABC} + 2S_{Rt\triangle BCD}$$
$$= S_{ANFB} + 2S_{\triangle ABD},$$

立得 $a^2 + b^2 = c^2$. □

证法 90 如图 5.6 所示, 易证

$$Rt\triangle AKG \cong Rt\triangle ABC, Rt\triangle GHL \cong Rt\triangle BLF,$$

$$\triangle KGH \cong \triangle DEF \cong \triangle HLB.$$

于是有

$$S_{ABHK} = S_{Rt\triangle AKG} + S_{AGLB} + S_{\triangle LGH} + S_{\triangle KGH} + S_{\triangle HLB}$$

$$= S_{Rt\triangle ABC} + S_{AGLB} + S_{\triangle FBL} + 2S_{\triangle DEF}$$

$$= S_{ACFG} + S_{BCDE}.$$ □

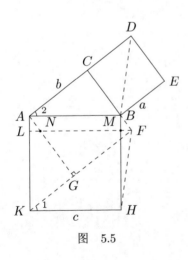

图 5.5

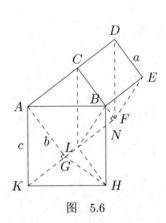

图 5.6

证法 91 如图 5.7(a) 所示, 显然

$$c^2 = a^2 + b^2 \Longleftrightarrow S_3 + S_4 = S_5. \tag{5.4}$$

在子图 (b) 中截取 $LM = BC$, 于是 $MK = b - a = DA$, 得 $\triangle MNK \cong \triangle AND$. 故有

$$S_3 + S_4 = S_{DAKH} = S_6 + S_7 = S_{MKHD}. \tag{5.5}$$

由 $DM = AB = KH$ 可知 $MKHD$ 为等腰梯形. 于是有

$$S_{MKHD} = \frac{1}{2}(MK + DH) \cdot DL = \frac{1}{2}(b - a + a + b) \cdot b = b^2. \quad (5.6)$$

由式 (5.4) ∼ 式 (5.6) 立得 $a^2 + b^2 = c^2$. □

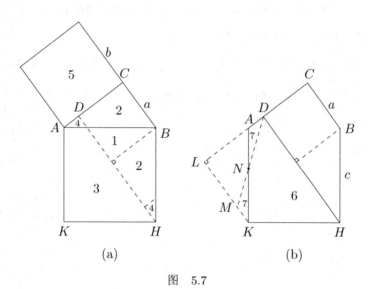

图 5.7

证法 92 如图 5.8 所示, 截取 $AP = HL$, 则 $\text{Rt}\triangle APR \cong \text{Rt}\triangle HLD$. 由 $DH = b - a$ 知 $DM = \dfrac{b(b-a)}{c}$. 于是

$$S_{\triangle KDH} = \frac{1}{2}KH \cdot DM = \frac{1}{2}b(b-a) = S_{\triangle BFG}.$$

易证 $\text{Rt}\triangle AKN \cong \text{Rt}\triangle ABC$, 故 $KN = AC$. 于是有

$$S_{\triangle KCD} = \frac{1}{2}KN \cdot CD = \frac{ab}{2},$$

$$S_{\triangle KCA} = \frac{1}{2}KN \cdot AC = \frac{b^2}{2}.$$

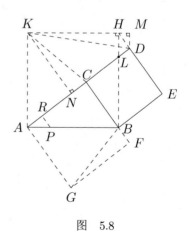

图 5.8

即 $S_{\triangle KCD} = S_{\triangle ABC}$, $S_{\triangle KCA} = S_{\triangle BGA}$. 于是可得

$$S_{\triangle APR} + S_{KCLH} + S_{\triangle AKC} = S_{\triangle HLD} + S_{KCLH} + S_{\triangle AKC}$$

$$= S_{KCDH} + S_{\triangle AKC} = S_{\triangle KCD} + S_{\triangle KDH} + S_{\triangle AKC}$$

$$= S_{\triangle ABC} + S_{\triangle BGF} + S_{\triangle ABG} = S_{ACFG}. \tag{5.7}$$

又显然有

$$S_{RPBC} + S_{\triangle LCB} = S_{DLBE} + S_{\triangle LCB} = S_{BCDE}. \tag{5.8}$$

由式 (5.7) + 式 (5.8) 立得 $a^2 + b^2 = c^2$. □

证法 93 如图 5.9(a) 所示, 将一个边长为 a 的正方形 $BCDE$ 和 4 个以 b 为斜边的等腰直角三角形拼接到一起, 显然它们的总面积为 $a^2 + 4 \cdot \left(\frac{1}{4}b^2\right) = a^2 + b^2$.

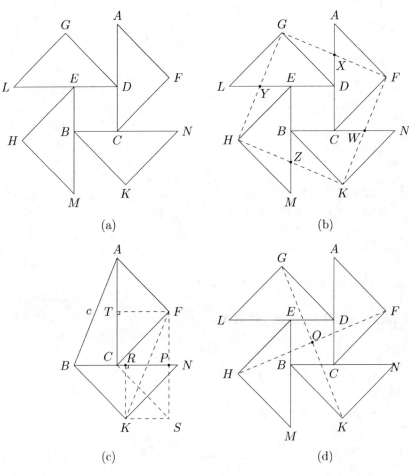

(a)   (b)

(c)   (d)

图 5.9

现在连接 4 个等腰直角三角形的直角顶点, 得到四边形 $FGHK$, 如图 5.9(b) 所示. 下面我们分步骤来证明它是一个边长为 c 的正方形, 且面积和子图 (a) 相等.

(1) 先证明 $FK = c$.

如图 5.9(c) 所示, 过 K 点作 BC 的平行线, 过 F 点作 AC 的平行线, 两条线相交于 S 点. 又设 R、T 分别为 BN 和 AC 的中点. 再作 BN 的延长线交 FS 于 P 点. 由直角三角形中线的性质可知

$$FS = FP + PS = TC + RK = \frac{b}{2} + \frac{b}{2} = b = AC.$$

又知 $AC /\!/ FS$, 所以 $ACSF$ 为平行四边形, 从而 $CS /\!/ AF$, 于是有 $\angle PCS = \angle FAC = 45° = \angle CBK$. 故 $BK /\!/ CS$. 再考虑到 $CS = AF = BK$, 故 $BKSN$ 也是平行四边形, 于是 $KS = BC$. 从而 $\text{Rt}\triangle FKS \cong \text{Rt}\triangle ABC$. 这就得到 $KF = AB = c$.

(2) 再证明 $FGHK$ 是正方形.

如图 5.9(d) 所示, 设 O 是正方形 $BCDE$ 的中心, 连接 O 和 4 个直角顶点. 显然 $\text{Rt}\triangle GLD$ 可以看作是将 $\text{Rt}\triangle ACF$ 绕点 O 逆时针旋转 $90°$ 后得到的. 于是 $\angle GOF = 90°$. 同理 $\angle GOH = \angle HOK = \angle KOF = 90°$. 于是四边形 $FGHK$ 的两条对角线长度相等且互相垂直平分, 因此四边形 $FGHK$ 为正方形.

(3) 最后证明正方形 $FGHK$ 的面积与子图 (a) 相等.

如图 5.9(b) 所示, 设正方形 $FGHK$ 的四边分别交 4 条斜边于 X、Y、Z、W 四点. 由 $\angle GXD = \angle FXA, AF = GD, \angle XAF = 45° = \angle GDX$ 可得 $\triangle GXD \cong \triangle FXA$. 类似可证 $\triangle GLY \cong \triangle HEY$, $\triangle HMZ \cong \triangle KBZ$, $\triangle KNW \cong \triangle FCW$. 于是就有

$$
\begin{aligned}
S_{FGHK} &= S_{BCDE} + S_{\triangle CXF} + S_{\triangle GXD} + S_{\triangle GYD} + S_{\triangle HYE} \\
&\quad + S_{\triangle HEZ} + S_{\triangle BZK} + S_{\triangle BKW} + S_{\triangle CWF} \\
&= S_{BCDE} + S_{\triangle CXF} + S_{\triangle AXF} + S_{\triangle GYD} + S_{\triangle GLY} \\
&\quad + S_{\triangle HEZ} + S_{\triangle HZM} + S_{\triangle BKW} + S_{\triangle KWN} \\
&= S_{BCDE} + S_{\triangle ACF} + S_{\triangle GLD} + S_{\triangle HME} + S_{\triangle BKN} \\
&= a^2 + b^2.
\end{aligned}
$$

$\square$

证法 94 如图 5.10 所示, 显然 $S_4 = b(b-a)$, $S_{4'} = AX \cdot (b-a) = b(b-a)$, 故 $S_4 = S_{4'}$. 由 $\text{Rt}\triangle CMD \sim \text{Rt}\triangle ABC$ 知 $DM = \dfrac{a^2}{b} = XT$, 故

$$S_2 = a \cdot ME = a(a - DM)$$

$$= a\left(a - \frac{a^2}{b}\right) = \frac{a^2}{b}(b - a),$$

$$S_{2'} = (b - a) \cdot XT = (b - a)\frac{a^2}{b}.$$

故 $S_2 = S_{2'}$. 立得 $c^2 = a^2 + b^2$.   □

证法 95   如图 $5.11(a)$ 所示, 设 X、Y、Z、W 分别是斜边上的外正方形 $ABHK$ 的各边的中点. 过其分别作两直角边的平行线, 交点分别为 L、M、N、P. 又设矩形 $LMNP$ 的四边与正方形 $ABHK$ 的交点分别为 Q、R、S、T. 容易知道

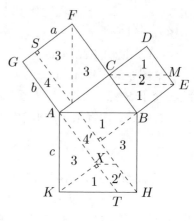

图   5.10

$$AX = BY = HZ = KW = \frac{c}{2},$$

$$\text{Rt}\triangle AXQ \cong \text{Rt}\triangle BYT \cong \text{Rt}\triangle HZS \cong \text{Rt}\triangle KWR,$$

$$AQ = BL = HS = KR.$$

又因为 $AW = BX = HY = KZ = \dfrac{c}{2}$, 所以

$$WQ = XT = YS = ZR,$$

$$\text{Rt}\triangle WQP \cong \text{Rt}\triangle XTL \cong \text{Rt}\triangle YSM \cong \text{Rt}\triangle ZRN,$$

$$WP = XL = YM = ZN, QP = TL = SM = RN.$$

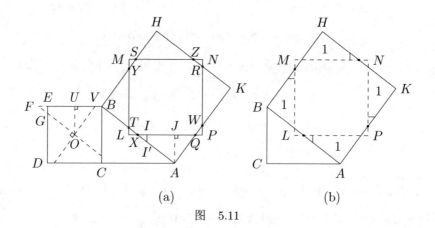

(a)   (b)

图   5.11

现在设 $QP = x, WP = y$. 由三角形之间的相似关系得

$$\mathrm{Rt}\triangle XQA \sim \mathrm{Rt}\triangle ABC, AX = \frac{c}{2},$$

$$AQ = \frac{ac}{2b}, QW = QW - AQ = \frac{c}{2} - \frac{ac}{2b}.$$

又因为 $\mathrm{Rt}\triangle WQP \sim \mathrm{Rt}\triangle ABC$, 所以

$$x = PQ = \frac{a}{c} \cdot QW = \frac{a}{c}\left(\frac{c}{2} - \frac{ac}{2b}\right) = \frac{a}{2} - \frac{a^2}{2b},$$

$$y = WQ = \frac{b}{c} \cdot QW = \frac{b}{c}\left(\frac{c}{2} - \frac{ac}{2b}\right) = \frac{b}{2} - \frac{a}{2}.$$

再作 $AJ \perp XQ$, 则易知 $XH = \frac{1}{2}b, AJ = \frac{1}{2}a$, 从而可得 $JQ = \frac{a^2}{2b}$. 现在就有

$$LP = LX + XH + HZ + ZP$$

$$= \left(\frac{b}{2} - \frac{a}{2}\right) + \frac{b}{2} + \frac{a^2}{2b} + \left(\frac{a}{2} - \frac{a^2}{2b}\right) = \frac{b}{2} + \frac{b}{2} = b.$$

类似可证 PN、MN、LM 的长度都为 b. 从而四边形 $LMNP$ 为正方形. 面积为 b^2.

现在设 O 为外正方形 $BCDE$ 的中心, 过 O 作 AB 的平行线分别交 BE 和 DE 于 F 点和 G 点. 再过 O 作 OF 的垂线交 BE 于 V 点, 设 U 为 BE 的中点, 由 $AH = \frac{1}{2}a = OU$ 可知 $\mathrm{Rt}\triangle FOU \sim \mathrm{Rt}\triangle XAJ$, 故 $UF = HX = \frac{1}{2}b$, 从而 $FE = \frac{1}{2}b - \frac{1}{2}a = y = XL$.

现在 XP 上截取 $XI = y$, 则 $\mathrm{Rt}\triangle XII' \cong \mathrm{Rt}\triangle FEG$. 而由 $AH = OU$ 还可得 $\mathrm{Rt}\triangle UOV \sim \mathrm{Rt}\triangle JAQ$, 故 $\mathrm{Rt}\triangle FOV \cong \mathrm{Rt}\triangle XAQ$. 于是四边形 $EGOV$ 和四边形 $II'AQ$ 全等.

如图 5.11(b) 所示, 根据割补法就可以得到

$$c^2 = S_{LMNP} + 4S_1 = b^2 + a^2. \qquad \square$$

下面的证法 96 和证法 97 的特点是构造了辅助圆.

证法 96　如图 5.12 所示, 作 $\mathrm{Rt}\triangle ABC$ 的内切圆, 与三边分别相切于点 L、M、N. 设 r 为内切圆半径, $PB = AT = LX = r$.

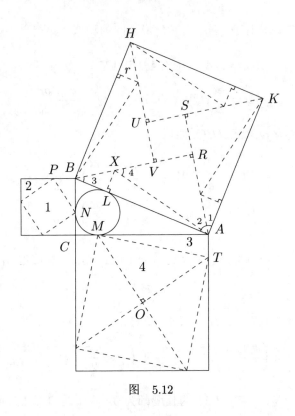

图 5.12

显然 $\angle 3 + \angle BAR = \angle 1 + \angle BAR = 90°$, 由此知 $BR \perp AR$. 同理可证四边形 $UVRS$ 的另外三个角也是直角. 故四边形 $UVRS$ 为长方形.

由 $\angle 1 = \angle 3$ 还可得到 $\text{Rt}\triangle ABR \cong \text{Rt}\triangle AKS$. 类似可证 $\text{Rt}\triangle ABR \cong \text{Rt}\triangle HBV$. 于是 $BR = AS$, $BV = AR$. 立得 $VR = BR - BV = AS - AR = RS$. 故四边形 $UVRS$ 是正方形. 又

$$\angle 4 = \angle 3 + \angle XAB = \frac{1}{2}\angle ABC + \frac{1}{2}\angle BAC$$

$$= \frac{1}{2}(\angle ABC + \angle BAC) = \frac{90°}{2} = 45°.$$

则 $\angle 2 = 45°$, 故 $RX = RA = BV$. 于是可得 $VR = RX - XV = BV - XV = BX = PN$. 再由 $AX = TM$ 可知 $\text{Rt}\triangle AXR \cong \text{Rt}\triangle TMO$. 现在就有

$$c^2 = S_{UVSR} + 4S_{\text{Rt}\triangle BXL} + 4S_{\text{Rt}\triangle AXL} + 4S_{\text{Rt}\triangle AXR}$$

$$= S_1 + 4S_2 + 4S_3 + 4S_4 = a^2 + b^2. \qquad \square$$

证法 97　如图 5.13 所示, 由子图 (a) 可以看出

$$r^2 + r(a-r) + r(b-r) = \frac{1}{2}ab, \tag{5.9}$$

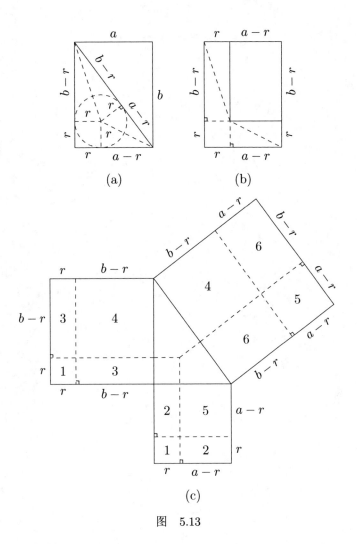

图　5.13

在此基础上, 从子图 (b) 可得

$$(a-r)(b-r) = ab - \frac{ab}{2} = \frac{1}{2}ab. \tag{5.10}$$

于是得到

$$r^2 + r(a-r) + r(b-r) = (a-r)(b-r). \tag{5.11}$$

最后对三个外正方形进行分块, 得到子图 (c). 由式 (5.11) 可知 $S_6 = S_1 + S_2 + S_3$. 于是立得

$$a^2 + b^2 = 2(S_1 + S_2 + S_3) + S_4 + S_5$$
$$= 2S_6 + S_4 + S_5 = c^2. \qquad \square$$

第 **6** 章

拼 摆 法

拼摆法属于面积法的一种. 其主要步骤如下:

(1) 构造两个或者多个全等的直角三角形, 将它们摆放在合适的位置, 然后连接其中的一些顶点, 得到一个新的图形 A.

(2) 用不同的办法计算图形 A 的面积.

(3) 把计算的结果列成关于 a、b、c 的等式 (但不能是恒等式), 化简之, 可得证.

一般来说, 拼摆之后的图形可以分为以下几种: 正方形、长方形、梯形、不规则四边形、多边形. 我们将按照这个顺序对此证法进行介绍, 以便让读者对拼摆法有一个系统而全面的了解.

下面的图 6.1 的证法最早见于我国古代数学家赵爽所著的《勾股方圆图注》中的 "弦图", 可以说是所有拼摆证法的鼻祖.

证法 98　如图 6.1 所示, 作斜边上的外正方形 $ABHK$, 过 H 点作 AC 的平行线交 CB 的延长线于 L 点, 过 K 点作 BC 的平行线交 CA 的延长线于 N 点, 延长 LH 和 NK 交于 M 点. 容易证明四边形 $CLMN$ 为正方形, 且边长为 $a + b$, 以及

$$\text{Rt}\triangle ABC \cong \text{Rt}\triangle KAN \cong \text{Rt}\triangle HKM \cong \text{Rt}\triangle BHL.$$

于是有 $S_{CLMN} = 4S_{\triangle ABC} + S_{ABHK}$, 即

$$(a + b)^2 = 4 \cdot \left(\frac{1}{2}ab \right) + c^2 \implies a^2 + b^2 = c^2. \qquad \square$$

证法 99 和证法 98 类似, 同样是将 4 个直角三角形进行拼接成正方形, 只是边长从 $a + b$ 变成了 c.

证法 99　如图 6.2 所示, 作 4 个全等的直角三角形, 即 Rt$\triangle ABC$、Rt$\triangle BHZ$、Rt$\triangle HKY$、Rt$\triangle KAX$, 将它们拼接成边长为 c 的正方形 $ABHK$, 易证四边形 $XYZC$ 是一个边长为 $b-a$ 的正方形. 于是可得

$$c^2 = S_{ABHK} = 4S_{\text{Rt}\triangle ABC} + S_{XYZC} = 4 \cdot \left(\frac{1}{2}ab\right) + (b-a)^2$$

$$= 2ab + a^2 - 2ab + b^2 = a^2 + b^2. \qquad \square$$

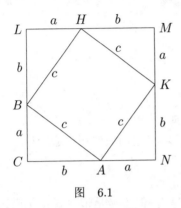

图　6.1

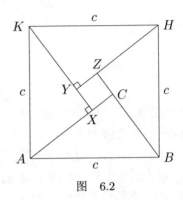

图　6.2

从图 6.2 还可以得到证法 100, 其好处是避免用到二项和的平方公式, 只要学过分数概念的小学生就可以理解.

证法 100　如图 6.3 所示, 显然

$$S_{\triangle KHX} + S_{\triangle ABX} = \frac{1}{2}S_{ABHK}.$$

即 $\frac{1}{2}YH \cdot KX + \frac{1}{2}AX \cdot BC = \frac{1}{2}AB^2$. 易证 $YH = KX = AC$, $AX = BC$, 于是立得

$$AB^2 = AC^2 + BC^2. \qquad \square$$

下面的证法 101 相当于证法 98 和证法 99 相结合的产物.

证法 101　如图 6.4 所示, 将 8 个全等的直角三角形按图 6.4 进行拼接, 易知

$$S_{ABHK} = S_{CLMN} - 4S_{\triangle ABC}, \text{故} c^2 = (a+b)^2 - 2ab. \qquad (6.1)$$

且

$$S_{ABHK} = S_{XYZW} + 4S_{\triangle ABC}, \text{则有} c^2 = (a-b)^2 + 2ab. \qquad (6.2)$$

由式 (6.1)+ 式 (6.2) 立得 $2a^2 + 2b^2 = 2c^2$, 即 $c^2 = a^2 + b^2$. ☐

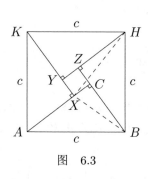

图 6.3

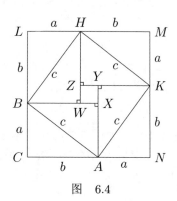

图 6.4

下面的图 6.5 把图 6.1 中正方形 c 裁成两半, 然后和原来的 4 个直角三角形拼成了一个等腰梯形, 其面积仍然为 $(a+b)^2$.

证法 102 如图 6.5 所示, 将 4 个全等的直角三角形和两个等腰直角三角形按图 6.5 进行拼接, 显然它们的面积之和为

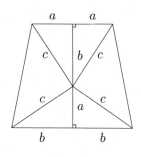

$$4 \cdot \frac{ab}{2} + 2 \cdot \frac{c^2}{2} = c^2 + 2ab. \qquad (6.3)$$

另一方面, 整个梯形的面积为

$$\frac{1}{2}(2a + 2b) \cdot (a+b) = (a+b)^2. \qquad (6.4)$$

图 6.5

由式 (6.3)、式 (6.4) 立得 $c^2 = a^2 + b^2$. ☐

下面的图 6.6 把图 6.5 中的等腰梯形又重新拼成了一个对称的六边形.

证法 103 如图 6.6 所示, 点 L 和 N 分别是 C 和 M 关于直线 AH 的对称点. 易证直角梯形 $AHNL$ 和 $AHMC$ 的面积分别为

$$S_{AHMC} = \frac{1}{2}(HM + AC) \cdot CM = \frac{1}{2}(a+b)^2,$$

$$S_{AHNL} = \frac{1}{2}(HN + AL) \cdot NL = \frac{1}{2}(a+b)^2.$$

于是可知六边形 $ALNHMB$ 的面积为 $(a+b)^2$.

另一方面, 六边形 $ALNHMB$ 的面积又等于正方形 $ABHK$ 的面积加上 4 个直角三角形 (易证它们都和 Rt$\triangle ABC$ 全等) 的面积. 于是有

$$(a+b)^2 = c^2 + 4 \cdot \left(\frac{ab}{2}\right) \implies a^2 + b^2 = c^2. \qquad \square$$

如果把图 6.2 去掉一半, 只保留下边和左边的直角三角形, 然后用割补法计算等腰三角形 ABK 的面积, 就可得到证法 104 ～ 证法 106.

证法 104 如图 6.7 所示, 将 AB 绕 A 点逆时针旋转 90°, 得到线段 AK. M、N 点分别为 K 在直线 BC、AC 上的垂足. 易证 Rt$\triangle ABC \cong$ Rt$\triangle AKM$, 故 $KM = CN = b - a$. 于是可得

$$S_{ABMK} = S_{\triangle BKA} + S_{\triangle BKM} = \frac{1}{2}AK \cdot AB + \frac{1}{2}KM \cdot BM$$

$$= \frac{c^2}{2} + \frac{1}{2}(b-a)(b+a) = \frac{1}{2}(c^2 + b^2 - a^2). \qquad (6.5)$$

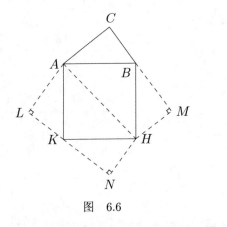

图　6.6

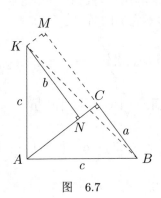

图　6.7

另一方面, 可知

$$S_{ABMK} = S_{\text{Rt}\triangle ABC} + S_{\text{Rt}\triangle AKN} + S_{NCMK}$$

$$= ab + b(b-a) = b^2. \qquad (6.6)$$

由式 (6.5)、式 (6.6) 可得

$$\frac{1}{2}(c^2 + b^2 - a^2) = b^2 \implies c^2 = a^2 + b^2. \qquad \square$$

证法 105 如图 6.8 所示, 作 $AK \perp AB$, $AK = AB$. H 为 K 在 AC 上的垂足, 易证 $\mathrm{Rt}\triangle AKH \cong \mathrm{Rt}\triangle ABC$. 故 $KH = AC = b$, 于是可得

$$S_{\triangle ACK} = \frac{1}{2}KH \cdot AC = \frac{b^2}{2},$$

$$S_{\triangle AHB} = \frac{1}{2}AH \cdot BC = \frac{a^2}{2}.$$

因为 $KH \perp AC \implies KH \parallel BC \implies S_{\triangle KHB} = S_{\triangle KHC}$, 所以 $S_{\triangle AHK} + S_{\triangle KHB} + S_{\triangle AHB} = S_{\triangle AHK} + S_{\triangle KHC} + S_{\triangle AHB} = S_{\triangle ACK} + S_{\triangle AHB} = S_{\triangle AKB}.$
又因为 $S_{\triangle AKB} = \frac{1}{2}c^2$, 所以 $\frac{1}{2}c^2 = \frac{1}{2}(a^2 + b^2) \implies a^2 + b^2 = c^2.$ □

证法 106 如图 6.9 所示, 将两个全等的直角三角形 ABC、AKH 按图 6.9 进行拼接.

因为 $HE : CE = KH : BC = b : a$, 所以 $HE : (CE + HE) = b : (a + b)$.
又因为 $HE + CE = HC = b - a$, 所以 $HE = \dfrac{b(b-a)}{b+a}$.
类似可证 $CE = \dfrac{a(b-a)}{b+a}$, 故有

$$S_{\text{多边形}ABCHK} = S_{\mathrm{Rt}\triangle ABC} + S_{\mathrm{Rt}\triangle AKH} = ab. \tag{6.7}$$

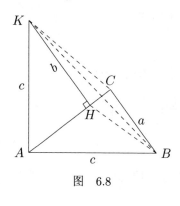

图 6.8

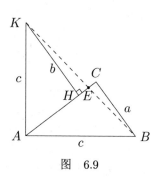

图 6.9

另一方面, 又有

$$S_{\text{多边形}ABCHK} = S_{\mathrm{Rt}\triangle ABK} - S_{\mathrm{Rt}\triangle KHE} + S_{\mathrm{Rt}\triangle ECB}$$

$$= \frac{c^2}{2} - \frac{1}{2} \cdot \frac{b^2(b-a)}{a+b} + \frac{1}{2} \cdot \frac{a^2(b-a)}{a+b}$$

$$= \frac{c^2}{2} - \frac{1}{2}\frac{(b-a)}{(a+b)} \cdot (b^2 - a^2) = \frac{c^2}{2} - \frac{(b-a)^2}{2}. \tag{6.8}$$

比较式 (6.7)、式 (6.8), 立得

$$ab = \frac{c^2}{2} - \frac{(a-b)^2}{2} \implies c^2 = a^2 + b^2. \qquad \square$$

现在继续介绍其他用两个直角三角形进行拼摆的证法. 首先值得一提的是证法 107 ~ 证法 110, 它们的特点都是在拼摆之后构造了一个边长为 b 的正方形.

证法 107 如图 6.10 所示, 将 Rt$\triangle ABC$ 沿 BC 的方向平移距离 b, 得到 Rt$\triangle GEF$. 过 E 作 GE 的垂线交 AC 于 H 点. 由 $\triangle ABC \sim \triangle EHC$ 可得

$$EH = CE \cdot \frac{c}{b} = \frac{c(b-a)}{b},$$
$$CH = CE \cdot \frac{a}{b} = \frac{a(b-a)}{b},$$
$$AH = b - CH = \frac{a^2 + b^2 - ab}{b}.$$

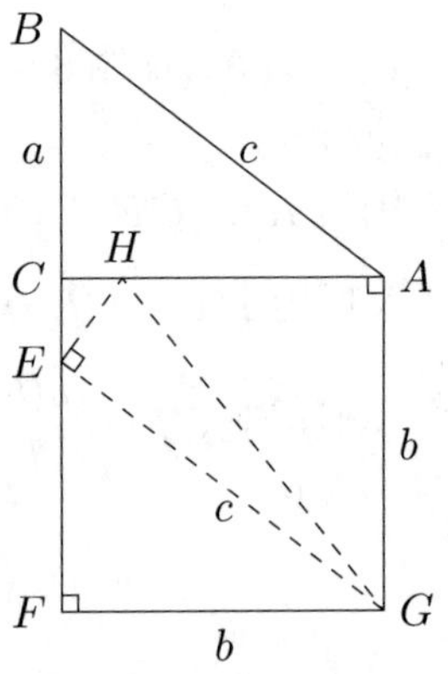

图　6.10

从 $S_{ACFG} - S_{\triangle EFG} = S_{CEGA} = S_{\triangle ECH} + S_{\triangle GHE} + S_{\triangle AHG}$ 可得

$$b^2 - \frac{ab}{2} = \frac{1}{2}(CE \cdot CH + HE \cdot EG + AH \cdot AG)$$
$$\implies 2b^2 - ab = \frac{a(b-a)^2}{b} + \frac{c^2(b-a)}{b} + (a^2 + b^2 - ab)$$
$$\implies b^2 - a^2 = \frac{a(b-a)^2}{b} + \frac{c^2(b-a)}{b}$$
$$\implies (b+a)(b-a) = \frac{a(b-a)^2}{b} + \frac{c^2(b-a)}{b}$$
$$\implies b(b+a) = a(b-a) + c^2 \implies a^2 + b^2 = c^2. \qquad \square$$

证法 108 如图 6.11 所示, 把两个全等的直角三角形放到一个边长为 b 的正方形中, 可以得到子图 (a). 然后对正方形重新分割, 可以得到子图 (b). 在子图 (b) 中显然有

$$2(S_1 + S_2 + S_3 + S_4)$$

$$= x(a+y) + (a+x)(b-a-y) + (b-y)(b-a-x) + y(b-x)$$

$$= x(a+y) + b(a+x) - (a+x)(a+y) + b(b-y)$$

$$\quad - (b-y)(a+x) + y(b-x)$$

$$= -a(a+y) + y(a+x) + (b-y)b + y(b-x)$$

$$= -a^2 - ay + ay + xy + b^2 - by + by - xy = b^2 - a^2. \tag{6.9}$$

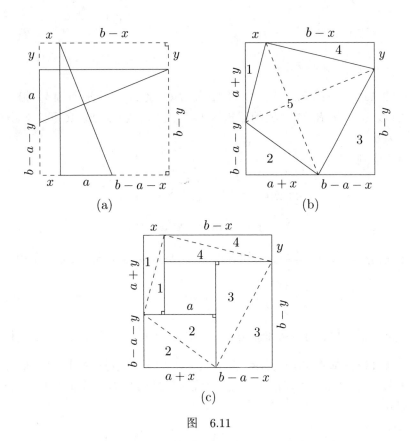

图 6.11

此外, 在子图 (b) 中, 图块 5 的两条对角线就是子图 (a) 中两个直角三角形的斜边, 易证它们互相垂直, 从而 $S_5 = \dfrac{1}{2}c^2$, 故

$$b^2 = S_1 + S_2 + S_3 + S_4 + S_5 = \frac{1}{2}c^2 + \frac{1}{2}(b^2 - a^2). \tag{6.10}$$

由式 (6.10) 立得 $c^2 = a^2 + b^2$. □

证法 108 中式 (6.9) 的计算过程比较烦琐, D. Rogers 从图 6.11 的子图 (c) 直接得到 4 个三角形的面积之和为 $\dfrac{1}{2}(b^2 - a^2)$.

证法 109 如图 6.12 所示, 易证 $AB \perp DG$ 及 $ACFG$ 是正方形, 于是有

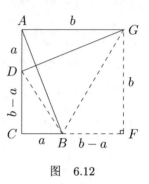

$$b^2 = S_{ADBG} + S_{\triangle CBD} + S_{\triangle BFG}$$
$$= \frac{c^2}{2} + \frac{1}{2}a(b - a) + \frac{1}{2}b(b - a)$$
$$= \frac{1}{2}c^2 + \frac{1}{2}(b^2 - a^2). \qquad (6.11)$$

由式 (6.11) 立得 $c^2 = a^2 + b^2$. □

图 6.12

证法 110 如图 6.13 所示, 将 Rt$\triangle ABC$ 绕 A 点逆时针旋转 $90°$, 得到 Rt$\triangle AKG$. 延长 GK 交 CB 的延长线于 F 点. 显然四边形 $ACFG$ 为正方形, 且边长为 b.

再考虑到

$$S_{ABFK} = S_{AKFC} + S_{\text{Rt}\triangle ABC},$$
$$S_{ACFG} = S_{AKFC} + S_{\text{Rt}\triangle AKG}.$$

可得 $S_{ABFK} = S_{ACFG} = b^2$. 又知 $S_{ABFK} = S_{\text{Rt}\triangle BKA} + S_{\text{Rt}\triangle BKF}$, 故有

$$b^2 = \frac{1}{2}c^2 + \frac{1}{2}(b + a)(b - a) \implies c^2 = a^2 + b^2. \qquad \square$$

下面的证法 111 的思路和证法 110 类似, 只不过这次得到的正方形边长为 a.

证法 111 如图 6.14 所示, 将 Rt$\triangle ABC$ 绕 B 点逆时针旋转 $90°$, 得到 Rt$\triangle HBE$. 延长 AC 交 HE 于 D 点. 易证四边形 $BCDE$ 为正方形, 且边长为 a. 于是可得

$$S_{BCDE} = S_{\text{Rt}\triangle BCM} + S_{BMDE}$$
$$= S_{\text{Rt}\triangle BCM} + S_{\text{Rt}\triangle HBE} - S_{\text{Rt}\triangle MDH}$$
$$= S_{\text{Rt}\triangle BCM} + S_{\text{Rt}\triangle ABC} - S_{\text{Rt}\triangle MDH}$$
$$= S_{\text{Rt}\triangle ABM} - S_{\text{Rt}\triangle MDH}$$

$$= S_{\text{Rt}\triangle ABH} - S_{\triangle AMH} - S_{\text{Rt}\triangle MDH}$$

$$= S_{\text{Rt}\triangle ABH} - S_{\text{Rt}\triangle ADH}. \tag{6.12}$$

由式 (6.12) 立得

$$a^2 = \frac{1}{2}c^2 - \frac{1}{2}(b+a)(b-a) \implies a^2 + b^2 = c^2. \qquad \square$$

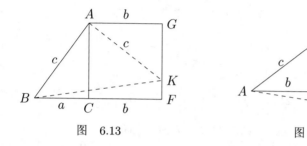

图 6.13　　　　　　　　图 6.14

我们将证法 110 和证法 111 结合起来, 便可得到证法 112.

证法 112　由证法 110 可得

$$b^2 = \frac{1}{2}c^2 + \frac{1}{2}(b+a)(b-a). \tag{6.13}$$

由证法 111 可得

$$a^2 = \frac{1}{2}c^2 - \frac{1}{2}(b+a)(b-a). \tag{6.14}$$

将式 (6.13)、式 (6.14) 两式左右分别相加,立得 $a^2 + b^2 = c^2$.　　　$\square$

下面的图 6.15 的特点是通过拼摆构造了一个底边边长为 c 的长方形, 然后使用面积法.

证法 113　如图 6.15(a) 所示, 作高为 b 的矩形 $ABED$. M 为 D 在 AC 上的垂足, F 为 E 在 DM 上的垂足,N 为 C 在 EF 上的垂足.

易证 $\text{Rt}\triangle EDF \cong \text{Rt}\triangle ABC, \text{Rt}\triangle DAM \cong \text{Rt}\triangle BEN$. 再由 $\text{Rt}\triangle DAM \sim \text{Rt}\triangle ABC$ 可知 $DM = \dfrac{b^2}{c}, AM = \dfrac{ab}{c}$, 从而有

$$FM = DM - DF = \frac{b^2}{c} - a = \frac{b^2 - ac}{c},$$

$$CM = AC - AM = b - \frac{ab}{c} = \frac{(c-a)b}{c}.$$

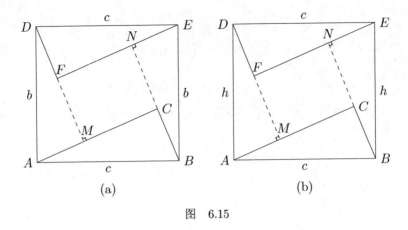

图 6.15

再考虑到 $S_{ABED} = 2S_{Rt\triangle ABC} + 2S_{Rt\triangle DAM} + S_{FMCN}$, 有

$$bc = ab + AM \cdot DM + FM \cdot CM$$

$$= ab + \frac{ab}{c} \cdot \frac{b^2}{c} + \frac{b^2 - ac}{c} \cdot \frac{(c-a)b}{c}.$$

也就是

$$c^3 = ac^2 + ab^2 + (b^2 - ac)(c - a)$$

$$= ac^2 + ab^2 + b^2c - ab^2 - ac^2 + a^2c = ca^2 + cb^2. \tag{6.15}$$

由式 (6.15) 立得 $c^2 = a^2 + b^2$. □

在图 6.15(a) 中, AB 和 DE 的距离为 b 这个条件并不是必须的. 我们可以将 AB 沿竖直方向平移任意距离 h 得到 DE, 然后用和证法 113 类似的思路证明勾股定理, 这就是下面的证法 114.

证法 114   如图 6.15(b) 所示, 作高为 h 的矩形 $ABED$. M、N、F 三点作法同图 6.15(a). 由 $Rt\triangle DAM \sim Rt\triangle ABC$ 可知 $DM = \dfrac{bh}{c}, AM = \dfrac{ah}{c}$, 从而有

$$FM = DM - DF = \frac{bh}{c} - a = \frac{bh - ac}{c},$$

$$CM = AC - AM = b - \frac{ah}{c} = \frac{bc - ah}{c}.$$

再考虑到 $S_{ABED} = 2S_{Rt\triangle ABC} + 2S_{Rt\triangle DAM} + S_{FMCN}$, 有

$$ch = ab + AM \cdot DM + FM \cdot CM$$

$$= ab + \frac{ah}{c} \cdot \frac{bh}{c} + \frac{bh - ac}{c} \cdot \frac{bc - ah}{c}.$$

也就是

$$hc^3 = abc^2 + abh^2 + (bh - ac)(bc - ah)$$

$$= abc^2 + abh^2 + b^2hc - abh^2 - abc^2 + a^2hc$$

$$= b^2hc + a^2hc. \tag{6.16}$$

由式 (6.16) 立得 $c^2 = a^2 + b^2$. □

现在来看拼凑成梯形的证法. 证法 102 中是拼成了等腰梯形, 直角梯形的证法见下面的证法 115 ～ 证法 118.

证法 115 如图 6.16 所示, 将两个全等的直角三角形 ABC、EDA 按图 6.16 进行拼接, 使 D 点落在 AC 内.

显然

$$S_{ACBE} = S_{ADBE} + S_{\triangle CBD}$$

$$= \frac{1}{2} AB \cdot DE + \frac{1}{2} DC \cdot BC$$

$$= \frac{1}{2} c^2 + \frac{1}{2} a(b - a). \tag{6.17}$$

且

$$S_{ACBE} = \frac{1}{2}(a + b)b. \tag{6.18}$$

由式 (6.17)、式 (6.18) 立得 $\frac{b^2}{2} = \frac{c^2}{2} - \frac{a^2}{2} \implies c^2 = a^2 + b^2$. □

证法 116 如图 6.17 所示, 将两个全等的直角三角形 CED 和 ABC 进行拼接, 使 D 点落在 CB 的延长线上, 且 $DE \parallel AC$. 易证 $AB \perp CE$. 由射影定理知 $CH = \frac{ab}{c}$, $BH = \frac{a^2}{c}$, 故有

$$HE = \frac{c^2 - ab}{c}, \quad AH = \frac{c^2 - a^2}{c}.$$

于是

$$S_{梯形ACDE} = S_{\triangle ABC} + S_{\triangle CDE} + S_{\triangle AHE} - S_{\triangle CBH}$$

$$= \frac{1}{2}\left[ab + ab + \frac{(c^2 - ab)(c^2 - a^2)}{c^2} - \frac{a^3b}{c^2} \right].$$

又知 $S_{梯形ACDE} = \dfrac{1}{2}(AC + DE) \cdot CD = \dfrac{1}{2}b(a+b)$, 所以

$$b(a+b) = ab + ab + \frac{(c^2 - ab)(c^2 - a^2)}{c^2} - \frac{a^3 b}{c^2}. \tag{6.19}$$

对式 (6.19) 进行化简之后便得到 $a^2 + b^2 = c^2$. $\qquad\qquad$ □

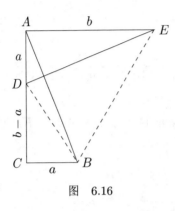

图 6.16

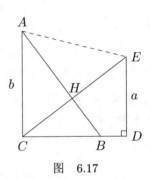

图 6.17

证法 117 如图 6.18 所示, 将两个全等的直角三角形 ABC、DAH 进行拼接, 使 $AD \perp AC$, $DH \perp AB$. 由射影定理得 $DE = \dfrac{c^2}{b}$, $AE = \dfrac{ac}{b}$. 故 $CE = AC - AE = \dfrac{b^2 - ca}{b}$. 显然

$$S_{\text{Rt}\triangle BCE} = \frac{1}{2}a \cdot CE = \frac{a(b^2 - ca)}{2b},$$
$$S_{BEAD} = \frac{1}{2}DE \cdot AB = \frac{c^3}{2b}.$$

而 $S_{\text{Rt}\triangle BCE} + S_{BEAD} = S_{ACBD}$, 即

$$\frac{a(b^2 - ca)}{2b} + \frac{c^3}{2b} = \frac{1}{2}b(a+c) \implies c^2 = a^2 + b^2. \qquad □$$

证法 118 如图 6.19 所示, 将 AB 绕 B 点顺时针旋转 $90°$, 得到线段 BH. D 为 H 在 CB 延长线上的垂足, 易证 $\text{Rt}\triangle ABC \cong \text{Rt}\triangle BHD$. 则

$$S_{ACDH} = S_{\triangle ABC} + S_{\triangle BHD} + S_{\triangle ABH} = ab + \frac{c^2}{2}. \tag{6.20}$$

又根据直角梯形的面积公式可知

$$S_{ACDH} = \frac{1}{2}(AC + DH) \cdot CD = \frac{1}{2}(a+b)(a+b). \tag{6.21}$$

由式 (6.20)、式 (6.21) 立得 $a^2 + b^2 = c^2$. □

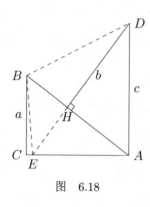

图 6.18

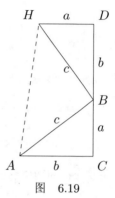

图 6.19

现在介绍拼接成其他四边形的证法. 首先介绍构造凸四边形的拼摆方案, 比如下面的证法 119 ~ 证法 122.

证法 119 如图 6.20 所示, 作 $\mathrm{Rt}\triangle BDE \cong \mathrm{Rt}\triangle ABC$, 则 $CE = b - a$, 故

$$S_{\triangle ADE} = \frac{1}{2}DE \cdot CE = \frac{1}{2}a(b-a).$$

设四边形 $ABDE$ 的面积为 S, 则有

$$S = S_{\mathrm{Rt}\triangle ABD} + S_{\triangle ADE} = \frac{c^2}{2} + \frac{1}{2}a(b-a). \tag{6.22}$$

另一方面, 易知

$$S = S_{\mathrm{Rt}\triangle ABC} + S_{\mathrm{Rt}\triangle BDE} + S_{\mathrm{Rt}\triangle ACE} = \frac{1}{2}[ab + ab + b(b-a)]. \tag{6.23}$$

由式 (6.22)、式 (6.23) 可得

$$c^2 + ab - a^2 = 2ab + b^2 - ab \implies c^2 = a^2 + b^2. \qquad \square$$

证法 120 如图 6.21 所示, 将 $\mathrm{Rt}\triangle ABC$ 绕点 A 顺时针旋转 $90°$, 得到 $\mathrm{Rt}\triangle AKM$. 易证 $\angle 1 = 45° = \angle 2$. 过 B 作 AC 的平行线交 CM 于 E 点, 连接 BK 交 CM 于 F 点.

因为 $\angle 3 = \angle 1 = \angle 2$, 所以

$$BE = BC = KM. \tag{6.24}$$

因为 $KM \perp AM, AM \perp AC$, 所以

$$KM \parallel AC \parallel BE. \tag{6.25}$$

由式 (6.24)、式 (6.25) 可知 $BE \underline{\parallel} KM$, 故 $\triangle BEF \cong \triangle KMF$. 于是

$$
\begin{aligned}
S_{ACBK} &= S_{ACFK} + S_{\triangle BEF} + S_{\triangle CBE} \\
&= S_{ACFK} + S_{\triangle KMF} + S_{\triangle CBE} = S_{ACMK} + S_{\triangle CBE} \\
&= S_{\triangle ACM} + S_{\triangle AMK} + S_{\triangle CBE}.
\end{aligned} \tag{6.26}
$$

由式 (6.26) 及 $S_{ACBK} = S_{\triangle ABC} + S_{\triangle ABK}$, 立得

$$\frac{1}{2}b^2 + \frac{1}{2}ab + \frac{1}{2}a^2 = \frac{1}{2}ab + \frac{1}{2}c^2 \implies a^2 + b^2 = c^2. \qquad \Box$$

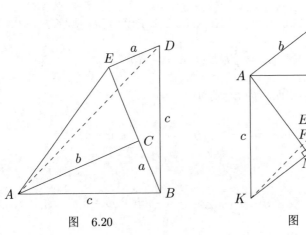

图 6.20

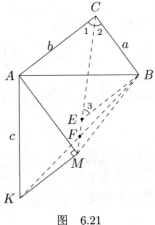

图 6.21

证法 121 从图 6.22 的子图 (a)~(c) 可以看出

$$\frac{1}{2}ab + \frac{1}{2}b(b+b-a) = \frac{1}{2}c^2 + \frac{1}{2}(b-a)(b+a). \tag{6.27}$$

由式 (6.27) 立得 $2b^2 = c^2 + b^2 - a^2 \implies c^2 = a^2 + b^2.$ $\qquad \Box$

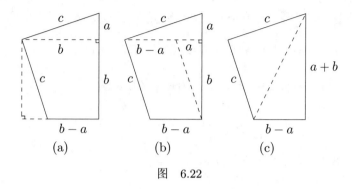

图 6.22

证法 122 如图 6.23 所示, 作 $CH \perp AB$, 且 $CH = AB$. 设 D、E 分别为 H 在两直角边上的垂足. 则 $\mathrm{Rt}\triangle HCE \cong \mathrm{Rt}\triangle ABC \cong \mathrm{Rt}\triangle CHD$. 故 $HE = AC = b$.

$$S_{\triangle CHB} = \frac{1}{2}BC \cdot DH = \frac{a^2}{2}.$$

$$S_{\triangle CHA} = \frac{1}{2}AC \cdot EH = \frac{b^2}{2}.$$

于是可得

$$S_{ACBH} = S_{\triangle AHC} + S_{\triangle BHC} = \frac{1}{2}(b^2 + a^2). \tag{6.28}$$

另一方面, 又有

$$S_{ACBH} = S_{\triangle ABC} + S_{\triangle ABH} = \frac{1}{2}AB \cdot (CM + MH) = \frac{c^2}{2}. \tag{6.29}$$

由式 (6.28)、式 (6.29) 立得 $a^2 + b^2 = c^2$. □

证法 122 中的式 (6.29) 实际上是证明了 "若四边形的对角线互相垂直, 则该四边形的面积等于对角线乘积之半" 这一结论. 我们将在证法 123 ~ 证法 126 中直接使用这个结论, 不再赘述.

证法 123 如图 6.24 所示, 截取 $CD = AC, CF = CB$, 则 $\mathrm{Rt}\triangle ACB \cong \mathrm{Rt}\triangle DCF$, 故 $AB = DF, \angle 2 = \angle 1 = \angle 5$. 再截取 $DE = BC$, 则 $\mathrm{Rt}\triangle DEK \cong \mathrm{Rt}\triangle CBH$, 故 $EK = BH, CE = b - a$. 再由 $\angle 3 = \angle 4$ 和 $BE = BC + CE = a + (b - a) = b$ 可知 $\mathrm{Rt}\triangle ACH \cong \mathrm{Rt}\triangle EBG$, 故 $AH = GE$. 现对四边形 $ABFD$ 应用同积法, 有

$$S_{ABFD} = \frac{1}{2}AF \cdot BD = \frac{1}{2}(a + b)^2 = ab + \frac{1}{2}(a^2 + b^2). \tag{6.30}$$

$$S_{ABFD} = S_{\triangle DEA} + S_{\triangle BEF} + S_{\triangle DEF} + S_{\triangle ABE}$$

$$= \frac{1}{2}(DE \cdot AC + BE \cdot CF + DF \cdot EK + AB \cdot EG)$$

$$= \frac{1}{2}(ab + ab + AB \cdot BH + AB \cdot AH)$$

$$= ab + \frac{1}{2}AB \cdot (BH + AH) = ab + \frac{c^2}{2}. \tag{6.31}$$

由式 (6.30)、式 (6.31) 立得 $a^2 + b^2 = c^2$. □

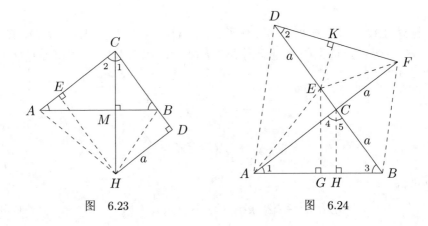

图 6.23 图 6.24

证法 124 将两个全等的直角三角形 ABC、ECD 按图 6.25 进行拼接, 使 D 点落在 AC 内, 且 $CE \perp AB$. 则 $S_{ACBE} = \frac{1}{2}c^2$. 由面积公式和射影定理可知

$$S_{\triangle ACE} = \frac{1}{2}CE \cdot AH = \frac{1}{2}AB \cdot AH = \frac{b^2}{2}, \tag{6.32}$$

$$S_{\triangle BCE} = \frac{1}{2}CE \cdot BH = \frac{1}{2}AB \cdot BH = \frac{a^2}{2}. \tag{6.33}$$

由式 (6.32) + 式 (6.33) 及 $S_{ACBE} = S_{\triangle BCE} + S_{\triangle ACE}$ 立得

$$\frac{c^2}{2} = \frac{a^2}{2} + \frac{b^2}{2} \implies c^2 = a^2 + b^2. \quad □$$

证法 125 将两个全等的直角三角形 ABC、FDE 按图 6.26 进行拼接, 使 D 点落在 AB 内, 且 $DF \perp AB$. 易知 $x = \dfrac{a^2}{b}$. 设直角梯形 $ACBF$ 的面积为

S, 显然有

$$S = \frac{1}{2}b(x + b + a) = \frac{1}{2}(a^2 + b^2 + ab). \tag{6.34}$$

又知

$$S = S_{\triangle ABF} + S_{\triangle ABC} = \frac{1}{2}(c^2 + ab). \tag{6.35}$$

由式 (6.34) 和式 (6.35) 立得 $a^2 + b^2 = c^2$. □

证法 126 辅助线作法同图 6.25, 设 F 为 E 在 CB 延长线上的垂足. 易证 $\text{Rt}\triangle CEF \cong \text{Rt}\triangle ABC$, 故 $EF = BC$. 于是可得

$$S_{\triangle ACE} = \frac{1}{2}AC \cdot DE = \frac{1}{2}b^2,$$
$$S_{\triangle BCE} = \frac{1}{2}BC \cdot EF = \frac{1}{2}a^2.$$

再考虑到 $S_{\triangle ACE} + S_{\triangle BCE} = S_{ACBE} = \frac{1}{2}c^2$, 立得

$$\frac{1}{2}c^2 = \frac{1}{2}(a^2 + b^2) \implies c^2 = a^2 + b^2. \qquad \square$$

我们将图 6.25 中的 $\text{Rt}\triangle CDE$ 向上平移, 便可得到证法 127; 向右平移的话, 可以得到证法 128.

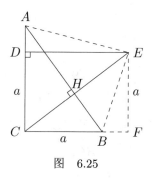

图　6.25

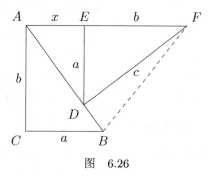

图　6.26

证法 127 将两个全等的直角三角形 ABC、EFD 按图 6.27(a) 进行拼接, 使 FD 落在 AC 内, 且 $FE \perp AB$. 由子图 (b) 可知

$$S_{\triangle DFB} = \frac{1}{2}DF \cdot BC = \frac{a^2}{2}. \tag{6.36}$$

$$S_{BDAE} = S_{\triangle ADE} + S_{\triangle DEB} = \frac{1}{2}DE \cdot AD + \frac{1}{2}DE \cdot CD$$

$$= \frac{1}{2}DE(AD + CD) = \frac{b^2}{2}. \tag{6.37}$$

由式 (6.36) + 式 (6.37) 及 $S_{AFBE} = \dfrac{c^2}{2}$ 立得 $c^2 = a^2 + b^2$. □

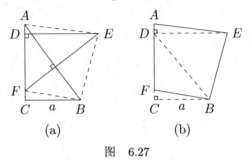

(a) (b)

图 6.27

证法 128 如图 6.28 所示将两个全等的直角三角形 ABC、EFD 进行拼接, 使直角顶点 D 落在 AB 上, F 落在 BC 上, 且 $DF \parallel AC$. 由 $\text{Rt}\triangle DBF \sim \text{Rt}\triangle ABC$ 知 $BF = \dfrac{a^2}{b}$, 对 $\text{Rt}\triangle DFE$ 使用射影定理得 $HE = \dfrac{b^2}{c}$. 现在便有

$$S_{\triangle AFB} = \frac{1}{2}BF \cdot AC = \frac{1}{2} \cdot \frac{a^2}{b} b = \frac{a^2}{2}. \tag{6.38}$$

$$S_{\triangle ABE} = \frac{1}{2}HE \cdot AB = \frac{1}{2} \cdot \frac{b^2}{c} c = \frac{b^2}{2}. \tag{6.39}$$

$$S_{AFBE} = \frac{1}{2}AB \cdot EF = \frac{c^2}{2}. \tag{6.40}$$

由式 (6.38) ∼ 式 (6.40) 和 $S_{AFBE} = S_{\triangle AFB} + S_{\triangle ABE}$ 立得 $c^2 = a^2 + b^2$. □

最后再介绍几个构造凹四边形的证法, 即证法 129 ∼ 证法 134.

证法 129 如图 6.29 所示, 将两个全等的直角三角形 DBH 和 ABC 进行拼接, 则 $CD = c - a = AH$. 易知 $\text{Rt}\triangle DCE \sim \text{Rt}\triangle ABC$, $\dfrac{DE}{AB} = \dfrac{CE}{BC} = \dfrac{CD}{b}$. 即 $DE : c = CE : a = (c - a) : b, DE = \dfrac{c}{b}(c - a), CE = \dfrac{a}{b}(c - a)$.

故有

$$S_{ABDE} = S_{\triangle ABC} + S_{\triangle CDE} = \frac{ab}{2} + \frac{1}{2} \cdot \frac{a(c-a)^2}{b}. \tag{6.41}$$

$$S_{ABDE} = S_{\triangle ABD} - S_{\triangle AED} = \frac{bc}{2} - \frac{1}{2} \cdot \frac{c(c-a)^2}{b}. \tag{6.42}$$

由式 (6.41)、式 (6.42) 可得

$$\frac{ab^2 + a(c-a)^2}{2b} = \frac{b^2c - c(c-a)^2}{2b}. \tag{6.43}$$

对式 (6.43) 化简之后便有 $c^2 = a^2 + b^2$.　　　□

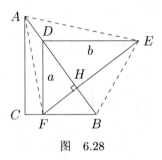

图　6.28

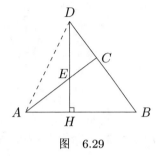

图　6.29

证法 130　辅助线作法同图 6.29, 由证法 129 知 $\triangle DCE$ 的面积为 $\dfrac{a(c-a)^2}{2b}$, 而 $S_{\triangle DEC} + S_{\triangle AED} = S_{\triangle ACD}$, 故有

$$\frac{a(c-a)^2}{2b} + \frac{c(c-a)^2}{2b} = \frac{b(c-a)}{2} \implies a^2 + b^2 = c^2. \qquad \square$$

证法 131　如图 6.29 所示. 在证法 129 中已证 $HE = \dfrac{a(c-a)}{b}$, $DE = \dfrac{c(c-a)}{b}$, 故有

$$S_{\triangle ABD} = S_{\triangle AEB} + S_{\triangle AED} + S_{\triangle DEB}$$

$$\frac{1}{2}AB \cdot DH = \frac{1}{2}AB \cdot EH + \frac{1}{2}DE \cdot AH + \frac{1}{2}DE \cdot BH$$

$$= \frac{1}{2}AB \cdot EH + \frac{1}{2}DE \cdot (AH + BH)$$

$$= \frac{1}{2}AB \cdot EH + \frac{1}{2}DE \cdot AB.$$

因此 $\dfrac{cb}{2} = \dfrac{ca(c-a)}{2b} + \dfrac{c^2(c-a)}{2b} \implies a^2 + b^2 = c^2$.　　　□

证法 132　如图 6.30 所示, 将直角三角形 ABC 绕 C 点顺时针旋转 $90°$, 得到 $\mathrm{Rt}\triangle EDC$. 延长 ED 交 AB 于 H, 易证 $EH \perp AB$. 故 $\mathrm{Rt}\triangle EBH \sim$

Rt$\triangle ABC$, 由此可知 $BH = \dfrac{a(a+b)}{c}$. 故有

$$AH = AB - BH = \frac{c^2 - a(a+b)}{c}.$$

由此可得

$$S_{\triangle ABE} = \frac{1}{2}BE \cdot AC = \frac{1}{2}b(a+b),$$
$$S_{\triangle ADE} = \frac{1}{2}DE \cdot AH = \frac{1}{2}[c^2 - a(a+b)].$$

故有

$$S_{ABED} = S_{\triangle AEB} - S_{\triangle AED} = \frac{1}{2}[(a+b)^2 - c^2].$$

又知 $S_{ABED} = S_{\triangle ABC} + S_{\triangle EDC} = ab$, 立得

$$\frac{1}{2}[(a+b)^2 - c^2] = ab \implies c^2 = a^2 + b^2. \qquad \square$$

证法 133　如图 6.30 所示, 由证法 132 知 $S_{\triangle AED} = \dfrac{1}{2}(c^2 - a^2 - ab)$, 再考虑到 $S_{\triangle ACE} = S_{\triangle EDC} + S_{\triangle ADE}$, 立得

$$\frac{1}{2}b^2 = \frac{1}{2}ab + \frac{1}{2}(c^2 - a^2 - ab) \implies a^2 + b^2 = c^2. \qquad \square$$

如果把图 6.30 中的 Rt$\triangle CDE$ 向上平移, 便可得到证法 134.

证法 134　如图 6.31 所示, 由 $EF \parallel BC$ 可知 $S_{\triangle FEB} = S_{\triangle FEC}$, 故

$$S_{\triangle ACE} + S_{\triangle BFD} = S_{\triangle AFE} + S_{\triangle FEC} + S_{\triangle BFD}$$
$$= S_{\triangle AFE} + S_{\triangle FEB} + S_{\triangle BFD}$$
$$= S_{ADBE}.$$

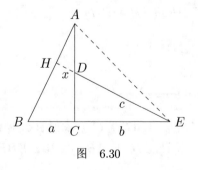

图　6.30

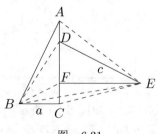

图　6.31

再考虑到

$$S_{\triangle BFD} = \frac{1}{2} DF \cdot BC = \frac{a^2}{2},$$

$$S_{\triangle AEC} = \frac{1}{2} AC \cdot EF = \frac{b^2}{2},$$

$$S_{ADBE} = \frac{1}{2} AB \cdot DE = \frac{c^2}{2}.$$

立得

$$\frac{c^2}{2} = \frac{a^2}{2} + \frac{b^2}{2} \implies c^2 = a^2 + b^2. \qquad \square$$

第 **7** 章

增 积 法

增积法的特点是欲证两个图形 A 和 B 的面积相等, 先将它们分别扩充成两个更大的图形 C 和 D(也就是 "增加" A 和 B 的面积), 然后从 C 和 D 中分别去掉图形 A 和 B, 并设剩余的两个子图分别为 A' 和 B'. 如果我们能证明两个新图形 C 和 D 的面积相等且两个剩余子图 A' 和 B' 的面积相等, 自然可以得到 $S_A = S_B$. 增积法暗含了 "将欲取之, 姑且与之" 的意境, 值得玩味. 下面的证法 135 是用增积法证明勾股定理的一个典型.

证法 135 如图 7.1(a) 所示, 作 4 个与 $\triangle ABC$ 全等的三角形, 然后将它们和外正方形 $ABHK$ 一起拼接成大正方形 $CLMN$.

在子图 (b) 和 (c) 中, 将这 4 个三角形与两个面积分别为 a^2 和 b^2 的正方形进行拼接, 也可以得到大正方形 $CLMN$. 显然三个子图的总面积相等. 于是立得

$$c^2 + 4S_{\triangle ABC} = a^2 + b^2 + 4S_{\triangle ABC} \implies c^2 = a^2 + b^2. \qquad \square$$

如果我们把证法 135 和证法 98 进行对比, 就可以看出增积法的一个优点, 即一般只需证明两个图形全等从而得到面积相等, 避免了用繁杂的代数计算来求出真实的面积值.

如果我们用符号 S 表示 Rt$\triangle ABC$ 的面积, 那么证法 135 的核心就是先证明 $a^2 + b^2 + 4S = c^2 + 4S$, 然后对该式使用加法消去律. 下面的证法 136 和证法 137 思路与之类似.

证法 136 如图 7.2 所示, 作 $GX \perp XY, EY \perp XY, GM \perp MN, EN \perp MN$. 容易证明

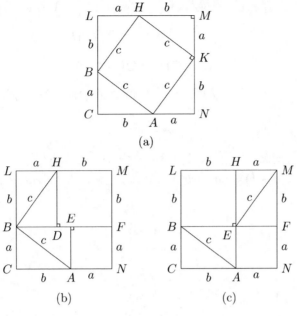

图 7.1

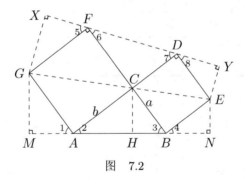

图 7.2

$$\text{Rt}\triangle XFG \cong \text{Rt}\triangle MAG \cong \text{Rt}\triangle HCA.$$

$$\text{Rt}\triangle YDE \cong \text{Rt}\triangle NBE \cong \text{Rt}\triangle HCB.$$

再考虑到 $\text{Rt}\triangle FCD \cong \text{Rt}\triangle ABC$, 可得

$$S_{XGMNEY} = S_{BCDE} + S_{ACFG} + 4S_{\triangle ABC}$$

$$= BC^2 + AC^2 + 4S_{\triangle ABC}. \qquad (7.1)$$

另一方面又有

$$S_{XGMNEY} = 2S_{GMNE} = (GM + EN) \cdot MN$$

$$= (AH + BH) \cdot (AM + AB + BN)$$

$$= AB \cdot (CH + AB + CH)$$

$$= AB^2 + 2AB \cdot CH = AB^2 + 4S_{\triangle ABC}. \tag{7.2}$$

由式 (7.1)、式 (7.2) 立得 $a^2 + b^2 = c^2$. □

证法 137 如图 7.3 所示, 由子图 (a) 和 (b) 可以看出 $(c+d)^2 = c^2 + 4S$. 由子图 (c) 得到 $(a+b)^2 = a^2 + b^2 + 2ab$, 再考虑到 $4S = 2ab, a+b = c+d$, 立得 $c^2 = a^2 + b^2$. □

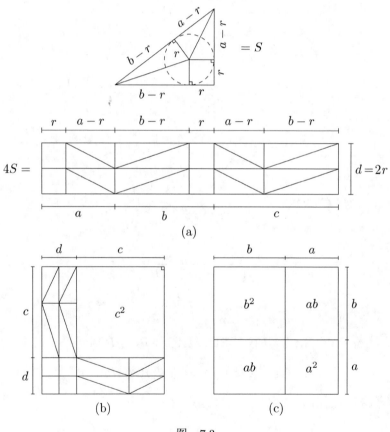

图 7.3

我们再给出几个类似的证法, 它们的核心都是先取一个常数 k, 然后证明 $a^2 + b^2 + kS = c^2 + kS$. 首先给出 $k = 3$ 时的几个证法, 即证法 138 和证法 139.

证法 138 如图 7.4 所示, 易证五边形 $SGABE$ 和 $CNKHM$ 全等. 设 Rt$\triangle ABC$ 的面积为 S, 便有

$$a^2 + b^2 + 3S = c^2 + 3S \implies a^2 + b^2 = c^2. \qquad \square$$

证法 139 如图 7.5 所示, 过 C 作 KH 的垂线交 AB 于 W. 显然有

$$S_{XGABY} = S_{XGAD} + S_{FBEY} - S_{\text{Rt}\triangle FCD} + S_{\text{Rt}\triangle ABC}$$

$$= S_{XGAD} + S_{FBEY}$$

$$= S_{\triangle DGA} + S_{\triangle DGX} + S_{\triangle FEY} + S_{\triangle FEB}, \qquad (7.3)$$

$$S_{CLKHM} = S_{\triangle CLK} + S_{\triangle CKN} + S_{\triangle CNH} + S_{\triangle CHM}. \qquad (7.4)$$

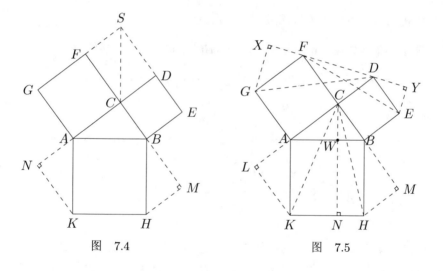

图 7.4　　　　　　　　图 7.5

现在我们来证明式 (7.3) 和式 (7.4) 中的每个三角形对应全等. 首先从 $GF = AC$, $BC = DE$ 可知 Rt$\triangle FGX \cong$ Rt$\triangle CAW$, Rt$\triangle DEY \cong$ Rt$\triangle CBW$. 于是 $FX = CW = DY$, $GX = AW = KN$, $YE = BW = NH$. 又知 $NW = c = DF$, 从而 $FX + DF = CW + NW = DY + DF$, 即 $DX = CN = FY$. 于是可知

$$\text{Rt}\triangle CKN \cong \text{Rt}\triangle DGX, Rt\triangle CHN \cong \text{Rt}\triangle FEY. \qquad (7.5)$$

然后又易证 $\triangle KAL \cong \triangle ABC$, 故有 $KL = AC = AG$, 以及 $AL = BC = CD \implies AL + AC = CD + AC \implies CL = AD.$ 从而 Rt$\triangle CLK \cong$ Rt$\triangle DAG.$

同理可证 $\text{Rt}\triangle FBE \cong \text{Rt}\triangle CHM$. 再结合式 (7.3) $\sim$ 式 (7.5) 便知多边形 $XGABEY$ 和 $CLKHM$ 面积相等.

现在设 $\text{Rt}\triangle ABC$ 的面积为 S, 则有

$$S_{\text{Rt}\triangle FGX} + S_{\text{Rt}\triangle DEY} = S_{\text{Rt}\triangle CAW} + S_{\text{Rt}\triangle CBW} = S_{\text{Rt}\triangle ABC}.$$

于是可得

$$\begin{aligned} S_{XGABEY} &= S_{BCDE} + S_{ACFG} + S_{\text{Rt}\triangle FCD} \\ &\quad + S_{\text{Rt}\triangle ABC} + S_{\text{Rt}\triangle FGX} + S_{\text{Rt}\triangle DEY} \\ &= a^2 + b^2 + 3S, \end{aligned} \tag{7.6}$$

$$\begin{aligned} S_{CLKHM} &= S_{ABHK} + S_{\text{Rt}\triangle AKL} + S_{\text{Rt}\triangle ABC} + S_{\text{Rt}\triangle BHM} \\ &= c^2 + 3S. \end{aligned} \tag{7.7}$$

由式 (7.6) 和式 (7.7) 立得 $a^2 + b^2 = c^2$. □

证法 140　如图 7.6 所示, 设 $\text{Rt}\triangle ABC$ 的面积为 S. 显然有

$$\begin{aligned} S_{ABELG} &= S_{ABHK} + S_{\triangle KAG} + S_{\triangle HBE} + S_{\triangle LKH} \\ &= c^2 + 3S, \end{aligned} \tag{7.8}$$

$$\begin{aligned} S_{ABELG} &= S_{ACFG} + S_{BCDE} + S_{\triangle ABC} + S_{\triangle LCF} + S_{\triangle LCD} \\ &= a^2 + b^2 + 3S. \end{aligned} \tag{7.9}$$

由式 (7.8)、式 (7.9) 立得 $a^2 + b^2 = c^2$. □

下面给出 $k = 2$ 时的几个证法. 见证法 141 $\sim$ 证法 148.

证法 141　如图 7.7 所示, 如果将四边形 $CBHL$ 绕 B 点顺时针旋转 $90°$, 则容易看出旋转之后 C 点与 E 点重合, H 点与 A 点重合, 再从 $\text{Rt}\triangle HKL \cong \text{Rt}\triangle ABC$ 可知 $\angle GAB = \angle LHB$, 而 $AG = HL$, 故旋转之后 L 点与 G 点重合. 从而可知四边形 $CBHL$ 与四边形 $EBAG$ 全等.

类似地, 如果将四边形 $CAKL$ 绕 A 点逆时针旋转 $90°$, 它将和 $GABE$ 重合, 故四边形 $CAKL$ 也和四边形 $GABE$ 全等. 又容易看出四边形 $GFDE$ 和四边形 $GABE$ 关于直线 GE 对称, 由此可知四边形 $GFDE$、$GABE$、$CAKL$、$LHBC$ 彼此全等. 于是可得 $S_{GFDE} + S_{GABE} = S_{CAKL} + S_{LHBC}$, 设 $\text{Rt}\triangle ABC$ 的面积为 S, 便有

$$a^2 + b^2 + 2S = c^2 + 2S \implies a^2 + b^2 = c^2. \qquad □$$

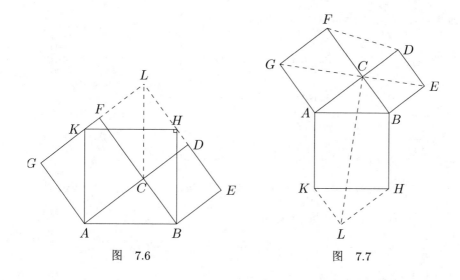

图 7.6　　　　　　　　　　图 7.7

证法 142　如图 7.8 所示, 以直线 AH 为对称轴, 分别作 C 和 M 的对称点, 得到点 L 和 N. 易证

$$S_{\triangle EGB} = \frac{1}{2}EB \cdot BF = \frac{1}{2}a(a+b),$$

$$S_{\triangle EGD} = \frac{1}{2}ED \cdot AD = \frac{1}{2}a(a+b),$$

$$S_{\triangle AHM} = \frac{1}{2}HM \cdot CM = \frac{1}{2}a(a+b),$$

$$S_{\triangle AHN} = \frac{1}{2}HN \cdot NL = \frac{1}{2}a(a+b),$$

$$S_{\triangle GFD} = \frac{1}{2}GF \cdot FC = \frac{1}{2}b^2, \qquad S_{\triangle GAB} = \frac{1}{2}GA \cdot GF = \frac{1}{2}b^2,$$

$$S_{\triangle ABM} = \frac{1}{2}BM \cdot AC = \frac{1}{2}b^2, \qquad S_{\triangle AKN} = \frac{1}{2}KN \cdot AL = \frac{1}{2}b^2.$$

于是可知六边形 $GABEDF$ 和 $AKNHMB$ 的面积相等. 再设 Rt$\triangle ABC$ 的面积为 S, 可立得

$$S_{ABHK} + 2S = S_{BCDE} + S_{ACFG} + 2S \implies c^2 = a^2 + b^2. \qquad \square$$

证法 143　如图 7.9 所示, 易知

因为
$$S_{\triangle GCD} = S_{\triangle GCB} = S_{\triangle ABC} = \frac{ab}{2},$$

$$S_{\triangle HNB} = S_{\triangle ACK} = \frac{1}{2}AC \cdot KL = \frac{b^2}{2},$$

$$S_{\triangle GFD} = S_{\triangle GAB} = \frac{1}{2}S_{GACF} = \frac{b^2}{2},$$

$$S_{BCKN} = BC \cdot CL = a(a+b) = a^2 + ab.$$

所以
$$S_{GBED} = S_{BCDE} + 2S_{GCB} = a^2 + ab = S_{BCKN}.$$

$$S_{GBED} + S_{\triangle GAB} + S_{\triangle GFD} = S_{BCKN} + S_{\triangle CAK} + S_{\triangle NHB}.$$

$$S_{GABEDF} = S_{CAKNHB},$$

$$S_{ACFG} + S_{BCDE} + 2S_{\triangle ABC} = S_{ABHK} + 2S_{\triangle ABC},$$

$$S_{ACFG} + S_{BCDE} = S_{ABHK}. \qquad \square$$

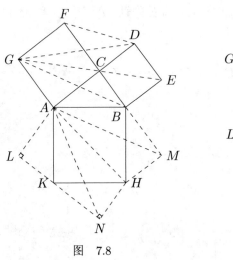

图 7.8

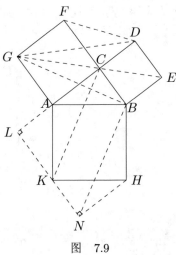

图 7.9

证法 144 如图 7.10(a) 所示, 作 $FX \perp DF, DY \perp DF.XY$ 交 AB 于 M. 易证 $\triangle FXG \cong \triangle DYE \cong \triangle ABC \cong \triangle FDC$.

故 $FX = DY = FD = AB$, 于是可知 $FXYD$ 是边长为 c 的正方形. 又显然有

因为
$$BY = b - a = AX, \angle AXM = \angle YBM, \angle XMA = \angle YMB,$$

所以
$$\triangle AMX \cong \triangle YMB. \qquad (7.10)$$

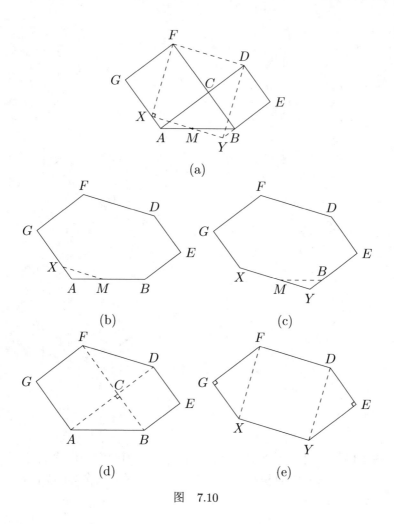

图 7.10

由式 (7.10) 及子图 (b) 和 (c) 立得六边形 $FGABED$ 和 $FGXYED$ 面积相等. 再由子图 (d) 和 (e) 分别可知

$$S_{FGABED} = S_{ACFG} + S_{BCDE} + S_{\triangle ABC} + S_{\triangle FDC}, \tag{7.11}$$

$$S_{FGXYED} = S_{FXYD} + S_{\triangle FXG} + S_{\triangle DYE}. \tag{7.12}$$

设 Rt$\triangle ABC$ 的面积为 S, 由式 (7.11) 和式 (7.12) 立得 $a^2 + b^2 + 2S = c^2 + 2S \implies a^2 + b^2 = c^2$. $\qquad\square$

证法 145 如图 7.11 所示, 显然子图 (b) 和 (d) 的总面积相等, 故子图 (a) 和 (c) 的总面积相等. 现在设子图 (a) 中的直角三角形的面积为 S. 立得 $a^2 + b^2 + 2S = c^2 + 2S \implies a^2 + b^2 = c^2$. $\qquad\square$

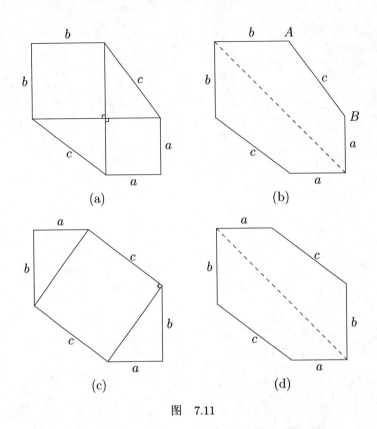

图　7.11

证法 146　如图 7.12 所示, 易证子图 (a) 和 (b) 中的 4 个直角三角形彼此全等. 故可设它们的面积都为 S, 又这两个子图显然全等, 故有 $c^2 + 2S = a^2 + b^2 + 2S \implies c^2 = a^2 + b^2$. □

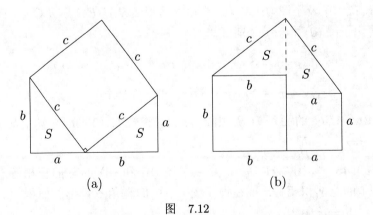

图　7.12

证法 147　如图 7.13 所示, 显然子图 (a)~(d) 的面积彼此相等. 设直角三角形的面积为 S, 立得 $c^2 + 2S = a^2 + b^2 + 2S \implies c^2 = a^2 + b^2$.　　□

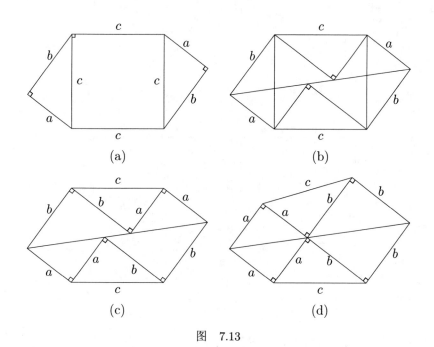

图　7.13

证法 148　如图 7.14 所示, 显然子图 (a)~(d) 的面积彼此相等. 设直角三角形的面积为 S, 立得 $c^2 + 2S = a^2 + b^2 + 2S \implies c^2 = a^2 + b^2$.　　□

最后再给出几个一般的增积法的例子. 见证法 $149 \sim$ 证法 160.

证法 149　如图 7.15 所示, 从 $\triangle ALB \cong \triangle KNH$ 可得

$$S_{ABHK} = S_{ALBHNK} = S_{AKNL} + S_{BHNL}. \tag{7.13}$$

又显然有

$$\left.\begin{array}{l} \square PGLN \cong \square CSEM \\ \mathrm{Rt}\triangle GPA \cong \mathrm{Rt}\triangle SCD \\ \mathrm{Rt}\triangle AKP \cong \mathrm{Rt}\triangle EMB \end{array}\right\} \implies S_{AKNL} = S_{BCDE}. \tag{7.14}$$

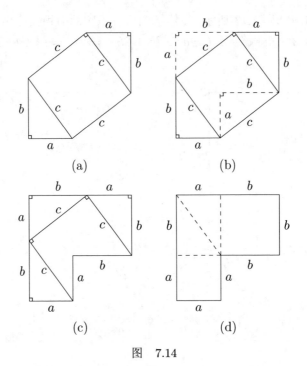

图   7.14

$$\left.\begin{array}{r} \square MELN \cong \square CSGP \\ \text{Rt}\triangle EMB \cong \text{Rt}\triangle SCF \\ \text{Rt}\triangle BHM \cong \text{Rt}\triangle GPA \end{array}\right\} \implies S_{BLNH} = S_{ACFG}. \tag{7.15}$$

由式 $(7.13) \sim$ 式 (7.15) 立得 $S_{ABHK} = S_{BCDE} + S_{ACFG}.$

证法 150   辅助线作法同图 7.15, 从 $\triangle ALB \cong \triangle KNH$ 可得

$$S_{ABHK} = S_{ALBHNK} = S_{AKNL} + S_{BHNL}. \tag{7.16}$$

又显然有

$$\left.\begin{array}{r} \text{四边形} APNL \cong \text{四边形} DCME \\ \text{Rt}\triangle AKP \cong \text{Rt}\triangle EMB \end{array}\right\} \implies S_{AKNL} = S_{BCDE}, \tag{7.17}$$

$$\left.\begin{array}{r} \text{四边形} BLNM \cong \text{四边形} FGPC \\ \text{Rt}\triangle BHM \cong \text{Rt}\triangle GPA \end{array}\right\} \implies S_{BLNH} = S_{ACFG}. \tag{7.18}$$

由式 (7.16)～ 式 (7.18) 立得 $S_{ABHK} = S_{BCDE} + S_{ACFG}$. □

证法 151 如图 7.16 所示, 显然有

$$S_{\triangle CPR} = S_{ABHK} + S_{Rt\triangle AKP} + S_{Rt\triangle BHR} + S_{Rt\triangle ABC},$$

$$S_{\triangle SNM} = S_{BCYM} + S_{ACSX} + S_{Rt\triangle ANX} + S_{Rt\triangle SCY} + S_{Rt\triangle ABC}.$$

易证 $Rt\triangle SNM \cong Rt\triangle CPR$, $Rt\triangle AKP \cong Rt\triangle ANX$, $Rt\triangle BHR \cong Rt\triangle SCY$, 于是立得 $S_{ABHK} = S_{BCEM} + S_{ACSX} = S_{BCDE} + S_{ACFG}$. □

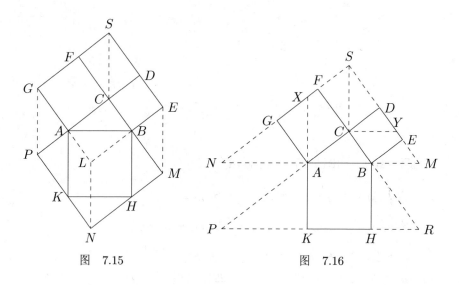

图　7.15　　　　　　　　　　图　7.16

证法 152 如图 7.17 所示, 显然有

$$S_{Rt\triangle MNP} = S_{ABKH} + S_{Rt\triangle ANK} + S_{Rt\triangle BHM} + S_{Rt\triangle HKP},$$

$$S_{Rt\triangle MNS} = S_{BCYM} + S_{ACSX} + S_{Rt\triangle ANX} + S_{Rt\triangle SCY} + S_{Rt\triangle ABC}.$$

又易证 $Rt\triangle MNP \cong Rt\triangle MNS, Rt\triangle ANK \cong Rt\triangle ANX, Rt\triangle HBM \cong Rt\triangle SCY, Rt\triangle ABC \cong Rt\triangle KHP$. 故有

$$S_{ABKH} = S_{BCEM} + S_{ACSX} = S_{BCDE} + S_{ACFG}.$$ □

证法 153 如图 7.18 所示, 显然有

$$S_{LMPD} = S_{ABHK} + 4S_{\triangle ABC} + S_{CDPN}, \tag{7.19}$$

$$S_{LMPD} = S_{BCDE} + S_{ACFG} + S_{BNPE} + S_{GRNF} + S_{ARML}. \tag{7.20}$$

设 Rt$\triangle ABC$ 的面积为 S, 则易证 $S_{BNPE} = S_{GRNF} = 2S$, $S_{CDPN} = S_{ARML}$. 将它们代入式 (7.19)、式 (7.20), 立得 $c^2 = a^2 + b^2$. □

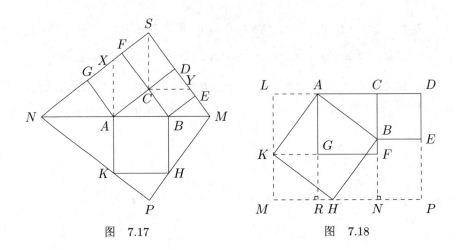

图 7.17   图 7.18

证法 154 如图 7.19 所示, 显然有

$$S_{PFNM} = S_{ABHK} + 4S_{\triangle ABC} + S_{CLPF}, \tag{7.21}$$

$$S_{PFNM} = S_{BCDE} + S_{ACFG} + S_{ALPG} + S_{BEHN} + S_{DLMH}. \tag{7.22}$$

设 Rt$\triangle ABC$ 的面积为 S, 则易证 $S_{ALPG} = S_{BENH} = 2S$, $S_{CLPF} = S_{DLMH}$. 将它们代入式 (7.21)、式 (7.22), 立得 $c^2 = a^2 + b^2$. □

证法 155 如图 7.20 所示, 显然有

$$S_{LMNG} = S_{ABHK} + 4S_{\triangle ABC} + S_{PGNE}, \tag{7.23}$$

$$S_{LMNG} = S_{BCDE} + S_{ACFG} + S_{ALMD} + S_{BFNE}. \tag{7.24}$$

又易证

$$S_{ALMD} + S_{BFNE} = S_{AGND} + S_{BFNE}$$

$$= S_{APBC} + S_{CFND} + S_{PBFG} + S_{BFNE}$$

$$= S_{APBC} + S_{CFND} + S_{PGNE}. \tag{7.25}$$

设 Rt$\triangle ABC$ 的面积为 S, 则易证 $S_{APBC} = S_{CFND} = 2S$, 将它们代入式 (7.25), 再结合式 (7.23)、式 (7.24), 便可得 $S_{ABHK} = S_{ACFG} + S_{BCDE}$. □

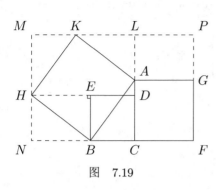 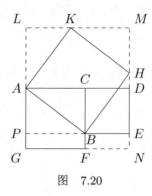

图 7.19　　　　　　　　　图 7.20

证法 156　如图 7.21所示, 设长方形 $KLMN$ 的面积为 S. 由子图 (a)和 (b) 分别可知

$$S = c^2 + 3S_1 + 2S_2 + S_3, \tag{7.26}$$

$$S = a^2 + b^2 + 3S_1 + 2S_2 + S_3. \tag{7.27}$$

由式 (7.26)、式 (7.27) 立得 $a^2 + b^2 = c^2$. □

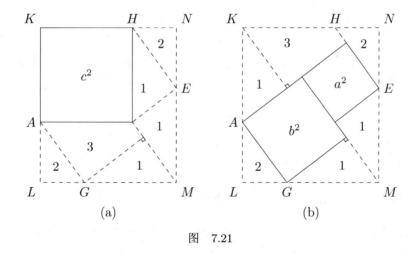

(a)　　　　　　　　(b)

图　7.21

证法 157　如图 7.22 所示, 过点 K 作 $KF \perp CL$ 于 F, 过点 M 作 $MP \perp CL$ 于 P. 由子图 (a) 和 (b) 可知

$$S_{ABHK} = S_{AMLB} = S_{AMPC} = S_{GMPF} + S_{AGFC}. \tag{7.28}$$

现在设 $\triangle KFL$ 的面积为 S. 由子图 (c) 和 (d) 可知

$$\left.\begin{array}{l} S = a^2 + S_1 + S_2 \\ S = S_{GMPF} + S_1 + S_2 \end{array}\right\} \implies S_{GMPF} = a^2. \tag{7.29}$$

将式 (7.29) 代入式 (7.28)，立得 $a^2 + b^2 = c^2$. □

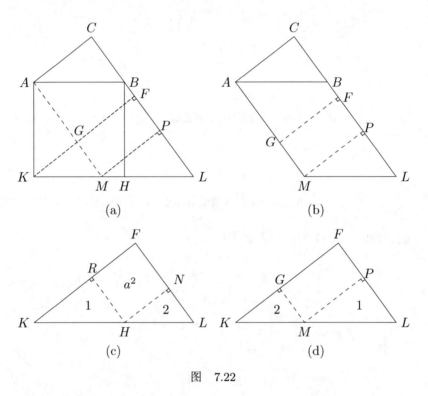

图 7.22

证法 158 如图 7.23 所示，由子图 (a) 和 (b) 可知

$$S_{ABHK} = S_{ABLM} = S_{AGNB} + S_{GNLM} = S_{AGFC} + S_{GNLM}. \tag{7.30}$$

又显然有 $S_{DPBC} = S_{\triangle ABC} - S_{\triangle APD}, S_{GMHN} = S_{\triangle NGR} - S_{\triangle HMR}$. 易证 $\text{Rt}\triangle ABC \cong \text{Rt}\triangle NGR, \text{Rt}\triangle APD \cong \text{Rt}\triangle HMR$. 故有

$$S_{DPBC} = S_{GMHN} \implies S_{DPBC} + S_{\text{Rt}\triangle BPE} = S_{GMHN} + S_{\text{Rt}\triangle HLN}$$

$$\implies S_{BCDE} = S_{GNLM}. \tag{7.31}$$

将式 (7.31) 代入式 (7.30)，立得 $a^2 + b^2 = c^2$. □

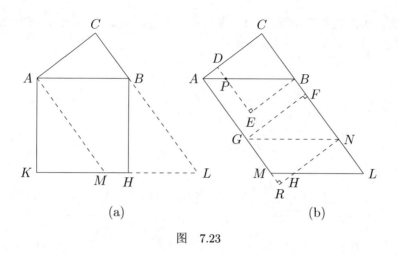

图　7.23

证法 159　如图 7.24 所示, 设长方形 $LGNM$ 的面积为 S. 由子图 (a)和 (b) 可知

$$\left.\begin{array}{l} S = c^2 + 3S_1 + S_2 + S_3 \\ S = a^2 + b^2 + 3S_1 + S_2 + S_3 \end{array}\right\} \implies c^2 = a^2 + b^2. \qquad \Box$$

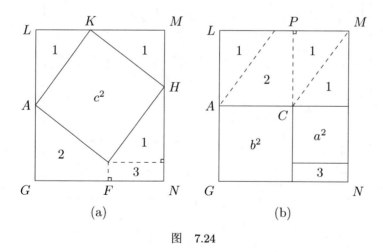

图　7.24

证法 160　如图 7.25 所示, 设 r 为内切圆的半径, 设 d 为内切圆直径, 由子图 (a) 的上半部分可知 $c = a - r + b - r$, 即 $a + b = c + 2r$, 故子图 (b) 和 (c) 的面积相等. 于是有

$$d(a + b + c) + ac + bc + c^2 = 2ab + ac + bc + a^2 + b^2. \tag{7.32}$$

设 S 为原直角三角形的面积, 从子图 (a) 易得 $d(a+b+c) = 4S = 2ab$, 将其代入式 (7.32) 立得 $c^2 = a^2 + b^2$. □

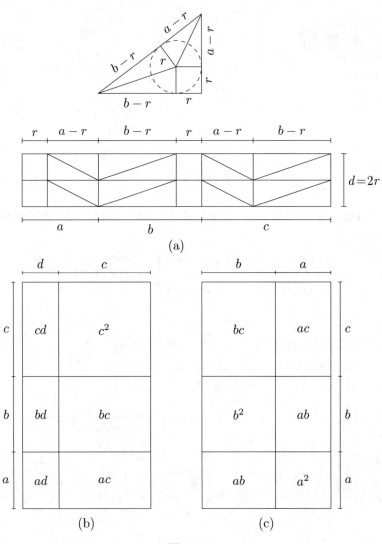

图 7.25

第8章 消去法

本章证法是用乘法消去律 $c^2 = a^2 + b^2 \Longleftrightarrow kc^2 = ka^2 + kb^2$ 证明勾股定理. 其核心是: 欲证两个图形 A 和 B 的面积相等, 首先构造两个新图形 A' 和 B', 使它们的面积分别为原来的 k 倍, 然后证明 A' 和 B' 的面积相等. 从而原命题得证. 如果和第 7 章的增积法加以对比, 会发现它们的共同点是设法证明构造的新图形面积相等. 不同之处在于增积法用的是加法消去律. 从这个角度说, 增积法也可以称为消去法.

本章中的证法又可以分为两类: 8.1 节中的证法关注的是面积间的倍数关系, 我们称之为倍积法, 而 8.2 节中的证法, 突破口在于面积间的比例关系, 我们称之为面积比例法.

8.1 倍积法

倍积法的核心是构造三个图形, 使其面积关系满足 $S_A = ka^2$、$S_B = kb^2$ 和 $S_C = kc^2$. 比如当系数 $k = \dfrac{1}{2}$ 时, 我们可以先作三边上的外正方形, 然后将每个正方形按对角线裁剪掉一半, 得到的 3 个等腰直角三角形就符合刚才的要求. 这就是下面的证法 161.

证法 161　如图 8.1 所示, G、K、E 分别为三个外正方形上的顶点. 因为 $AK = AB, AC = AG, \angle CAK = \angle GAB$, 所以 $\triangle CAK \cong \triangle GAB \Longrightarrow GB = CK, \angle 3 = \angle 1 = \angle 2$.

再结合分析法可知

$$c^2 = a^2 + b^2 \Longleftrightarrow \frac{c^2}{2} = \frac{a^2}{2} + \frac{b^2}{2} \Longleftrightarrow S_{\triangle AKB} = S_{\triangle CBE} + S_{\triangle AGC}$$

$$\Longleftrightarrow S_{\triangle AKB} + S_{\triangle ABC} = S_{\triangle CBE} + S_{\triangle AGC} + S_{\triangle ABC}$$

$$\Longleftrightarrow S_{AGEB} = S_{ACBK} \Longleftrightarrow S_{\triangle GBE} + S_{\triangle GBA} = S_{\triangle KCB} + S_{\triangle KCA}$$

$$\Longleftrightarrow S_{\triangle GBE} = S_{\triangle KCB}. \tag{8.1}$$

又根据面积公式，有 $S_{\triangle GBE} = \frac{1}{2} GB \cdot BE \cdot \sin \angle GBE$, $S_{\triangle KCB} = \frac{1}{2} KC \cdot BC \cdot \sin \angle KCB$. 从而可得

$$c^2 = a^2 + b^2 \Longleftrightarrow \sin \angle GBE = \sin \angle KCB. \tag{8.2}$$

而 $$\angle GBE + \angle KCB = (90° + \angle 2) + (90° - \angle 3) = 180°.$$

故 $$\sin \angle GBE = \sin \angle KCB.$$

再由式 (8.2) 立得

$$c^2 = a^2 + b^2. \qquad \square$$

下面的证法 162 与证法 161 类似，只是三个等腰三角形的摆放位置有所不同.

证法 162　如图 8.2 所示，构造三个等腰直角三角形 ABF、ACE 和 BCD. 又设 H 为 F 在 BE 上的垂足. 易证 $\text{Rt}\triangle BFH \cong \text{Rt}\triangle ABC$. 故 $BH = AC = CE$, 于是 $EH = CE - HC = CE - (BH - BC) = CE - BH + BC = BC$, 故 $S_{\triangle BCA} = S_{\triangle EHA}$.

再考虑到 $HF \parallel AC \implies S_{\triangle ACF} = S_{\triangle ACH}, DF \parallel BC \implies S_{\triangle BCF} = S_{\triangle BCD}$. 可知

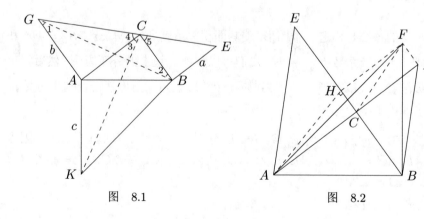

图 8.1　　　　　　　　　　　图 8.2

$$S_{\triangle ABF} = S_{\triangle BCF} + S_{\triangle ABC} + S_{\triangle ACF}$$

$$= S_{\triangle BCD} + S_{\triangle AHE} + S_{\triangle AHC}$$

$$= S_{\triangle BCD} + S_{\triangle ACE}. \tag{8.3}$$

由式 (8.3) 立得 $\dfrac{c^2}{2} = \dfrac{a^2}{2} + \dfrac{b^2}{2} \implies c^2 = a^2 + b^2.$ □

下面的证法 163 与证法 161 和证法 162 类似, 区别在于将最大的等腰直角三角形变换成了一个凹四边形.

证法 163 如图 8.3 所示, 将 Rt$\triangle ABC$ 绕 C 点旋转 $90°$, 得到 Rt$\triangle EDC$. 延长 DB 交 AE 于 H 点. 显然 $\angle CDB = 45° = \angle CEA$, $\angle CBD = \angle HBE$, 故 $\angle DHE = \angle DCB = 90°$, 故 $DH \perp AE$. 又 $EC \perp AD$, 故 B 是 $\triangle DAE$ 的垂心, 延长 AB 交 DE 于 F 点, 则 $AF \perp DE$.

现在设凹四边形 $AEBD$ 的面积为 S, 显然有

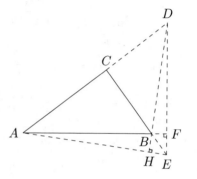

图 8.3

$$S = S_{\text{Rt}\triangle BCD} + S_{\text{Rt}\triangle ACE} = \frac{1}{2}(a^2 + b^2), \tag{8.4}$$

$$S = S_{\text{Rt}\triangle AED} - S_{\text{Rt}\triangle BED} = \frac{1}{2}DE \cdot AF - \frac{1}{2}DE \cdot BF$$

$$= \frac{1}{2}DE(AF - BF) = \frac{1}{2}DE \cdot AB = \frac{1}{2}AB \cdot AB = \frac{c^2}{2}. \tag{8.5}$$

由式 (8.4)、式 (8.5) 立得 $c^2 = a^2 + b^2$. □

现在我们把证法 161 中的三个外等腰三角形的面积再裁剪一半, 也就是只取每个外正方形面积的四分之一, 又可以得到一个新的证法 —— 证法 164.

证法 164 如图 8.4(a) 所示, 设 D、E、F 分别为三个外正方形的对称中心. 易知 E、C、F 三点共线. 且 D 点落在 Rt$\triangle ABC$ 的外接圆上. 故有 $\angle 1 = \angle 4 = 45° = \angle 3 = \angle 2$. 从而 $CD \perp EF$. 再由分析法可知

$$c^2 = a^2 + b^2 \iff \frac{c^2}{4} = \frac{a^2}{4} + \frac{b^2}{4} \iff S_{\triangle ADB} = S_{\triangle CBF} + S_{\triangle ACE}$$

$$\iff S_{\triangle ADB} + S_{\triangle ABC} = S_{\triangle CBF} + S_{\triangle ACE} + S_{\triangle ABC}$$

$$\iff S_{ADBC} = S_{AEFB}. \tag{8.6}$$

如图 8.4(b) 所示, 现在设 M、N 分别为 A 和 B 在 CD 上的垂足, 则易知四边形 $CNBF$ 和 $AMCE$ 都是正方形. 于是可得 $\angle DAM + \angle BAM = 45° = \angle CAB + \angle BAM$, 故 $\angle DAM = \angle CAB = \angle CDB$, 又 $DA = DB$, 从而有

$$\text{Rt}\triangle DBN \cong \text{Rt}\triangle ADM \implies DN = AM = CE$$

$$\implies CD = CN + DN = CF + CE = EF.$$

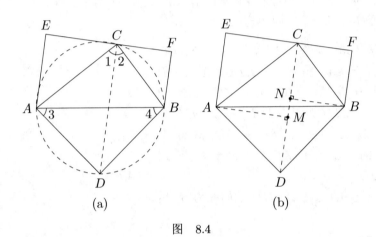

图 8.4

现在有

$$S_{AEFB} = \frac{1}{2}(AE + BF) \cdot EF = \frac{1}{2}(CE + CF) \cdot EF, \tag{8.7}$$

$$S_{ADBC} = S_{\triangle DCA} + S_{\triangle DCB} = \frac{1}{2}CD \cdot (AM + BN). \tag{8.8}$$

由式 (8.7) 和式 (8.8) 可知 $S_{AEFB} = S_{ADBC}$, 再由式 (8.6) 立得 $c^2 = a^2 + b^2$.
□

用倍积法证明勾股定理时, 虽然构造等腰直角三角形是最佳选择, 但构造其他图形也未尝不可. 比如在下面的证法 165 ~ 证法 167 中, 就包括了各种常见的三角形: 锐角三角形、直角三角形和钝角三角形.

证法 165 如图 8.5 所示, 设 P 为 AB 的中点, 延长 PC 交 FD 于 X, 由定理 19.6 得 $PX \perp FD$. 从 $\text{Rt}\triangle FCD \cong \text{Rt}\triangle ABC$ 知 $DF = AB$. 故

$$S_{\triangle PCF} + S_{\triangle PCD} = \frac{1}{2}PC \cdot FX + \frac{1}{2}PC \cdot XD = \frac{1}{2}PC \cdot (FX + XD)$$

$$= \frac{1}{2}PA \cdot FD = \frac{1}{2}PA \cdot AK = S_{\triangle PAK}. \tag{8.9}$$

又显然有

$$S_{\triangle PCF} = \frac{1}{2}S_{FCYM} = \frac{1}{4}S_{FCAG}, \tag{8.10}$$

$$S_{\triangle PCD} = \frac{1}{2}S_{CDNZ} = \frac{1}{4}S_{BCDE}, \tag{8.11}$$

$$S_{\triangle APK} = \frac{1}{2}S_{AKLP} = \frac{1}{4}S_{ABHK}. \tag{8.12}$$

将式 (8.10)～式 (8.12) 代入式 (8.9), 立得 $a^2 + b^2 = c^2$. $\qquad\square$

证法 166 如图 8.6 所示, 将两个全等的直角三角形 ABC 和 AED 进行拼接. 由 DE 和 BC 平行可知 $S_{\triangle DEC} = S_{\triangle DEB}$. 而 $\triangle DFE$ 是这两个三角形的公共部分, 故 $S_{\triangle DFB} = S_{\triangle CFE}$. 于是立得

$$S_{\triangle ADB} + S_{\triangle ACE} = S_{\triangle ADB} + S_{\triangle FEC} + S_{\triangle FEA}$$

$$= S_{\triangle DBA} + S_{\triangle DBF} + S_{\triangle FEA}$$

$$= S_{\triangle AFB} + S_{\triangle AFE} = S_{\triangle ABE}.$$

又显然有

$$S_{\triangle ADB} = \frac{1}{2}AD \cdot BC = \frac{1}{2}a^2,$$

$$S_{\triangle ACE} = \frac{1}{2}AC \cdot DE = \frac{1}{2}b^2,$$

$$S_{\triangle ABE} = \frac{1}{2}AB \cdot AE = \frac{1}{2}c^2.$$

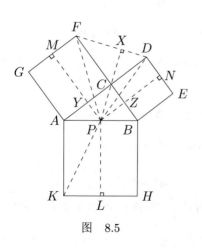

图 8.5

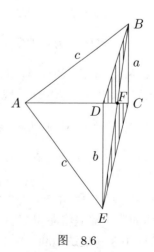

图 8.6

由前述各式立得 $a^2 + b^2 = c^2$. □

证法 167 如图 8.7(a) 所示, 将两个全等的直角三角形 ABC 和 EAD 进行拼接, 显然有

$$S_{\triangle ABD} = \frac{1}{2}AD \cdot BC = \frac{a^2}{2}, S_{\triangle AEC} = \frac{1}{2}AC \cdot DE = \frac{b^2}{2}.$$

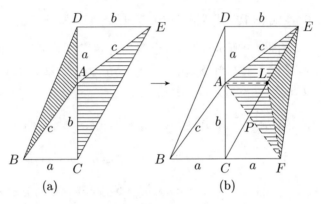

图 8.7

现在 BC 延长线上截取 $CF = a$, 易证 $AF = AB = c$, $AE \perp AF$. 故 $S_{\triangle EAF} = \frac{1}{2}c^2$. 现在过 A 做 BC 的平行线交 CE 于 L 点 (图 8.7(b) 中的实心圆点). 由于等底等高的三角形面积相等, 故

$$AL \parallel CF \implies S_{\triangle CFA} = S_{\triangle CFL} \implies S_{\triangle APC} = S_{\triangle LPF}, \tag{8.13}$$

$$AL \parallel CF, BC = CF \implies S_{\triangle BCA} = S_{\triangle CFL}, \tag{8.14}$$

$$DE \parallel BF, BC = CF \implies S_{\triangle BCD} = S_{\triangle CFE}. \tag{8.15}$$

用式 (8.15) 减去式 (8.14), 立得 $S_{\triangle BAD} = S_{\triangle FLE}$. (8.16)
根据式 (8.13) ～式 (8.16), 现在就有

$$S_{\triangle BAD} + S_{\triangle CAE} = S_{\triangle BAD} + S_{\triangle APC} + S_{\triangle APE}$$

$$= S_{\triangle FLE} + S_{\triangle FLP} + S_{\triangle APE} = S_{\triangle AFE}. \tag{8.17}$$

由式 (8.17) 立得 $\frac{c^2}{2} = \frac{a^2}{2} + \frac{b^2}{2} \implies c^2 = a^2 + b^2$. □
前面的证法都是将面积缩小之后进行证明, 下面再介绍几个扩大面积的例子, 即证法 168 和证法 169.

证法 168 如图 8.8 所示, 设 $b \geqslant 2a$, 将一个边长 $2a$ 的正方形和 4 个边长为 b 的正方形进行拼接. 容易证明每条虚线的长度都为 $2c$, 以及图中的 8 个小三角形互相全等. 于是由割补法可知虚线部分所围的面积与实线部分所围的面积相等. 即 $4c^2 = 4a^2 + 4b^2 \implies c^2 = a^2 + b^2$. $b < 2a$ 的情况类似可证. □

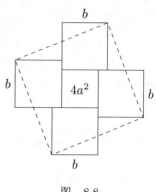

图 8.8

证法 169 如图 8.9 所示, 首先各作 8 个面积分别为 a^2 和 b^2 的正方形. 将它们按子图 (a) 的方式进行拼摆. 记子图 (a) 中的总图形为 S_1. 然后再作 8 个面积为 c^2 的正方形, 见子图 (b) 中粗实线部分, 设它们组成的图形为 S_2.

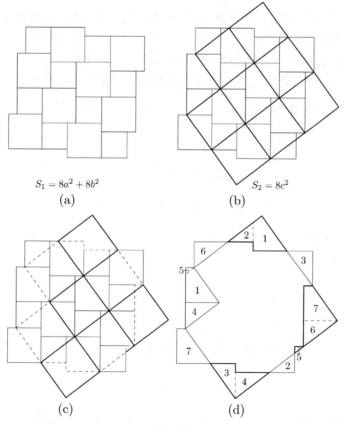

$S_1 = 8a^2 + 8b^2$

(a)

$S_2 = 8c^2$

(b)

(c)

(d)

图 8.9

子图 (c) 中的虚线部分显示了 S_1 和 S_2 的公共边界.

然后在子图 (d) 中观察所有带编号的图块, 显然粗实线部分所围者是 S_2 中去掉公共部分之后剩余的面积. 细实线所围者是 S_1 中去掉公共部分之后剩余的面积. 从子图 (d) 的割补方式可以看出这两个剩余面积相等. 从而立得 $8c^2 = 8a^2 + 8b^2 \implies c^2 = a^2 + b^2$. □

8.2 面积比例法

从 8.1 节的例子可以看出, 倍积法的核心是先设定常数 k 的值, 然后去构造面积分别为 kc^2、ka^2、kb^2 的图形. 事实上很多时候这个比例系数 k 的值不一定要预先给出. 因为如果把面积关系写成比例式之后, 可以得到

$$S_a : S_b : S_c = a^2 : b^2 : c^2.$$

常数 k 在这个比例式中已经被消掉了. 所以我们只要想办法让构造出的三个新图形符合该关系式, 然后再证明 $S_a + S_b = S_c$. 最后用下面的定理 8.1 证明勾股定理. 我们把这种方法称作面积比例法. 显然, 倍积法和面积比例法都属于消去法, 侧重点的不同之处在于是否明确地指出了缩放系数 k 的存在.

定理 8.1(面积比例定理) 设 $S_a : S_b : S_c = a^2 : b^2 : c^2$, 则

$$S_c = S_a + S_b \Leftrightarrow c^2 = a^2 + b^2, \tag{8.18}$$

$$S_c > S_a + S_b \Leftrightarrow c^2 > a^2 + b^2, \tag{8.19}$$

$$S_c < S_a + S_b \Leftrightarrow c^2 < a^2 + b^2. \tag{8.20}$$

证 根据题目可设 $k = S_a : a^2 = S_b : b^2 = S_c : c^2$, 则 $S_a = ka^2, S_b = kb^2, S_c = kc^2$. 立得

$$S_c = S_a + S_b \Leftrightarrow kc^2 = ka^2 + kb^2 \Leftrightarrow c^2 = a^2 + b^2.$$

这就证明了定理 8.1 中的结论 (8.18), 同理可证结论 (8.19) 和 (8.20). □

现在我们考虑如何构造符合定理 8.1 前提的图形. 注意到

$$kc^2 = c \cdot kc, ka^2 = a \cdot ka, kb^2 = b \cdot kb.$$

这意味只要使三个新图形的底分别为 a、b、c, 高分别为 ka、kb、kc 即可. 这就得到了证法 170.

证法 170 如图 8.10 所示, 过 C 作 $PN \perp AB$, 垂足为 M, 设 h 为任意实数, 截取 $MN = CP = h$. 由 $\mathrm{Rt}\triangle CPF \sim \mathrm{Rt}\triangle ABC$, 可设 $h : c = x : a = y : b = k$.

所以 $h = kc, x = ka, y = kb$.

所以 $S_{AGHB} = AB \cdot MN = kc^2, S_{BEPC} = BC \cdot PF = ka^2, S_{ADPC} = AC \cdot FC = kb^2$.

所以 $S_{AGHB} : S_{BEPC} : S_{ADPC} = c^2 : a^2 : b^2$.

又知 $S_{BEPC} + S_{ADPC} = PC \cdot AM + PC \cdot BM = PC \cdot (AM + BM) = PC \cdot AB = MN \cdot AB = S_{AGHB}$.

由定理 8.1 立得 $c^2 = a^2 + b^2$. □

下面的证法 171 使用了定理 8.2, 省去了计算 ka、kb、kc 的过程, 同样得到了预期的面积比例关系.

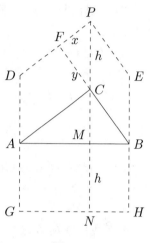

图 8.10

定理 8.2 如果三个三角形的底边分别为 a、b、c, 且对应高之比为 $a : b : c$, 那么这三个三角形的面积之比为 $a^2 : b^2 : c^2$.

证 设三条高分别为 l_a、l_b、l_c, 则可设 $k = l_a : a = l_b : b = l_c : c$, 故 $l_a = ak, l_b = bk, l_c = ck$. 于是三个三角形的面积之比为

$$\frac{1}{2} a \cdot l_a : \frac{1}{2} b \cdot l_b : \frac{1}{2} c \cdot l_c = ka^2 : kb^2 : kc^2 = a^2 : b^2 : c^2. \qquad \Box$$

证法 171 如图 8.11 所示, 设 E 为高 CH 的中点, 则 $S_{\triangle AEC} = S_{\triangle AEH}, S_{\triangle BEC} = S_{\triangle BEH}$. 于是立得 $S_{\triangle AEB} = S_{\triangle AEC} + S_{\triangle BEC}$. 又设 M、N 分别是 E 在两直角边上的垂足. 显然 $\mathrm{Rt}\triangle CEM \sim \mathrm{Rt}\triangle ABC$, 于是有

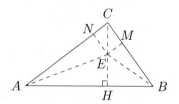

图 8.11

$$EH : EM : EN = EC : ME : MC = AB : BC : AC.$$

故有 $S_{\triangle AEB} : S_{\triangle BEC} : S_{\triangle AEC} = c^2 : a^2 : b^2$. 而前面已经证明了 $S_{\triangle AEB} = S_{\triangle BEC} + S_{\triangle AEC}$, 由定理 8.1 得 $c^2 = a^2 + b^2$. □

证法 171 是本书作者受 Floor van Lamoend 的证法启发而得到. 原证法比较烦琐, 但是在证明过程中得到了很多有趣的结论, 非常值得一提. Lamoend 的证法要点简介如下:

(1) 设 $\triangle ABC$ 为任意三角形, 现在以 $\angle A$ 的平分线为对称轴, 作过顶点 A 的中线的对称线段, 得到的新线段称作关于顶点 A 的类似中线, 也称旁中线.

(2) 同样, 可以作出关于另外两个顶点 B 和 C 的类似中线.

(3) 可以证明, 三条类似中线交于一点 P. 这一点 P 叫作三角形 $\triangle ABC$ 的类似重心.

(4) 还可以证明, 类似重心 P 到三边 a、b、c 的距离之比就等于各对应边之比 $a : b : c$. 现在连接 P 和原三角形的三个顶点, 得到三个新三角形 PBC、PAC、PAB. 由定理 8.2 可知, 这三个新三角形的面积满足比例式

$$S_{\triangle PAB} : S_{\triangle PAC} : S_{\triangle PBC} = c^2 : a^2 : b^2.$$

(5) 现在设 $\angle C$ 为直角, 可以证明类似重心与斜边上的高的中点重合. 从而 $S_{\triangle PAB} = S_{\triangle PAC} + S_{\triangle PBC}$. 再结合 (4) 中的结论和定理 8.1, 就得到了 $c^2 = a^2 + b^2$.

现在我们继续考虑, 两个三角形在什么情况下可以满足 "高之比对应边之比" 这个条件呢? 显然相似三角形就符合这个要求. 下面是作者总结出的用构造相似三角形 (用面积比例法) 证明勾股定理的基本步骤:

(1) 构造一个新的三角形 S_a, 使它和原三角形有公共边 a.

(2) 构造另一个三角形 S_b, 使它和原三角形有公共边 b, 并且在 S_b 中有两个角分别和 S_a 中的对应角相等. 从而 S_a 和 S_b 相似, 且 a 和 b 是对应边.

(3) 仿照步骤 (2) 再构造一个新三角形 S_c, 使它和 S_a 相似, 且 a 和 c 是对应边.

(4) 设法证明 $S_c = S_a + S_b$.

(5) 根据下面的定理 8.3 得到 $c^2 = a^2 + b^2$.

定理 8.3 若三个图形 S_a、S_b、S_c 的相似比为 $a : b : c$, 则 $S_c = S_a + S_b \Longleftrightarrow c^2 = a^2 + b^2$.

证 由相似图形的面积比等于相似比的平方, 可知 $S_a : S_b : S_c = a^2 : b^2 : c^2$. 再由定理 8.1 立得欲证结论. $\qquad\square$

为了使用定理 8.3 来证明勾股定理, 最直接的思路就是从两直角边分别向外构造直角三角形 S_a、S_b, 使 a、b 分别为 S_a、S_b 的斜边, 且 S_a、S_b 均和 Rt$\triangle ABC$ 相似 (从而它们彼此相似), 然后证明 $S_c = S_a + S_b$ 即可. 这就是证法 172 的要点.

证法 172 如图 8.12 所示, 设 O 是 Rt$\triangle ABC$ 的外接圆的圆心, 过 C 点作圆 O 的切线, E、D 分别为 A、B 在切线上的垂足. 连接 OC、AE、BD. 由切

线的性质可知 $OC \perp DE$, 从而 $OC \parallel AE \parallel BD$. 又 $OA = OB$, 于是 OC 就是直角梯形 $ADEB$ 的中位线, 故 $CD = CE$. 故有

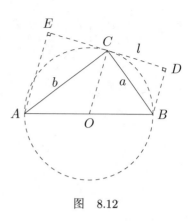

图 8.12

$$S_{\text{Rt}\triangle AEC} + S_{\text{Rt}\triangle BDC}$$
$$= \frac{1}{2}AE \cdot EC + \frac{1}{2}BD \cdot CD$$
$$= \frac{1}{2} \cdot EC \cdot (AE + BD)$$
$$= \frac{1}{2} \cdot \frac{1}{2}DE \cdot (AE + BD) = \frac{1}{2}S_{AEDB}.$$

故有 $S_{\text{Rt}\triangle ABC} = \frac{1}{2}S_{AEDB} = S_{\text{Rt}\triangle AEC} + S_{\text{Rt}\triangle BDC}$. $\hspace{2cm}$ (8.21)

又根据弦切角定理可知 $\angle BCD = \angle BAC$, $\angle ACE = \angle ABC$. 故 $\text{Rt}\triangle ABC \sim \text{Rt}\triangle CBD \sim \text{Rt}\triangle AEC$. 而 c、a、b 分别是它们的斜边, 再由式 (8.21) 和定理 8.3 立得 $c^2 = a^2 + b^2$. $\hspace{2cm}$ □

现在将图 8.12 中的 l(指切线) 泛化成过 C 点的任意直线, 设 E 和 D 分别是 A 和 B 在 l 上的垂足, 显然无论 l 如何绕 C 点旋转, 四边形 $ABDE$ 始终是直角梯形. 而当 DE 和 AB 平行时, $ABDE$ 就退化成矩形. 此时可以得到证法 173, 它相当于证法 172 的特例.

证法 173 如图 8.13 所示, 过 C 点作 AB 的平行线, E、D 分别为 A、B 在该直线上的垂足, 显然 $ABEF$ 为矩形. 易知

因为 $\hspace{3cm} \text{Rt}\triangle BCD \sim \text{Rt}\triangle ACE \sim \text{Rt}\triangle ABC.$

所以 $\hspace{3cm} S_1 : S_2 : S_3 = a^2 : b^2 : c^2. \hspace{2cm}$ (8.22)

从 $2S_3 = S_{ABDE} = S_1 + S_2 + S_3$ 可得 $S_1 + S_2 = S_3$, 再由式 (8.22) 及定理 8.3 立得 $c^2 = a^2 + b^2$. $\hspace{2cm}$ □

图 8.12 和图 8.13 都是在 $\text{Rt}\triangle ABC$ 外侧构造新的相似三角形, 如果改成向内侧构造的话, 即可得到证法 174.

证法 174 如图 8.14 所示, 斜边的高 CH 把 $\triangle ABC$ 分为两部分. 设它们的面积分别为 S_1 和 S_2, 又设 $S_{\triangle ABC} = S$.

因为 $\text{Rt}\triangle ABC \sim \text{Rt}\triangle CBH \sim \text{Rt}\triangle ACH$, 所以 $S : S_1 : S_2 = c^2 : a^2 : b^2$.
又因为 $S = S_1 + S_2$, 因此 $c^2 = a^2 + b^2$. $\hspace{2cm}$ □

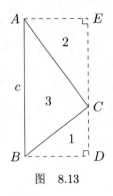

图 8.13

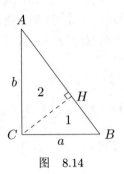

图 8.14

证法 172～证法 174 的共性可以总结如下：

(1) 以线段 BC、AC 为直径各作一圆 (该圆只在图 8.12 中实际画出).

(2) 过直角顶点 C 作一条直线 l, 使它满足某种性质 P, 且和两圆交点分别为 D、E(证法 174 中, 点 D、E 重合于 H 点). 由于直径所对的圆周角为直角, 故三角形 BCD、ACE 都是直角三角形.

(3) 根据性质 P 证明 Rt$\triangle BCD$、Rt$\triangle ACE$ 都和 Rt$\triangle ABC$ 相似以及 $S_{\triangle ABC} = S_{\triangle BCD} + S_{\triangle ACE}$. 然后利用定理 8.3 即可.

现在我们把思路拓宽一些, 让 a、b、c 不再是新三角形的斜边, 而是它们的直角边. 这就可以得到定法 175 和证法 176.

证法 175 如图 8.15 所示, 显然有

$$\text{Rt}\triangle AFH \cong \text{Rt}\triangle BDC,$$

$$\text{Rt}\triangle CEA \cong \text{Rt}\triangle BAH.$$

则

$$S_{\triangle ABF} = S_{\triangle AFH} + S_{\triangle ABH}$$

$$= S_{\triangle BDC} + S_{\triangle CEA}.$$

又 $\triangle BFA \sim \triangle BDC \sim \triangle CEA$, 故 $S_{\text{Rt}\triangle BFA} : S_{\text{Rt}\triangle BDC} : S_{\text{Rt}\triangle CEA} = c^2 : a^2 : b^2$. 再由定理 8.3 即得

$$c^2 = a^2 + b^2. \qquad \square$$

证法 176 如图 8.16 所示, $BD \perp AB$. 显然 $S_{\text{Rt}\triangle ABD} = S_{\text{Rt}\triangle ABC} + S_{\text{Rt}\triangle BDC}$. 又

$$\text{Rt}\triangle ADB \sim \text{Rt}\triangle ABC \sim \text{Rt}\triangle BDC,$$

故有 $S_{\text{Rt}\triangle ADB} : S_{\text{Rt}\triangle ABC} : S_{\text{Rt}\triangle BDC} = AB^2 : AC^2 : BC^2 = c^2 : b^2 : a^2$.
再由定理 8.3 立得 $c^2 = a^2 + b^2$. $\qquad\qquad\qquad\qquad\qquad\square$

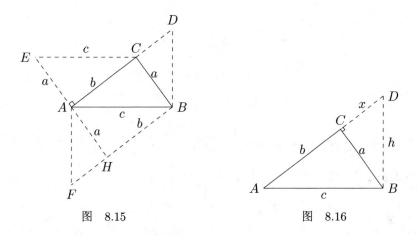

图 8.15 图 8.16

我们继续深入思考, 就会发现构造的新图形不一定要局限于直角三角形.
比如下面的证法 177 和证法 178 就分别构造了等边三角形和等腰三角形, 同样
满足三边上的图形相似比为 $a : b : c$.

证法 177 如图 8.17 所示, 做等边三角形 ABF、ACE、BCD. 显然

$$\angle EAB = 60° + \angle A = \angle CAF,$$

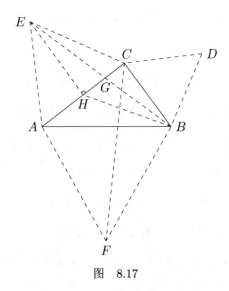

图 8.17

以及 $AE = AC, AB = AF$, 故 $\triangle EAB \cong \triangle CAF$. 设 H 为 AC 的中点, 则 $EH \perp AC$, 故 $EH \parallel BC$, 则 $S_{\triangle EHB} = S_{\triangle EHC}$, 故有

$$S_{\triangle CAF} = S_{\triangle EAB}$$

$$= S_{\triangle EAH} + S_{\triangle EHB} + S_{\triangle AHB}$$

$$= S_{\triangle EAH} + S_{\triangle EHC} + S_{\triangle AHB}$$

$$= S_{\triangle AEC} + \frac{1}{2} S_{\triangle ABC}. \tag{8.23}$$

类似可证 $S_{\triangle CBF} = S_{\triangle BCD} + \frac{1}{2} S_{\triangle ABC}.$ \hfill (8.24)

将式 (8.23)、式 (8.24) 左右分别相加, 可得

$$S_{\triangle ACF} + S_{\triangle BCF} = S_{\triangle AEC} + S_{\triangle BCD} + S_{\triangle ABC}$$

$$\implies S_{\triangle ABF} + S_{\triangle ABC} = S_{\triangle AEC} + S_{\triangle BCD} + S_{\triangle ABC}$$

$$\implies S_{\triangle ABF} = S_{\triangle AEC} + S_{\triangle BCD}. \tag{8.25}$$

又显然有 $S_{\triangle ABF} : S_{\triangle AEC} : S_{\triangle BCD} = c^2 : b^2 : a^2.$ \hfill (8.26)

由式 (8.25)、式 (8.26) 及定理 8.3 立得 $c^2 = a^2 + b^2.$ \hfill $\square$

证法 178 如图 8.18 所示, 过三边中点 L、M、N 分别向外侧作所在边的垂线 DL、EM、FN, 使 $DL = 2a, EM = 2b, FN = 2c.$ 易知

$$EM \perp AC \implies EM \parallel BC \implies S_{\triangle EMB} = S_{\triangle EMC}.$$

因为 $\qquad DL : CL = EM : AM = FN : BN = 4,$

$\qquad\qquad DL : BL = EM : CM = FN : AN = 4,$

所以 $\qquad \text{Rt}\triangle DLC \sim \text{Rt}\triangle EMA \sim \text{Rt}\triangle FNB,$

$\qquad\qquad \text{Rt}\triangle DLB \sim \text{Rt}\triangle EMC \sim \text{Rt}\triangle FNA.$

所以 $\qquad \angle DCL = \angle EAM = \angle FBN,$

$\qquad\qquad \angle DBL = \angle ECM = \angle FAN.$

所以 $\qquad \triangle BCD \sim \triangle ACE \sim \triangle ABF.$

所以 $\qquad S_{\triangle BCD} : S_{\triangle ACE} : S_{\triangle ABF} = a^2 : b^2 : c^2. \tag{8.27}$

又根据面积公式可知

$$S_{\triangle CAF} = \frac{1}{2}AC \cdot AF \sin \angle CAF,$$

$$S_{\triangle EAB} = \frac{1}{2}AE \cdot AB \sin \angle EAB.$$

易证 $\angle CAF = \angle EAB$. 再考虑到从 $\triangle ACE \sim \triangle ABF$ 可得 $AC : AB = AE : AF \implies AC \cdot AF = AB \cdot AE$. 于是有

$$S_{\triangle CAF} = S_{\triangle EAB}$$

$$= S_{\triangle EAM} + S_{\triangle EMB} + S_{\triangle AMB}$$

$$= S_{\triangle EAM} + S_{\triangle EMC} + S_{\triangle AMB}$$

$$= S_{\triangle AEC} + \frac{1}{2}S_{\triangle ABC}. \qquad (8.28)$$

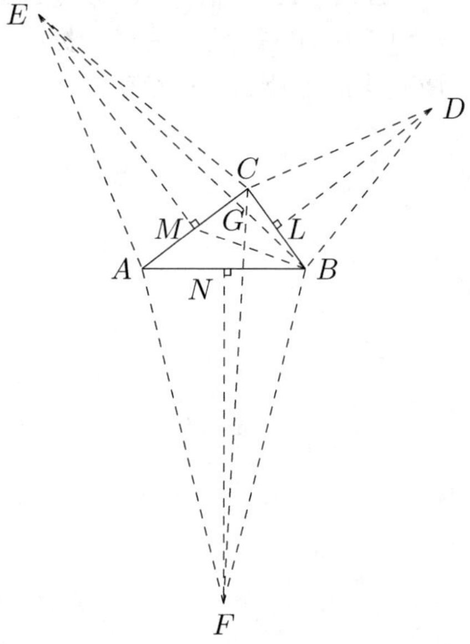

图 8.18

类似可证 $S_{\triangle CBF} = S_{\triangle BCD} + \frac{1}{2}S_{\triangle ABC}.$ \qquad (8.29)

将式 (8.28)、式 (8.29) 左右分别相加, 可得

$$S_{\triangle ACF} + S_{\triangle BCF} = S_{\triangle AEC} + S_{\triangle BCD} + S_{\triangle ABC}$$

$$\implies S_{\triangle ABF} + S_{\triangle ABC} = S_{\triangle AEC} + S_{\triangle BCD} + S_{\triangle ABC}$$

$$\implies S_{\triangle ABF} = S_{\triangle AEC} + S_{\triangle BCD}. \qquad (8.30)$$

由式 (8.27)、式 (8.30) 及定理 8.3 立得 $c^2 = a^2 + b^2$. $\qquad \square$

证法 178 的巧妙之处在于构造等腰三角形的时候使高和底之比为 2, 让三个外三角形的面积正好等于 a^2、b^2、c^2. 如果我们将高和底之比设为实数 k 的话, 就可以得到一个更一般的结论:

$$S_{\triangle BCD} : S_{\triangle ACE} : S_{\triangle ABF} = \frac{1}{2}ka^2 : \frac{1}{2}kb^2 : \frac{1}{2}kc^2 = a^2 : b^2 : c^2.$$

然后证明 $S_{\triangle ABF} = S_{\triangle BCD} + S_{\triangle ACE}$(有兴趣的读者可仿照证法 178 写出具体步骤). 又可得到勾股定理的一种证法. 这个思路首先由 Loomis 于 1933 年 10 月 29 日得到, 参见文献 [2] 第 20 页.

我们继续改变新三角形的形状, 现在尝试一下钝角三角形的情形. 这就是证法 179.

证法 179　如图 8.19 所示, 线段 AM、AP、CD、HN、BL、BQ 的长度都和 BH 相等, 且均垂直于 AB. 然后延长 DM 交 BA 延长线于 E 点, 延长 PQ 至 F 点使 $QF = CH$.

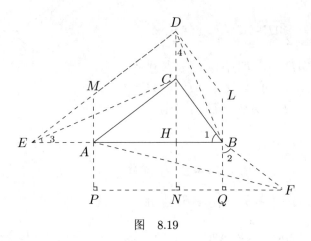

图　8.19

首先易知 $\mathrm{Rt}\triangle CBH \sim \mathrm{Rt}\triangle ACH \sim \mathrm{Rt}\triangle EDH$,
故有

$$BH : CH = DH : EH \implies BH : DH = CH : EH$$

$$\implies \mathrm{Rt}\triangle BHD \sim \mathrm{Rt}\triangle CHE \implies \angle 4 = \angle 3.$$

又因为 $\angle EAC = \angle DCB$, 故 $\triangle CAE \sim \triangle BCD$.
其次由 $\triangle BHC \cong \triangle BQF$ 可得 $BF = BC, \angle 1 = \angle 2$.
故有

$$AB : BF = AB : BC = BC : BH = BC : CD.$$

再考虑到 $\angle ABF = \angle DCB$, 便知 $\triangle ABF \sim \triangle BCD \sim \triangle CAE$, 且相似比为 $AB : BC : CA = c : a : b$.

又易知 $S_{AMDC} + S_{DCBL} = DC \cdot (AH + BH) = HN \cdot AB = S_{ABQP}$, 得 $2S_{\triangle CAE} + 2S_{\triangle BCD} = 2S_{\triangle ABF}$, 故 $S_{\triangle BCD} + S_{\triangle CAE} = S_{\triangle ABF}$. 再由定理 8.3 便得 $a^2 + b^2 = c^2$.　□

第 **9** 章

同 积 法

同积法的要点是对同一个图形用两种不同的方法计算其面积, 得到两个不同的代数表达式, 并用等号连接起来. 然后对等式进行整理和化简得到欲证结论.

显然前面的拼摆法、增积法和消去法都可以看作是同积法的特例. 本章继续介绍同积法的其他例子. 各证法按构造图形的复杂程度以及表达式的复杂程度从易到难的顺序进行介绍.

下面的证法 180 ~ 证法 183 是同积法中比较简单的例子.

证法 180　如图 9.1 所示, 作 $DH \perp AB, DH = AB$. 由射影定理可得

因为
$$S_{\triangle ADH} = \frac{cx}{2} = \frac{b^2}{2}, \quad S_{\triangle BDH} = \frac{cy}{2} = \frac{a^2}{2},$$

$$S_{\triangle ABD} = \frac{1}{2}AB \cdot DH = \frac{c^2}{2}, \quad S_{\triangle ABD} = S_{\triangle ADH} + S_{\triangle BDH},$$

所以
$$a^2 + b^2 = c^2. \qquad \qquad \square$$

证法 181　如图 9.2 所示, 截取 $BH = BC$, 作 $HD \perp AB$. 易证

$$\mathrm{Rt}\triangle ADH \sim \mathrm{Rt}\triangle ABC \implies h = \frac{a(c-a)}{b}.$$

及 $\mathrm{Rt}\triangle DBH \cong \mathrm{Rt}\triangle DBC$. 于是有

$$S_{\triangle ABC} = S_{\triangle ADH} + 2S_{\triangle DBH} \implies \frac{ab}{2} = \frac{h(c-a)}{2} + ah$$

$$\implies ab = \frac{a(c-a)}{b}(c-a) + 2a\frac{a(c-a)}{b}$$

$$\implies b^2 = (c-a)^2 + 2a(c-a) = c^2 - a^2$$

$$\implies a^2 + b^2 = c^2. \qquad \square$$

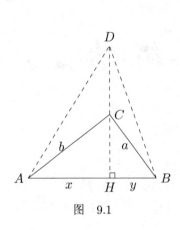

图 9.1

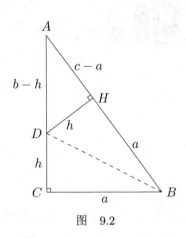

图 9.2

证法 182 如图 9.3 所示, 在 AB 延长线上截取 $BE = a$, 过 E 点作 AB 的垂线交 AC 的延长线于 F 点. 易证 BF 为 $\angle B$ 的外角分线. 由 $BC : EF = AC : AE$ 可得 $d = \dfrac{a(a+c)}{b}$. 用不同办法计算 Rt$\triangle AEF$ 的面积可得

$$\frac{1}{2}(a+c)d = \frac{1}{2}ab + ad \implies ab = (c-a)d = \frac{a(a+c)(c-a)}{b}$$

$$\implies b^2 = (c-a)(c+a) \implies c^2 = a^2 + b^2. \qquad \square$$

证法 183 如图 9.4 所示, 设 $CH = h$, 由 Rt$\triangle ACH \sim$ Rt$\triangle CBH$ 可得 $CH : AC = BH : BC$, 即 $h : b = y : a$, 故 $h = \dfrac{by}{a}$. 而 $y = c - x = c - \dfrac{b^2}{c}$. 于是可得

$$h = \frac{b}{a}y = \frac{b}{a}\left(c - \frac{b^2}{c}\right) = \frac{b(c^2 - b^2)}{ac}.$$

从而
$$S_{\triangle ABC} = \frac{1}{2}ch = \frac{b(c^2 - b^2)}{2a}.$$

但又知 $S_{\triangle ABC} = \dfrac{1}{2}ab$, 立得

$$\frac{1}{2}ab = \frac{b(c^2 - b^2)}{2a} \implies a^2 + b^2 = c^2. \qquad \square$$

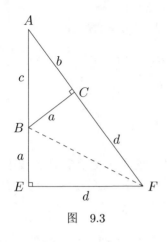

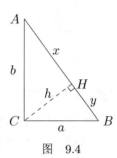

图 9.3　　　　　　　　　　　图 9.4

下面的证法 184～证法 186 的辅助线作法都是过锐角顶点作斜边的垂线, 得到了类似的代数等式, 有异曲同工之妙.

证法 184　如图 9.5 所示, 作 $BE \perp AB$ 交 AC 延长线于 E, 延长 BC 到 D, 取 $CD = a$, 则 $\mathrm{Rt}\triangle AED \cong \mathrm{Rt}\triangle AEB$. 而 $w = \dfrac{a^2}{b}$, $h = \dfrac{ac}{b}$. 故有

$$S_{\triangle AED} = S_{\triangle AEB} \implies \frac{1}{2}ch = \frac{1}{2}a(b+w)$$
$$\implies \frac{ac^2}{b} = ab + \frac{a^3}{b}$$
$$\implies c^2 = a^2 + b^2. \qquad \square$$

证法 185　如图 9.6 所示, D、E 两点关于 AB 对称. 由射影定理知 $w = \dfrac{a^2}{b}$, 由 $\triangle BEC \backsim \triangle ABC$ 知 $h = \dfrac{ac}{b}$. 于是有

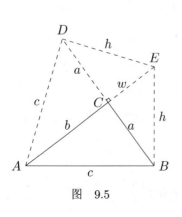

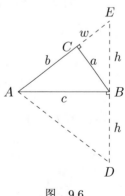

图 9.5　　　　　　　　　　　图 9.6

$$\text{Rt}\triangle ABE \cong \text{Rt}\triangle ABD \implies S_{\triangle AED} = 2S_{\triangle AEB}$$
$$\implies ch = a(b+w)$$
$$\implies \frac{ac^2}{b} = ab + \frac{a^3}{b}$$
$$\implies c^2 = a^2 + b^2. \qquad \square$$

证法 186 如图 9.7 所示, 过 B 点作 AB 的垂线交 AC 延长线于 D 点, 截取 $DE = AB$. F 为 E 在 AC 上的垂足, 易证 $\text{Rt}\triangle EDF \cong \text{Rt}\triangle ABC$. 故 $FE = AC$. 由射影定理可知 $CD = \dfrac{BC^2}{AC} = \dfrac{a^2}{b}$. 再由

$$AB \cdot DE = 2S_{\triangle ADE} = AD \cdot FE.$$

得 $c^2 = b\left(b + \dfrac{a^2}{b}\right) = a^2 + b^2.$ \qquad $\square$

下面的证法 187 和证法 188 是作 C 的对角点, 将直角三角形拼成了矩形.

证法 187 如图 9.8 所示, 作 $AD \parallel BC$, $BD \parallel AC$. 则 $ABCD$ 为矩形. 又作 $DE \parallel AB$, $CE \perp AB$.

因为 $\qquad\qquad\qquad S_{\triangle ABC} = S_{\triangle BAD},$

所以 $\qquad\qquad\qquad \dfrac{1}{2}(AB \cdot CH) = \dfrac{1}{2}(AB \cdot HE).$

所以 $\qquad\qquad\qquad CH = HE.$

所以 $\qquad\qquad\qquad CH = \dfrac{1}{2}CE. \qquad\qquad\qquad (9.1)$

$$\text{Rt}\triangle ABC \sim \text{Rt}\triangle CFB \implies BF : BC = BC : AC$$
$$CF : BC = AB : AC$$
$$\implies BF = \frac{a^2}{b}, CF = \frac{ac}{b}. \qquad (9.2)$$

$$\text{Rt}\triangle ABC \sim \text{Rt}\triangle DFE \implies FE : BC = DF : AB$$
$$\implies FE : a = \left(b - \frac{a^2}{b}\right) : c$$
$$\implies FE = \frac{a(b^2 - a^2)}{bc}. \qquad (9.3)$$

结合式 (9.1) ∼ 式 (9.3), 便有

$$S_{\triangle ABC} = \frac{1}{2}AB \cdot CH = \frac{1}{2}c \cdot \left(\frac{CE}{2}\right) = \frac{1}{2}c \cdot \left(\frac{CF+FE}{2}\right)$$
$$= \frac{1}{4}\left[c\left(\frac{ac}{b} + \frac{ab^2 - a^3}{bc}\right)\right] = \frac{ac^2 + ab^2 - a^3}{4b}.$$

又知 $S_{\triangle ABC} = \frac{1}{2}ab$, 故有 $\frac{1}{2}ab = \frac{ac^2 + ab^2 - a^3}{4b} \implies c^2 = a^2 + b^2.$　□

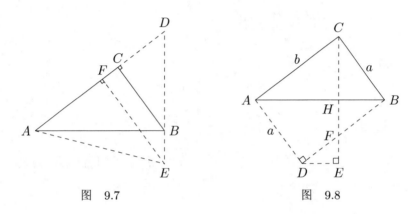

图　9.7　　　　　　　　　图　9.8

证法 188　如图 9.9 所示, 作矩形 $ABDE$ 和矩形 $ACBF$. 则易证 Rt△CAE∼ Rt△ABC ∼ Rt△BCD. 故 $AE = \frac{ab}{c}, CE = \frac{b^2}{c}, CD = \frac{a^2}{c}$. 设 $S = S_{EAFBD}$, 显然有

$$S = S_{ABDE} + S_{\triangle BAF},$$

$$S = S_{ACBF} + S_{\triangle ACE} + S_{\triangle BCD}.$$

而　　　　　　　　$$S_{ABDE} = 2S_{\triangle ABC} = S_{ACBF},$$

得　　　$$S_{\triangle BAF} = S_{\triangle ACE} + S_{\triangle BCD} \implies \frac{1}{2}ab = \frac{1}{2} \cdot \frac{ab}{c}\left(\frac{a^2 + b^2}{c}\right). \tag{9.4}$$

式 (9.4) 化简之后立得 $c^2 = a^2 + b^2$.　　　　　　　　　　　　　　□

下面介绍在斜边上构造外正方形的证法, 即证法 189 ∼ 证法 194.

证法 189　如图 9.10 所示, 作外正方形 $ABHK$, 延长 KH 交 BC 延长线于 N 点, 过 A 作 $AM /\!\!/ CN$ 交 KN 于 M. 则

$$S_{ABHK} = S_{ABNM} = BN \cdot AC = b(b+x). \tag{9.5}$$

由射影定理可知 $x = \dfrac{a^2}{b}$. 将其代入式 (9.5), 立得

$$c^2 = b\Big(b + \frac{a^2}{b}\Big) = a^2 + b^2.\qquad \square$$

本书作者从图 9.10 得到了一个长度法的证明: 从 $\mathrm{Rt}\triangle AMK \sim \mathrm{Rt}\triangle ABC$ 可以求出 $AM = \dfrac{c^2}{b}$, 再考虑到 $AM = BN = b + x = b + \dfrac{a^2}{b}$, 即得 $c^2 = a^2 + b^2$.

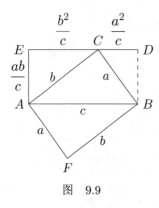

图　9.9

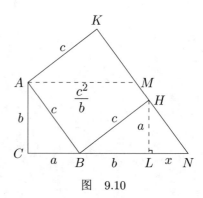

图　9.10

证法 190　如图 9.11 所示, 作外正方形 $ABHK$,$CF \perp HK$ 交 AB 于 N. 易知

$$c^2 = S_{ABKH} = S_{\triangle AKN} + S_{\triangle BHN} + S_{\triangle KNH}$$

$$= \frac{1}{2}cx + \frac{1}{2}c^2 + \frac{1}{2}cy = \frac{1}{2}(b^2 + c^2 + a^2).\qquad (9.6)$$

由式 (9.6) 立得 $\dfrac{c^2}{2} = \dfrac{a^2}{2} + \dfrac{b^2}{2} \implies a^2 + b^2 = c^2$.　$\square$

证法 191　辅助线作法同证法 190, 如图 9.12 所示, 显然有

$$S_{ACBHK} = S_{\triangle ABC} + S_{ABHK} = \frac{1}{2}ch + c^2.\qquad (9.7)$$

$$S_{ACBHK} = S_{\triangle ACK} + S_{\triangle CKH} + S_{\triangle CBH} = \frac{1}{2}[cx + c(c+h) + cy]$$

$$= \frac{1}{2}[b^2 + c(c+h) + a^2] = \frac{1}{2}ch + \frac{1}{2}(a^2 + b^2 + c^2).\qquad (9.8)$$

由式 (9.7)、式 (9.8) 即得 $a^2 + b^2 = c^2$.　$\square$

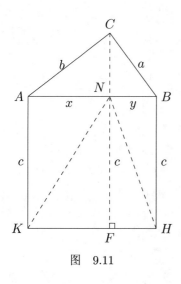

图 9.11

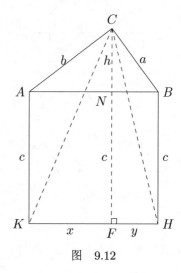

图 9.12

证法 192 如图 9.13 所示, 构造一个边长为 $a+b$ 的大正方形 $CDEF$. 容易证明 BH 把这个正方形分成了面积相等的上下两部分. 由特例法 (见第 18 章) 可知 $BG^2 = 2b^2, GH^2 = 2a^2$. 从而有 $GH^2 \cdot GB^2 = 4a^2b^2$, 故 $GH \cdot GB = 2ab$. 于是 $S_{\triangle BGH} = \frac{1}{2}GH \cdot GB = ab$. 再从 $S_{DEHB} = S_{CFHB}$ 立得

$$\frac{1}{2}a^2 + ab + \frac{1}{2}b^2 = \frac{1}{2}ab + \frac{1}{2}ab + \frac{1}{2}c^2 \implies c^2 = a^2 + b^2. \qquad \square$$

证法 193 如图 9.14 所示, 作外正方形 $ABHK$ 和内正方形 $ACFG$. KF 交 BH 于 N 点. 由 $BF = b - a$ 及 $\text{Rt}\triangle BNF \sim \text{Rt}\triangle ABC$ 可知

$$NF = \frac{a(b-a)}{b} = a - \frac{a^2}{b},$$

$$BN = \frac{c(b-a)}{b} = c - \frac{ac}{b},$$

$$NH = c - BN = \frac{ac}{b}.$$

由此可以得出 $\triangle KHN$ 和 $\triangle BNF$ 的面积分别为

$$S_{\text{Rt}\triangle KHN} = \frac{1}{2}KH \cdot NH = \frac{ac^2}{2b}, \tag{9.9}$$

$$S_{\text{Rt}\triangle BNF} = \frac{1}{2}BF \cdot FN = \frac{a(b-a)^2}{2b}. \tag{9.10}$$

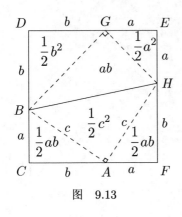
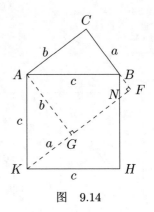

图 9.13 图 9.14

设整个图形的面积为 S, 显然有

$$S = S_{\mathrm{Rt}\triangle KHN} + S_{\square ACFG} + S_{\mathrm{Rt}\triangle AKG}, \tag{9.11}$$

$$S = S_{\square ABHK} + S_{\mathrm{Rt}\triangle BNF} + S_{\mathrm{Rt}\triangle ABC}. \tag{9.12}$$

考虑到 $\mathrm{Rt}\triangle AKG \cong \mathrm{Rt}\triangle ABC$, 再将式 (9.9)、式 (9.10) 分别代入式 (9.11)、式 (9.12) 中, 可以得到

$$\frac{ac^2}{2b} + b^2 = c^2 + \frac{a(b-a)^2}{2b} \implies ac^2 + 2b^3 = 2bc^2 + a(b-a)^2. \tag{9.13}$$

对式 (9.13) 进行整理, 可以得到

$$c^2(a - 2b) = a^3 - 2a^2b + ab^2 - 2b^3$$

$$= a(a^2 + b^2) - 2b(a^2 + b^2)$$

$$= (a^2 + b^2)(a - 2b). \tag{9.14}$$

由式 (9.14) 立得 $c^2 = a^2 + b^2$. $\qquad\square$

证法 194 如图 9.15 所示, 延长 CA、CB, 分别交 HK 的延长线于 G、F 两点. 由表 11.1 可以查出各线段的长度, 并标注在图中.

显然 $S_{\triangle CGF} = S_{\triangle ABC} + S_{\triangle AGK} + S_{\triangle BHF} + S_{ABHK}$, 故有

$$\frac{1}{2} CG \cdot CF = \frac{1}{2}(AC \cdot BC + AK \cdot GK + BH \cdot HF) + AB^2$$

$$\implies \frac{1}{2}\left(b + \frac{c^2}{a}\right)\left(a + \frac{c^2}{b}\right) = \frac{1}{2}\left(ab + c \cdot \frac{bc}{a} + c \cdot \frac{ac}{b}\right) + c^2$$

$$\Longrightarrow \ ab + 2c^2 + \frac{c^4}{ab} = ab + \frac{bc^2}{a} + \frac{ac^2}{b} + 2c^2$$

$$\Longrightarrow \ c^4 = c^2a^2 + c^2b^2 \Longrightarrow \ c^2 = a^2 + b^2. \qquad \qquad \Box$$

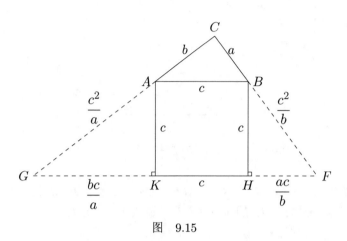

图　9.15

下面介绍在两直角边上构造外正方形的证法, 即证法 195 和证法 196.

证法 195　如图 9.16 所示, 易证 $MH \perp AB, CM = AB$.

显然有 $S_{\triangle MCA} + S_{\triangle MCB} = \dfrac{1}{2}CM \cdot (AH + BH) = \dfrac{1}{2}c^2.$　　　　(9.15)

因为 $\angle 1 = \angle B$, 所以 $\angle MCB = \angle ABE$.

又因为 $AB = CM, BE = BC$, 所以 $\triangle MCB \cong \triangle ABE$.

又因为 $AD \parallel BE$, 因此 $S_{\triangle ABE} = \dfrac{1}{2}S_{BCDE}$, 因此 $S_{\triangle MCB} = \dfrac{1}{2}a^2.$　(9.16)

因为 $\angle 2 = \angle A$, 所以 $\angle MCA = \angle GAB$.

又因为 $CM = AB, AC = AG$, 所以 $\triangle MCA \cong \triangle BAG$.

又因为 $AG \parallel BF$, 因此 $S_{\triangle ABG} = \dfrac{1}{2}S_{ACFG}$, 因此 $S_{\triangle MCA} = \dfrac{1}{2}b^2.$　(9.17)

结合式 (9.15) ~ 式 (9.17) 即得 $a^2 + b^2 = c^2.$　　　　　　　　　　$\Box$

证法 195 的核心在于证明两个外正方形中的顶边 FG、DE 和斜边上的高 MH 三线共点. 请读者自行证明其逆命题也成立.

证法 196　如图 9.17(a) 所示, 易证 C、G、E 三点共线. 现在设 GE 交 AH 于 M 点, 显然 $\angle AGB = 45° = \angle HEM, \angle GMA = \angle HME, HE = b = AG.$

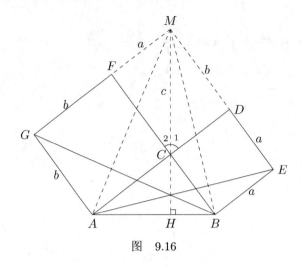

图 9.16

故 $\triangle AGM \cong \triangle HEM$，从而 $GM=ME$，$AM = HM$. 即 M 为对角线 AH 的中点，也是正方形 $ABHK$ 的对称中心，于是 $KM = BM$.

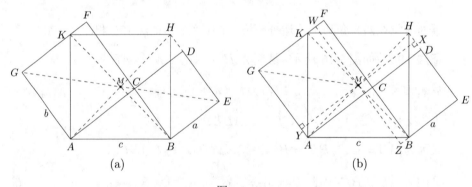

(a)   (b)

图 9.17

现在设 X、Y、W、Z 分别为 M 在直线 HE、AG、FG、BE 上的垂足，如图 9.17(b) 所示. 由于 $AG \parallel HE$，故 X、Y、M 三点共线，且 AG 和 HE 之间的距离为 $XY = AD = a+b$. 又从 $HM = MA$ 可得 $\mathrm{Rt}\triangle MHX \cong \mathrm{Rt}\triangle MAY$，故 $MY = MX = \dfrac{b+a}{2}$. 同理可证 $MW = MZ = \dfrac{b+a}{2}$.

现在用两种方法计算四边形 $AMKG$ 的面积. 一方面有

$$S_{AMKG} = S_{\triangle MGA} + S_{\triangle MGK} = \frac{1}{2}AG \cdot MY + \frac{1}{2}KG \cdot MW$$

$$= \frac{1}{4}b(a+b) + \frac{1}{4}a(a+b) = \frac{1}{4}a^2 + \frac{1}{2}ab + \frac{1}{4}b^2. \tag{9.18}$$

另一方面有 $S_{AMKG} = S_{\triangle KAM} + S_{\triangle KAG} = \dfrac{1}{4}c^2 + \dfrac{1}{2}ab.$ (9.19)

由式 (9.18)、式 (9.19) 立得 $\dfrac{1}{4}c^2 = \dfrac{1}{4}a^2 + \dfrac{1}{4}b^2 \implies c^2 = a^2 + b^2$ □

下面的证法 197 ~ 证法 199 和证法 196 类似, 但是作图更加简洁.

证法 197　如图 9.18 所示, M 是外正方形 $ABHK$ 的中心, 在 CA 延长线上截取 $AD=BC$.
由 $MA = MB$ 及

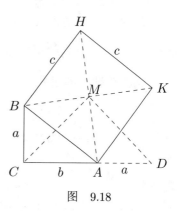

图　9.18

$$\angle MAD = 180° - 45° - \angle BAC$$
$$= 135° - (90° - \angle ABC)$$
$$= 45° + \angle ABC$$
$$= \angle MBC.$$

可知 $\triangle MAD \cong \triangle MBC.$

由此可得 $\qquad S_{\triangle AMC} + S_{\triangle AMD} = S_{\triangle CMA} + S_{\triangle CMB}$

$$\implies S_{CMD} = S_{ABCM} = S_{\triangle ABC} + S_{\triangle ABM}. \qquad (9.20)$$

以及 $\angle AMD = \angle BMC$, 故有

$$\angle AMD + \angle AMC = \angle BMC + \angle AMC$$
$$\implies \angle CMD = \angle BMA = 90°.$$

再考虑到 $MC = MD$, 于是可知 MCD 是等腰直角三角形. 故其面积为 $\dfrac{1}{4}(a+b)^2$. 将其代入式 (9.20), 可得

$$\frac{1}{4}(a+b)^2 = \frac{1}{4}c^2 + \frac{1}{2}ab \implies \frac{a^2}{4} + \frac{b^2}{4} = \frac{c^2}{4} \implies a^2 + b^2 = c^2. \qquad \square$$

证法 198　如图 9.19 所示, 作直角 C 的平分线与 $\text{Rt}\triangle ABC$ 的外接圆交于 D 点. 易证 $\triangle ABD$ 是等腰直角三角形.

$$S_{ACBD} = S_{\triangle ABC} + S_{\triangle ABD} = \frac{ab}{2} + \frac{c^2}{4}.$$

根据面积公式又可知

$$S_{\triangle CDB} = \frac{1}{2}CD \cdot BC \sin\alpha,$$

$$S_{\triangle CDA} = \frac{1}{2}CD \cdot AC \sin\alpha.$$

故 $S_{ACBD} = S_{\triangle CDB} + S_{\triangle CDA}$

$$= \frac{1}{2}(a+b) \cdot CD \sin 45°. \qquad (9.21)$$

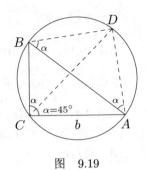

图 9.19

又由托勒密定理可知

$$CD \cdot AB = BC \cdot AD + AC \cdot BD$$

$$\implies CD \cdot AB = BC \cdot AB \sin 45° + AC \cdot AB \sin 45°$$

$$\implies CD = \sin 45°(BC + AC). \qquad (9.22)$$

将式 (9.22) 代入式 (9.21)，可得 $S_{ACBD} = \frac{1}{4}(a+b)^2$. 于是有

$$\frac{1}{4}(a+b)^2 = \frac{1}{4}c^2 + \frac{1}{2}ab \implies \frac{a^2}{4} + \frac{b^2}{4} = \frac{c^2}{4} \implies a^2 + b^2 = c^2. \qquad \square$$

证法 199 如图 9.20 所示，以 AB 为直径作半圆，D 为半圆弧的中点. 则 $\angle 2 = \angle 1 = 45°$，$\angle BCD = 135°$. 根据面积公式有

$$S_{\triangle BCD} = \frac{1}{2}BC \cdot CD \sin 135°,$$

$$S_{\triangle ACD} = \frac{1}{2}AC \cdot CD \sin 45°.$$

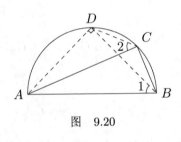

图 9.20

再根据托勒密定理有

$$AC \cdot BD = AB \cdot CD + BC \cdot AD$$

$$\implies AC \cdot AB \sin 45° = AB \cdot CD + BC \cdot AB \sin 45°$$

$$\implies CD = \sin 45°(AC - BC). \qquad (9.23)$$

将式 (9.23) 代入到 $S_{\triangle BDA} + S_{\triangle BDC} = S_{\triangle ACB} + S_{\triangle ACD}$ 中，得

$$\frac{c^2}{4} + \frac{a(b-a)}{4} = \frac{ab}{2} + \frac{b(b-a)}{4}$$

$$\implies \frac{c^2}{4} = \frac{(b-a)^2}{4} + \frac{ab}{2} = \frac{a^2}{4} + \frac{b^2}{4} \implies c^2 = a^2 + b^2. \qquad \square$$

下面介绍几个将辅助圆和同积法相结合的例子. 即证法 200～证法 204.

证法 200　如图 9.21 所示, 作 Rt$\triangle ABC$ 的内切圆, 和三边相切于 D、E、F.

$$因为\quad a+b=x+r+y+r$$
$$=x+y+2r=c+2r,$$
$$所以\quad (a+b)^2=(c+2r)^2.$$
$$所以\quad a^2+b^2+2ab=c^2+4rc+4r^2. \tag{9.24}$$

又易知 $S_{\triangle ABC}=2\left(\dfrac{xr}{2}+\dfrac{yr}{2}\right)+r^2$, 故有

$$\frac{ab}{2}=xr+yr+r^2=rc+r^2 \implies 2ab=4rc+4r^2. \tag{9.25}$$

将式 (9.25) 代入式 (9.24) 即得 $a^2+b^2=c^2$. 　　　　　□

证法 201　如图 9.22 所示, 设 O 为 $\triangle ABC$ 的内心,D、E、F 为内切圆与三边的切点. 易知

因为 $AL=OE=OF$, 所以 Rt$\triangle ONF\cong$ Rt$\triangle ANL$.

又因为 $BM=OD=OF$. 所以 Rt$\triangle OPF\cong$ Rt$\triangle BPM$.

$$故有 S_{\triangle ABH}=S_{LHMPN}+S_{\triangle ALN}+S_{\triangle BPM}$$
$$=S_{LHMPN}+S_{\triangle OFN}+S_{\triangle OPF}=S_{OLHM},$$
$$S_{\triangle ABC}=S_{ANOE}+S_{\triangle OFN}+S_{CEOD}+S_{\triangle OPF}+S_{ODPB}$$
$$=S_{ANOE}+S_{\triangle ALN}+S_{CEOD}+S_{\triangle BPM}+S_{ODPB}$$
$$=S_{ALOE}+S_{CEOD}+S_{DOMB}.$$

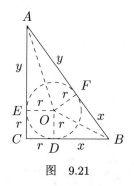

图　9.21

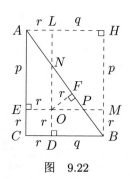

图　9.22

而 $\triangle ABC \cong \triangle BAH$, 故

$$S_{OLHM} = S_{ALOE} + S_{CEOD} + S_{DOMB}.$$

于是有 $\quad pq = pr + r^2 + qr \implies 2pq = 2pr + 2r^2 + 2qr$

$$\implies p^2 + 2pq + q^2 = p^2 + 2pr + r^2 + r^2 + 2qr + q^2$$

$$\implies (p+q)^2 = (p+r)^2 + (r+q)^2 \implies c^2 = b^2 + a^2. \qquad \square$$

证法 202 如图 9.23 所示, 设 Rt$\triangle ABC$ 的内切圆的圆心为 O, 半径为 r, 和三边分别相切于 P、Q、R 三点. 于是可设 $AQ = AR = x = b - r, BR = BP = y = a - r, CQ = CP = r$. 将各个小正方形的面积写到其内部, 便容易看出

$$a^2 + b^2 - c^2 = 2r^2 + 2xr + 2yr - 2xy. \tag{9.26}$$

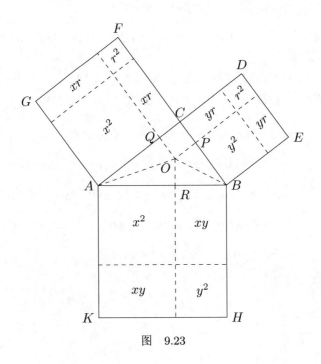

图 9.23

又显然有 $S_{\triangle ABC} = S_{CQOP} + S_{\triangle AOQ} + S_{\triangle BOP} + S_{\triangle AOB}$, 故有

$$\frac{1}{2}ab = r^2 + \frac{1}{2}xr + \frac{1}{2}yr + \frac{1}{2}(x+y)r$$

$$\implies \frac{1}{2}(x+r)(y+r) = r^2 + \frac{1}{2}xr + \frac{1}{2}yr + \frac{1}{2}(x+y)r$$

$$\Longrightarrow xy + xr + yr + r^2 = 2r^2 + xr + yr + xr + yr$$

$$\Longrightarrow xy = r^2 + xr + yr. \tag{9.27}$$

由式 (9.26) ∼ 式 (9.27) 即得 $a^2 + b^2 - c^2 = 0 \Longrightarrow a^2 + b^2 = c^2$. □

证法 203 如图 9.24 所示, F 为两条外角分线 AF 和 BF 的交点. D、E、H 分别为 F 在三条边上的垂足. 则 $FD = FH = FE = s, AH = AD, BH = BE.$ 易知

$$S_{CDFE} = S_{\triangle ABC} + 2S_{\triangle ABF}.$$

即
$$s^2 = \frac{1}{2}ab + cs. \tag{9.28}$$

另一方面, 又显然有

$$CD + CE = AC + AD + BE + BC$$
$$= AC + AH + BH + BC = AC + AB + BC.$$

故 $s = \dfrac{1}{2}(a + b + c)$, 将其代入式 (9.28) 可得

$$2s(s - c) = ab \Longrightarrow (a + b + c)(a + b - c) = 2ab$$
$$\Longrightarrow (a + b)^2 - c^2 = 2ab \Longrightarrow a^2 + b^2 = c^2. \qquad □$$

证法 204 如图 9.25 所示, 设 $s = \dfrac{1}{2}(a + b + c)$, 可以看出 $c = a - r + b - r$, 故 $r = \dfrac{1}{2}(a + b - c) = s - c$. 又 $S_{\triangle ABC} = sr$, 得 $s(s - c) = \dfrac{1}{2}ab.$

即
$$(a + b + c)(a + b - c) = 2ab.$$

也就是
$$(a + b)^2 - c^2 = 2ab.$$

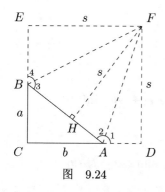

图 9.24

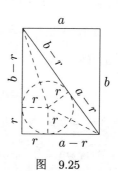

图 9.25

由此可得 $a^2 + b^2 = c^2$.

最后介绍构造其他图形然后使用同积法的例子, 见证法 205 ~ 证法 210.

证法 205 如图 9.26 所示, 将斜边 c 绕 B 点逆时针旋转 $90°$ 并延长 k 倍到 E 点, D、F 分别为 E 在两直角边延长线上的垂足. 易证 $\mathrm{Rt}\triangle BEF \sim \mathrm{Rt}\triangle ABC$. 于是 $FE = ka, BF = kb$.

现在用公式法和分块法分别计算矩形 $CFED$ 的面积. 有

$$ka \cdot (kb + a) = \frac{1}{2}ka \cdot kb + \frac{1}{2}kc \cdot c + \frac{1}{2}ab + \frac{1}{2}(kb + a)(ka - b).$$

化简之后可得 $ka^2 = \dfrac{k}{2}(c^2 + a^2 - b^2) \implies c^2 = a^2 + b^2$.

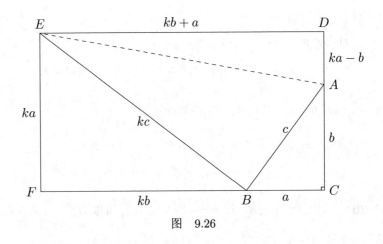

图 9.26

证法 206 如图 9.27 所示, 设 $\mathrm{Rt}\triangle ABC$ 的面积为 S 以及 $\theta = 2\alpha$. 由子图 (a) 可知 $2S = \dfrac{1}{2}c^2 \sin\theta$. 在子图 (b) 中显然有

$$S_{ABNM} = 2S_{\mathrm{Rt}\triangle ABC} = 2S_{\mathrm{Rt}\triangle DEC} = S_{DENM}.$$

故 $S_{ABDE} = 4S$. 于是可得

$$S_{\triangle BCE} + S_{\triangle ACD} = S_{ABDE} - S_{\mathrm{Rt}\triangle ABC} - S_{\mathrm{Rt}\triangle DEC} = 2S. \tag{9.29}$$

另一方面又知

$$S_{\triangle BCE} + S_{\triangle ACD} = \frac{1}{2}a^2 \sin(2\alpha) + \frac{1}{2}b^2 \sin(2\beta). \tag{9.30}$$

再考虑到 $\alpha + \beta = 90°$, 从而有

$$\sin(2\beta) = \sin(180° - 2\alpha) = \sin(2\alpha) = \sin\theta. \tag{9.31}$$

由式 (9.29) ～式 (9.31) 立得

$$\frac{1}{2}c^2\sin\theta = \frac{1}{2}(a^2+b^2)\sin\theta \implies c^2 = a^2+b^2.$$

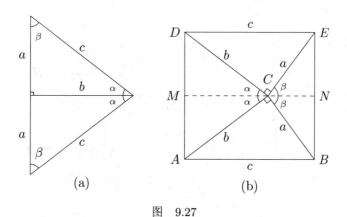

图　9.27

证法 207　如图 9.28(a) 所示, D 是以 AB 为直径的半圆弧的中点, H 为 D 在 AC 上的垂足, 过 B 点做 BC 的垂线交 DH 的延长线于 F 点. 原证法中不加说明的用到了 $AH = \frac{1}{2}(b+a)$ 这个结论. 为保证证法的严密性, 本书在下面给出该结论的主要证明过程.

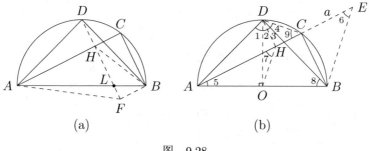

图　9.28

如图 9.28(b) 所示, 在 AC 延长线上截取 $CE = CB$, 则 $\angle 6 = 45°$. 现在设 O 为 AB 的中点, 我们只需证明 $OH \parallel BE$ 即可推出 $AH = \frac{1}{2}(b+a)$.

由 $\angle 9 = \angle 8 = 45°$ 可知 $\angle 3 + \angle 4 = 45° = \angle 2 + \angle 3$, 于是 $\angle 2 = \angle 4 = \angle 5$, 从而 A、O、H、D 四点共圆. 故有 $\angle 7 = \angle 1 = 45° = \angle 6$. 由此立得 $OH \parallel BE$, 所

以 OH 是 $\triangle ABE$ 的中位线, 故 $AH = \dfrac{1}{2}AE = \dfrac{1}{2}(b+a)$, $BF = CH = DH = AC - AH = \dfrac{1}{2}(b-a)$.

又从 $FB \parallel AC$ 可得 $S_{\triangle BFA} = S_{\triangle BFH}$.

从而有 $S_{\triangle HLB} = S_{\triangle ALF}$. 故有

$$
\begin{aligned}
S_{\mathrm{Rt}\triangle ABD} &= S_{\triangle ALD} + S_{\triangle HLB} + S_{\triangle DHB} \\
&= S_{\triangle ALD} + S_{\triangle ALF} + S_{\triangle DHB} = S_{\triangle AFD} + S_{\triangle DHB} \\
&= \frac{1}{2} \cdot AH \cdot (FH + DH) + \frac{1}{2}DH \cdot BF \\
&= \frac{1}{2} \cdot \frac{a+b}{2} \cdot \left(a + \frac{b-a}{2}\right) + \frac{1}{2}\left(\frac{b-a}{2} \cdot \frac{b-a}{2}\right) \\
&= \frac{1}{2}\left(\frac{a+b}{2}\right)^2 + \frac{1}{2}\left(\frac{a-b}{2}\right)^2 = \frac{1}{4}a^2 + \frac{1}{4}b^2.
\end{aligned}
\tag{9.32}
$$

将 $S_{\mathrm{Rt}\triangle ABD} = \dfrac{1}{4}c^2$ 代入式 (9.32) 立得 $c^2 = a^2 + b^2$. □

证法 208 如图 9.29 所示, 显然左右两个子图面积相等. 于是有

$$
a^2 + b^2 + c^2 + 3ab + 4 \cdot \left(\frac{1}{2}ab\right) = 2a^2 + 2b^2 + 5ab.
\tag{9.33}
$$

整理式 (9.33) 后即得 $c^2 = a^2 + b^2$. □

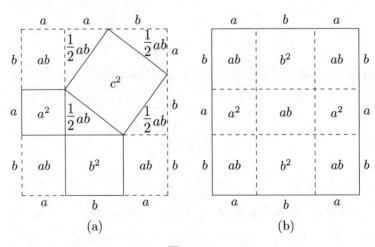

图 9.29

证法 209　如图 9.30 所示, 在 BC 的延长线上截取 $BL = BA$, 作 $BM \perp AL$, 则 $AM = ML$. 又作 $FM \perp CL$, 则 $FM \parallel AC, MF = \dfrac{1}{2}AC, CF = FL = m$. 再由射影定理有 $MF^2 = BF \cdot FL$. 即 $\dfrac{1}{4}b^2 = (a+m)m$, 从而可得 $b^2 = 4am + 4m^2$.

现在作正方形 $BLHK$. 得

$$c^2 = S_{BLHK} = a^2 + 4ma + 4m^2$$
$$= a^2 + b^2. \qquad \square$$

本书作者对证法 209 进行分析后发现了一个更加简明的证法, 即直接将

$$FL = m = \frac{1}{2}(c-a), \quad BF = a + m = \frac{1}{2}(a+c).$$

代入式子 $MF^2 = BF \cdot FL$, 即得

$$\frac{1}{4}b^2 = \frac{1}{2}(a+c) \cdot \frac{1}{2}(c-a)$$
$$= \frac{1}{4}(c^2 - a^2) \implies c^2 = a^2 + b^2.$$

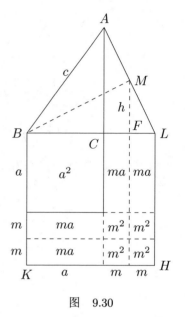

图　9.30

这样就无须作正方形 $BLHK$ 并对其进行分块.

证法 210　如图 9.31(a) 所示, 将 $\mathrm{Rt}\triangle ABC$ 绕 A 点逆时针旋转 $60°$, 得到 $\mathrm{Rt}\triangle AB_1C_1$. 再将 $\mathrm{Rt}\triangle ABC$ 绕 B 点顺时针旋转 $60°$, 得到 $\mathrm{Rt}\triangle B_1BC_2$. 易知

$$\angle C_1B_1C_2 = \angle C_1B_1A + \angle C_2B_1B + \angle AB_1B = 90° + 60° = 150°.$$

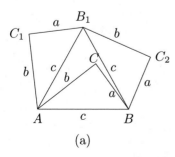
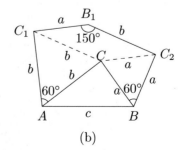

(a)　　　　　　(b)

图　9.31

现在设五边形 $ABC_2B_1C_1$ 的面积为 S. 由子图 (a) 可知

$$S = S_{\triangle AB_1C_1} + S_{\triangle BB_1C_2} + S_{\triangle ABB_1} = ab + \frac{1}{2}c^2 \sin 60°. \tag{9.34}$$

另一方面由子图 (b) 可知

$$
\begin{aligned}
S &= S_{\triangle ABC} + S_{B_1C_1CC_2} + S_{\triangle BCC_2} + S_{\triangle ACC_1} \\
&= \frac{1}{2}ab + ab \sin 150° + \frac{1}{2}a^2 \sin 60° + \frac{1}{2}b^2 \sin 60° \\
&= \frac{1}{2}ab + \frac{1}{2}ab + \frac{1}{2}a^2 \sin 60° + \frac{1}{2}b^2 \sin 60° \\
&= ab + \frac{1}{2}\sin 60°(a^2 + b^2). \tag{9.35}
\end{aligned}
$$

由式 (9.34)、式 (9.35) 立得 $a^2 + b^2 = c^2$. $\qquad\qquad\square$

第 ⑩ 章

射 影 法

在平面几何中,"自点 P 向直线 l 作垂线所得到的垂足 H 叫作点 P 在直线 l 上的射影". 在许多几何证明题中"引垂线、取垂足"是一个很常见的策略. 本书把这种思路称为射影法.

具体来说,用射影法证明勾股定理的核心思想,是作某条边的垂线,构造出一个甚至多个和 $\triangle ABC$ 相似的直角三角形,然后用代数等式将其对应边的比例关系表达出来,再对得到的代数式进行变形和整理,即可得到 $a^2 + b^2 = c^2$.

10.1 作斜边垂线的证法

本节证法的特点是在某条直角边所在的直线上取一点 D 作为投影点,然后作该点在斜边所在直线上的射影点 H,连接 DH 便可得到一个或者多个和 $\triangle ABC$ 相似的直角三角形. 我们将从运动的观点出发,按投影点或者射影点位置的变化依次给出对应的证法.

10.1.1 利用射影定理证明勾股定理

如图 10.1 所示,当投影点 D 和直角顶点 C 重合时,它和垂足 H 的连线就是斜边上的高. 此时可以得到三个相似的直角三角形. 即 $\mathrm{Rt}\triangle ABC \sim \mathrm{Rt}\triangle CBH \sim \mathrm{Rt}\triangle ACH$,于是有连比式

$$a : b : c = x : h : a = h : y : b$$

由此可以得到下面 6 个等式,我们把它们合称为**射影定理**. 该定理是本书

中许多证法的基础.

(1) $a^2 = cx$.   (4) $bh = ay$.

(2) $b^2 = cy$.   (5) $ah = bx$.

(3) $h^2 = xy$.   (6) $ab = ch$.

射影定理最早由古希腊的大数学家欧几里得发现, 故又称 "欧几里得定理". 欧几里得也是第一个使用该定理证明勾股定理的数学家, 他的证明过程见下面的证法 211.

证法 211 如图 10.1 所示, 作 $CH \perp AB$. 由于 $\angle B$ 是 $Rt\triangle ABC$ 和 $Rt\triangle CBH$ 的公共角, 所以 $Rt\triangle ABC \sim Rt\triangle CBH$. 故有

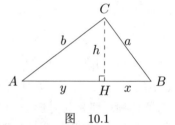

图 10.1

$$AB : CB = BC : BH \implies BC^2 = AB \cdot BH.$$

也就是 $a^2 = cx$. 类似可证 $b^2 = cy$. 于是可得

$$a^2 + b^2 = cx + cy = c(x+y) = c \cdot c = c^2. \qquad \square$$

证法 211 只用了射影定理中的 (1) 和 (2) 就证明了勾股定理, 历来被奉为经典之作. 那么, 用其他的式子是否也可以证明勾股定理呢? 答案是肯定的. 试举几例如下:

由 $h^2 = xy$ 和 $ch = ab$ 可得 $a^2b^2 = c^2xy$. 如果我们能再证明出 $a^2b^2 = (a^2 + b^2)xy$ 的话, 就可以得到

$$(a^2 + b^2)xy = c^2xy \implies a^2 + b^2 = c^2.$$

由这个思路出发就可得到下面的证法 212.

证法 212 辅助线作法同图 10.1. 由射影定理有

$$\frac{1}{a^2} + \frac{1}{b^2} = \frac{1}{x(x+y)} + \frac{1}{y(x+y)} = \frac{1}{x+y}\left(\frac{1}{x} + \frac{1}{y}\right)$$

$$= \frac{1}{x+y} \cdot \frac{x+y}{xy} = \frac{1}{xy} \implies a^2b^2 = (a^2 + b^2)xy. \tag{10.1}$$

由式 (10.1) 和前述分析立得 $a^2 + b^2 = c^2$. $\square$

作者发现了证法 212 后, 经过思考和摸索又发现了另一个可以使用消去律的式子: $a^2b^2 = a^2(c^2 - a^2)$. 这就是证法 213 的核心.

证法 213　如图 10.1 所示, 由 $b^2 = cy$ 得 $c = \dfrac{b^2}{y}$, 故

因为　　$ab = hc \implies a^2 = c^2 \dfrac{h^2}{b^2} = \dfrac{b^4}{y^2} \cdot \dfrac{h^2}{b^2} = \dfrac{b^2 h^2}{y^2} \implies a^2 b^2 = \dfrac{b^4 h^2}{y^2},$

所以　　$a^2(c^2 - a^2) = \dfrac{b^2 h^2}{y^2} \left(\dfrac{b^4}{y^2} - \dfrac{b^2 h^2}{y^2} \right) = \dfrac{b^2 h^2}{y^2} \cdot \dfrac{b^2}{y^2}(b^2 - h^2).$

又因为　$h^2 = y(c - y) = cy - y^2 \implies b^2 - h^2 = y^2,$

所以　　$a^2(c^2 - a^2) = \dfrac{b^2 h^2}{y^2} \cdot \dfrac{b^2}{y^2} \cdot y^2 = \dfrac{b^4 h^2}{y^2} = a^2 b^2.$

因此　　$c^2 - a^2 = b^2 \implies a^2 + b^2 = c^2.$　　□

下面的证法 214 比较有趣, 它看起来有些舍近求远, 却体现了另一种常见的数学证明思路 —— 分类讨论法.

证法 214　由证法 213 知 $a^2(c^2 - a^2) = a^2 b^2$. 交换 a, b 后, 有 $b^2(c^2 - b^2) = b^2 a^2$. 故立得 $a^2(c^2 - a^2) = b^2(c^2 - b^2)$. 于是可设 $(c^2 - a^2) : b^2 = (c^2 - b^2) : a^2 = k$. 故有

$$c^2 = a^2 + kb^2 = b^2 + ka^2 \implies (k-1)(a^2 - b^2) = 0. \tag{10.2}$$

由式 (10.2) 可知 $k = 1$ 或者 $a = b$. 现在分别讨论如下:

若 $k = 1$, 则由式 (10.2) 立得 $c^2 = a^2 + b^2$;

若 $a = b$, 则由特例法一章中的内容知此时也有 $c^2 = a^2 + b^2$.

综上所述, 对任意直角三角形, 勾股定理成立.　　□

我们现在让垂线经过某个锐角顶点, 就可以得到下面的证法 215 ～ 证法 217.

证法 215　如图 10.2 所示, 作 $BD \perp AB$.
由射影定理知 $BC^2 = AC \cdot CD$ 和 $AB^2 = AC \cdot AD$, 于是立得

$$AB^2 = AC \cdot (AC + CD)$$
$$= AC \cdot AC + AC \cdot CD$$
$$= AC^2 + BC^2.　　□$$

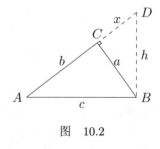

图　10.2

证法 216 如图 10.2 所示, 由射影定理知 $a^2 = bx$ 以及

$$\left.\begin{array}{l} ah = cx \implies a^2h^2 = c^2x^2 \\ bh = ca \implies b^2h^2 = c^2a^2 \end{array}\right\} \implies h^2(a^2 + b^2) = c^2(a^2 + x^2). \qquad (10.3)$$

再将 $h^2 = x(b + x) = a^2 + x^2$ 代入式 (10.3), 立得 $a^2 + b^2 = c^2$. $\qquad\square$

证法 217 如图 10.2 所示, 由射影定理知

因为 $$h^2 = x(x + b), h = \frac{ac}{b}, x = \frac{a^2}{b},$$

所以 $$\frac{a^2c^2}{b^2} = \frac{a^2}{b}\left(\frac{a^2}{b} + b\right) \implies c^2 = a^2 + b^2. \qquad\square$$

现在来分析图 10.1 和图 10.2 的异同点: 它们的共同之处是都要构造一个和 $\triangle ABC$ 相似的新三角形, 区别在于构造的位置不同. 最后殊途同归, 都达到了利用射影定理证明勾股定理的目的.

10.1.2 投影点过角分线时的证法

现在我们将图 10.1 中的投影点 D 在直角边 AC 上移动, 当 D 过角 B 的内角分线时, 可以得到下面的证法 218.

证法 218 如图 10.3 所示, BD 为 $\angle B$ 的平分线, $DH \perp AB$, 则 $BH = BC = a, DC = DH = h$. 于是 $AD = b - h, AH = c - a$. 又 $\angle A$ 是 $\triangle ADH$ 和 $\triangle ABC$ 的公共角, 故 $\text{Rt}\triangle ADH \sim \text{Rt}\triangle ABC$. 故有

$$\begin{aligned} AD : AB = AH : AC &\implies (b - h) : c = (c - a) : b \\ &\implies c(c - a) = b(b - h) \\ &\implies c^2 = b^2 + ac - bh. \qquad (10.4) \\ DH : BC = AH : AC &\implies h : a = (c - a) : b \\ &\implies bh = a(c - a) \\ &\implies a^2 = ac - bh. \qquad (10.5) \end{aligned}$$

将式 (10.5) 代入式 (10.4), 立得 $c^2 = a^2 + b^2$. $\qquad\square$

下面的证法 219 另辟蹊径, 通过作外角分线的办法来构造相似三角形. 这和证法 218 相映成趣.

证法 219 如图 10.4 所示, 作 $\angle B$ 的外角分线交 AC 延长线于 D, $DH \perp AB$. 由角分线的性质可知 $DC = DH = h$, $BH = BC = a$. 由 $\angle A$ 是公共角可知 $\text{Rt}\triangle ADH \sim \text{Rt}\triangle ABC$, 再由对应边之间的比例关系可得

$$AD : AB = AH : AC \implies (b+h) : c = (c+a) : b$$

$$\implies b(b+h) = c(c+a)$$

$$\implies c^2 = b^2 + bh - ac. \tag{10.6}$$

$$DH : BC = AH : AC \implies h : a = (a+c) : b$$

$$\implies a(c+a) = bh$$

$$\implies a^2 = bh - ac. \tag{10.7}$$

将式 (10.7) 代入式 (10.6), 立得 $a^2 + b^2 = c^2$. $\qquad\qquad\square$

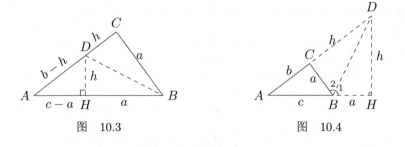

图 10.3   图 10.4

10.1.3 在其他位置作斜边垂线的证法

我们知道, 过三角形的任何一个顶点都可以做三条特殊的线: 垂线、角分线、中线. 前面的证法已经分别与高和角分线发生了联系, 下面的证法 220 则是中点进行 "出场表演".

证法 220 如图 10.5 所示, H 为 AB 中点, 过 H 作 AB 的垂线分别交两直角边 (或其延长线) 于 E 点和 D 点. 并将各相似三角形及对应成比例的边写在表 10.1 中. 易知

$$cv = a(a+y), v = \frac{c}{2} \implies c^2 = 2a^2 + 2ay, \tag{10.8}$$

$$cv = b(b-x), v = \frac{c}{2} \implies c^2 = 2b^2 - 2bx. \tag{10.9}$$

由式 (10.8) + 式 (10.9)，并考虑到 $a : x = b : y \implies bx = ay$，便有

$$2c^2 = 2a^2 + 2b^2 \implies c^2 = a^2 + b^2. \qquad \square$$

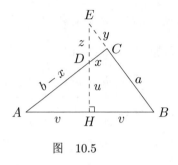

图 10.5

表 10.1

	a	b	c
$\triangle ABC$	a	b	c
$\triangle ADH$	u	v	$b-x$
$\triangle EDC$	x	y	z
$\triangle EBH$	v	$u+z$	$a+y$

证法 220 的一个新特色是把对应边用表格的形式列出来，便于我们去观察和构造比例式。以后我们把这种体现对应比例关系的表格称作比例矩阵. 容易验证比例矩阵具有以下性质：

(1) 所有的行对应成比例. 例如在表 10.1 中有

$$a : b : c = u : v : b-x = x : y : z = v : u+z : a+y.$$

类似地，所有的列对应成比例. 即

$$a : u : x : v = b : v : y : u+z = c : b-x : z : a+y.$$

(2) 任取两行，各列对应成比例. 任取两列，各行对应成比例.

(3) 在比例矩阵中任取一个矩形，其对角顶点元素乘积相等. 比如 a、b、x、y 四个元素构成一个矩形，则有 $ay = bx$.

(4) 在比例矩阵中任取两列，然后把它们同时上下"对折"，则对折之后，左上和右下的所有元素之积等于右上和左下的所有元素之积. 类似地，如果把任取的两行再同时左右对折，也有同样的结论.

例如，对表 10.1 的第一列、第三列应用该结论可知 $au \cdot z(a+y) = c(b-x) \cdot xv$，对第一行和第四行应用该结论可得 $a(a+y) = cv$.

(5) 在比例矩阵中任取一个矩形，过其中心作一条水平线和一条竖直线，将矩形分为 4 个相等的部分之后，其左上和右下的所有元素之积等于右上和左下的所有元素之积.

例如，取表 10.1 的第一列、第三列、第一行、第四行构成一个矩形，然后进行分块，有 $au \cdot z(a+y) = xv \cdot c(b-x)$.

我们知道，过中点还可以作中位线和垂直平分线，于是就得到了证法 221.

证法 221 如图 10.6 所示，EH 为 Rt$\triangle ABC$ 的中位线，则 $z = EH = \dfrac{1}{2}a$. 令 DH 为 AB 的垂直平分线，则 $AD = DB$，故 $x = y + \dfrac{1}{2}b$. 比例矩阵见表 10.2. 易知

$$bh = cz \implies h = \frac{ac}{2b}, \tag{10.10}$$

$$ah = cy \implies y = \frac{ah}{c} = \frac{a}{c} \cdot \frac{ac}{2b} = \frac{a^2}{2b}. \tag{10.11}$$

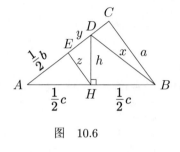

图 10.6

表 10.2

	a	b	c
$\triangle ABC$	a	b	c
$\triangle HDE$	y	z	h
$\triangle ADH$	h	$\dfrac{c}{2}$	$\dfrac{b}{2} + y$
$\triangle BDH$	h	$\dfrac{c}{2}$	x

将式 (10.10)、式 (10.11) 代入 $ax = ch$ 中，立得

$$a\left(\frac{a^2}{2b} + \frac{b}{2}\right) = c \cdot \frac{ac}{2b} \implies \frac{a^2 + b^2}{2b} = \frac{c^2}{2b} \implies a^2 + b^2 = c^2. \qquad \square$$

证法 220 和证法 221 都是过中点作垂线，现在我们如果让垂线过某条边延长一倍后的点，则可以得到证法 222 和证法 223.

证法 222 如图 10.7 所示，延长 AB 至 H 使 $BH = BA$，过 H 作 AB 的垂线分别交两直角边的延长线于 D、E 两点. 则比例矩阵见表 10.3. 于是有

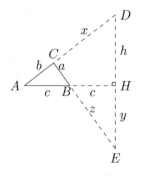

图 10.7

表 10.3

	a	b	c
$\triangle ABC$	a	b	c
$\triangle EBH$	c	y	z
$\triangle ADH$	h	$2c$	$b + x$
$\triangle EDC$	x	$a + z$	$h + y$

因为 $2c^2 = b(b + x) = b^2 + bx, bx = a(a + z) = a^2 + az.$

所以 $2c^2 + bx = b^2 + bx + a^2 + az \implies 2c^2 = a^2 + b^2 + az.$ (10.12)

又易知 $az = c^2$, 将其代入式 (10.12), 立得 $c^2 = a^2 + b^2.$ □

证法 223 如图 10.8 所示, 延长 AC 至 D, 使 $CD = AC$, 过 D 作 $DE \perp AB$. 则比例矩阵见表 10.4. 于是有

$$b : (a + z) = a : b \implies a^2 + az = b^2 \implies az = b^2 - a^2,$$ (10.13)

$$2b : (c + x) = c : b \implies c^2 + cx = 2b^2 \implies cx = 2b^2 - c^2,$$ (10.14)

$$a : x = c : z \implies az = cx.$$ (10.15)

由式 (10.13) $\sim$ 式 (10.15) 得 $b^2 - a^2 = 2b^2 - c^2 \implies a^2 + b^2 = c^2.$ □

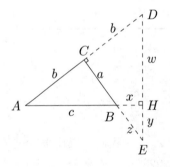

表 10.4

	a	b	c
$\triangle ABC$	a	b	c
$\triangle ADH$	w	$c + x$	$2b$
$\triangle EDC$	b	$a + z$	$w + y$
$\triangle EBH$	x	y	z

图 10.8

作为本节的结束, 下面介绍将垂线移动到任意点时的一般证法, 即证法 224 和证法 225. 有兴趣的读者可以查阅下这两个证法的原始叙述, 然后和本书的证法进行比较, 就能看出使用比例矩阵表达所带来的好处.

证法 224 如图 10.9 所示, 过 AB 内任意一点 H 作 $EH \perp AB$, 得到的比例矩阵见表 10.5. 易知

$$c : (a + y) = a : (c - v) \implies c^2 = a^2 + ay + cv,$$ (10.16)

$$b : v = c : (b - x) \implies b^2 = cv + bx,$$ (10.17)

$$b : y = a : x \implies bx = ay.$$ (10.18)

由式 (10.16) $\sim$ 式 (10.18) 立得 $a^2 + b^2 = c^2.$ □

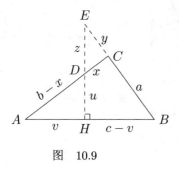

图 10.9

△ABC	a	b	c
△ADH	u	v	$b-x$
△EDC	x	y	z
△EBH	$c-v$	$u+z$	$a+y$

表　10.5

证法 225　如图 10.10 所示,H 为 AB 延长线上任意一点, 过 H 作 AB 的垂线分别交两直角边的延长线于 D、E 两点, 则比例矩阵见表 10.6. 于是有

$$c:(b+u)=b:(c+x) \implies c^2=b^2+bu-cx, \tag{10.19}$$

$$a:u=b:(a+z) \implies a^2=bu-az, \tag{10.20}$$

$$a:x=c:z \implies cx=az. \tag{10.21}$$

由式 (10.19) ~式 (10.21) 立得 $c^2=a^2+b^2$. □

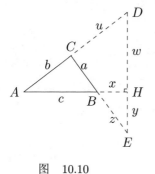

图　10.10

△ABC	a	b	c
△ADH	w	$c+x$	$b+u$
△EDC	u	$a+z$	$w+y$
△EBH	x	y	z

表　10.6

10.2　作直角边垂线的证法

本节证法的特点是通过作直角边垂线来构造相似三角形.

证法 226　如图 10.11 所示, 设 D 为 AB 延长线上任意一点, 作 $DE \parallel BC$. 比例矩阵见表 10.7. 设 $w=AH=c+v$, 则有

$$c : (w+x) = a : z \implies cz = a(w+x)$$
$$x : a = z : c \implies cx = az$$
$$\left.\phantom{\begin{matrix}a\\b\end{matrix}}\right\} \implies c^2 x = a^2 w + a^2 x.$$

$$a : x = b : y \implies bx = ay$$
$$(c+v) : b = y : a \implies by = aw$$
$$\left.\phantom{\begin{matrix}a\\b\end{matrix}}\right\} \implies b^2 x = a^2 w.$$

于是立得 $c^2 x = b^2 x + a^2 x \implies c^2 = a^2 + b^2$. □

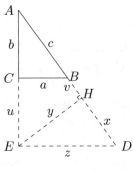

图 10.11

表 10.7

	a	b	c
△ABC	a	b	c
△AEH	y	c+v	b+u
△ADE	z	b+u	c+v+x
△EDH	x	y	z

证法 227 如图 10.12 所示, 在 BC 的延长线上截取 $BD = BA = c$, 设 E 为 AD 的中点, G 为 CD 的中点, 则 $GE \parallel AC, GE = \dfrac{1}{2}b$. 再由中位线的性质可知 $x = \dfrac{1}{2}(BD - BC) = \dfrac{1}{2}(c-a), BG = a + x = \dfrac{1}{2}(c+a)$. 比例矩阵见表 10.8. 于是可得

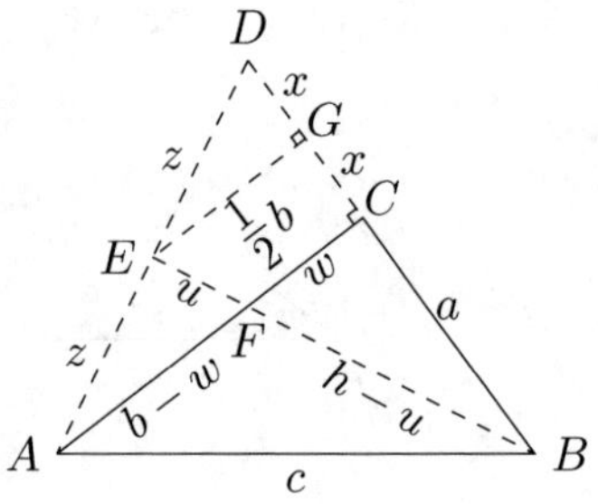

图 10.12

因为
$$b : h = 2z : c \implies bc = 2zh,$$

$$(c-a) : z = b : h \implies bz = h(c-a),$$

所以
$$b^2 cz = 2zh^2(c-a) \implies b^2 c = 2h^2(c-a). \tag{10.22}$$

又 $h : \dfrac{1}{2}(a+c) = c : h \implies 2h^2 = c(c+a)$, 再结合式 (10.22) 得

$$b^2 = (c+a)(c-a) \implies c^2 = a^2 + b^2. \quad \square$$

从图 10.12 还可以得到下面的证法 228.

表 10.8

$\triangle EDG$	$\triangle ADC$	$\triangle AFE$	$\triangle BDE$	$\triangle BEG$	$\triangle BFC$
$\frac{1}{2}(c-a)$	$c-a$	u	z	$\frac{1}{2}b$	w
$\frac{1}{2}b$	b	z	h	$\frac{1}{2}(a+c)$	a
z	$2z$	$b-w$	c	h	$h-u$

证法 228　辅助线作法同图 10.12, 由表 10.8 容易看出

$$2z : (b-w) = b : z \implies 2z^2 = b^2 - bw, \tag{10.23}$$

$$2z : c = (c-a) : z \implies c^2 = 2z^2 + ac, \tag{10.24}$$

$$b : a = (c-a) : w \implies ac = bw + a^2. \tag{10.25}$$

由式 (10.23) ~ 式 (10.25) 即得 $a^2 + b^2 = c^2$. □

第 11 章 长 度 法

长度法是用不同的方法计算同一条线段的长度, 从而得到不同的代数表达式, 再用等号将它们连接起来, 最后对得到的等式进行整理和化简, 便可得到欲证结论.

在本书中经常会遇到通过比例关系求线段长度的场景. 比如设某个直角三角形的三边之比等于 $a : b : c$, 又知道某条边的长度为 x, 那么就可以用 x 和 a、b、c 表示出另外两条边的长度. 表 11.1 中列出了一些常见的计算结果, 该表中加黑列为已知边, 另外两列就是从已知边求未知边的表达式.

下面给出几个用长度法证明勾股定理的例子. 首先将斜边分成两段 x、y, 然后将 x 和 y 分别写成含有 a 和 b 的表达式, 把它们代入等式 $x + y = c$, 进行整理后即可得到 $c^2 = a^2 + b^2$. 下面的证法 229 就是一个实例.

证法 229 如图 11.1 所示, 显然有

$$x = b \cos A = b \cos \angle 1 = b \cdot \frac{h}{a}, \tag{11.1}$$

$$y = a \sin \angle 1 = a \sin A = a \cdot \frac{h}{b}. \tag{11.2}$$

将 $h = \dfrac{ab}{c}$ 代入式 (11.1)+ 式 (11.2) 中, 立得

$$c = \frac{b^2}{c} + \frac{a^2}{c} \implies c^2 = a^2 + b^2. \qquad \square$$

作者在整理射影法的相关内容时, 发现了下面的证法 230 和证法 231. 读者可以自行分析它们与证法 224 和证法 220 的区别.

表 11.1 比例关系为 $a:b:c$ 的边长列表

短边	长边	斜边
$\boldsymbol{a}$	b	c
$\boldsymbol{b}$	$\dfrac{b^2}{a}$	$\dfrac{c}{a}b$
$\boldsymbol{c}$	$\dfrac{b}{a}c$	$\dfrac{c^2}{a}$
$\boldsymbol{x}$	$\dfrac{b}{a}x$	$\dfrac{c}{a}x$
$\boldsymbol{b-a}$	$\dfrac{b}{a}(b-a)$	$\dfrac{c}{a}(b-a)$
$\dfrac{a^2}{b}$	$\boldsymbol{a}$	$\dfrac{c}{b}a$
a	$\boldsymbol{b}$	c
$\dfrac{a}{b}c$	$\boldsymbol{c}$	$\dfrac{c^2}{b}$
$\dfrac{a}{b}x$	$\boldsymbol{x}$	$\dfrac{c}{b}x$
$\dfrac{a}{b}(b-a)$	$\boldsymbol{b-a}$	$\dfrac{c}{b}(b-a)$
$\dfrac{a^2}{c}$	$\dfrac{b}{c}a$	$\boldsymbol{a}$
$\dfrac{a}{c}b$	$\dfrac{b^2}{c}$	$\boldsymbol{b}$
a	b	$\boldsymbol{c}$
$\dfrac{a}{c}x$	$\dfrac{b}{c}x$	$\boldsymbol{x}$
$\dfrac{a}{c}(b-a)$	$\dfrac{b}{c}(b-a)$	$\boldsymbol{b-a}$

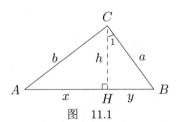

图 11.1

证法 230 如图 11.2 所示,D 为 AC 中点, 过 D 作 AB 的垂线, 和另外两边所在的直线分别交于 H 点和 E 点. 由表 11.2 可知 $v=\dfrac{bx}{c}, u=\dfrac{ax}{c}, z=\dfrac{cx}{a}$.

故 $w:(z+u)=a:b \implies w=\dfrac{a(z+u)}{b}=\dfrac{cx}{b}+\dfrac{xa^2}{bc}$.

再考虑到 $v + w = c$ 和 $x = \dfrac{b}{2}$, 便可得到

$$\frac{xb}{c} + \frac{cx}{b} + \frac{xa^2}{bc} = c \implies xb + \frac{x}{b}c^2 + \frac{x}{b}a^2 = c^2$$

$$\implies \frac{b^2}{2} + \frac{c^2}{2} + \frac{a^2}{2} = c^2 \implies a^2 + b^2 = c^2. \qquad \square$$

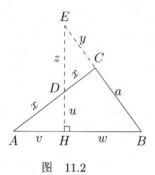

图 11.2

表 11.2

	a	b	c
$\triangle ABC$	a	b	c
$\triangle ADH$	u	v	x
$\triangle EDC$	x	y	z
$\triangle EBH$	w	$u+z$	$a+y$

证法 231 如图 11.3 所示, 在 AC 上任取一点 D, 设 $CD = x$, 则易知

$$u = \frac{a(b-x)}{c}, z = \frac{cx}{a}, v = \frac{b(b-x)}{c}, w = \frac{a(u+z)}{b}.$$

将其代入 $v + w = c$ 中, 可得

$$\frac{b(b-x)}{c} + \frac{a}{b}(u+z) = c.$$

故
$$bc^2 = b^2(b-x) + ac(u+z)$$
$$= b^2(b-x) + acu + acz$$
$$= b^2(b-x) + a^2(b-x) + c^2 x.$$

即 $(a^2 + b^2)(b-x) = c^2(b-x)$, 立得 $a^2 + b^2 = c^2$. $\qquad \square$

前面的三个证法是作垂线对斜边分段, 下面的证法 232 则是用角分线得到斜边的分界点.

证法 232 如图 11.4 所示, 作直角 C 的平分线交 AB 于 H 点, 由向量知识可知

$$\overrightarrow{CH} = \frac{b \cdot \overrightarrow{CB} + a \cdot \overrightarrow{CA}}{a + b}. \tag{11.3}$$

设 $CH = h$, 注意到 $\overrightarrow{CB} \cdot \overrightarrow{CA} = 0$, 将式 (11.3) 两边平方, 有 $h^2 = \dfrac{2a^2b^2}{(a+b)^2}$. 故 $h = \sqrt{2}\dfrac{ab}{a+b}$. 再由余弦定理可得

$$x^2 = b^2 + h^2 - 2bh \cdot \cos \angle 2 = b^2 + \frac{2a^2b^2}{(a+b)^2} - 2b \cdot \frac{\sqrt{2}ab}{a+b} \cdot \frac{\sqrt{2}}{2}$$

$$= \frac{b^2(a+b)^2 + 2a^2b^2}{(a+b)^2} - \frac{2ab^2(a+b)}{(a+b)^2} = \frac{b^2(a^2+b^2)}{(a+b)^2}.$$

故 $x = \dfrac{b}{a+b}\sqrt{a^2+b^2}$. 同理可证 $y = \dfrac{a}{a+b}\sqrt{a^2+b^2}$. 将它们代入 $x+y = c$, 立得 $c = \sqrt{a^2+b^2} \implies c^2 = a^2+b^2$. □

如果我们对斜边的垂线采用长度法, 效果又如何呢? 作者结合这个疑问去思考和探索, 得到了下面的证法 233 和证法 234.

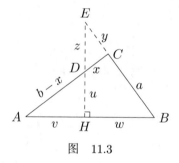

图 11.3

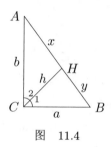

图 11.4

证法 233 如图 11.5 所示, CH 为斜边的高, 过 A 作 AC 的垂线交 HC 的延长线于 D 点. 由 $\text{Rt}\triangle DCA \sim \text{Rt}\triangle ABC$ 可得 $AD = \dfrac{b^2}{a}, CD = \dfrac{bc}{a}$. 再由 $\text{Rt}\triangle DAH \sim \text{Rt}\triangle ABC$ 可得 $DH = \dfrac{b^3}{ac}$. 再考虑到 $CD = CH + DH$, 立得

$$\frac{bc}{a} = \frac{ab}{c} + \frac{b^3}{ac} \implies c^2 = a^2 + b^2. \qquad \square$$

证法 234 如图 11.6 所示, 作 $CD \perp AB, AD \perp AC$. 又作 $FE \parallel AB$. 易知 $DG = CH = \dfrac{ab}{c}$. 以及 $AD = \dfrac{b^2}{a}, CD = \dfrac{bc}{a}$. 于是 $AE = \dfrac{b^2}{a} - a$. 故

$GH = LE = \dfrac{b}{c} \cdot AE = \dfrac{b(b^2 - a^2)}{ac}$. 考虑到 $CD = DG + CH + GH$, 有

$$\frac{bc}{a} = \frac{2ab}{c} + \frac{b(b^2 - a^2)}{ac}.$$

即 $c^2 = 2a^2 + b^2 - a^2 = a^2 + b^2$. □

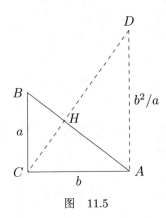

图 11.5

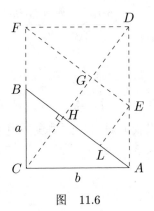

图 11.6

下面的证法 235 的价值在于构造了一个辅助圆对斜边进行分段, 将辅助圆和长度法很好地结合了起来.

证法 235 如图 11.7 所示, 作内正方形 $BCDE$, 再以 E 为圆心, a 为半径作圆, 交斜边 AB 于点 H. 易知 $FH \perp AB$. 故有

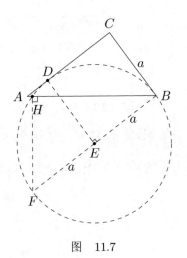

因为　　　　$\triangle ABC \sim \triangle BFH$,

所以　　　　$BH : BF = AC : AB$.

所以　　　　$BH = \dfrac{2ab}{c}$.　　　　　　(11.4)

又因为　　　$AD^2 = AH \cdot AB$,

所以　　　　$AH = \dfrac{(b-a)^2}{c}$.　　　　(11.5)

图 11.7

由式 (11.4)、式 (11.5) 及 $AH + HB = AB$ 立得

$$\frac{(b-a)^2}{c} + \frac{2ab}{c} = c \implies a^2 + b^2 = c^2.$$

□

下面的证法 236 和证法 237 的独特之处在于将原三角形进行放大, 然后进行拼接, 对放大后的斜边采用长度法, 直接得到勾股定理.

证法 236　如图 11.8 所示,$\triangle BCE$、$\triangle ACD$、$\triangle ABC$ 分别由原直角三角形三边同时扩大 a 倍、b 倍、c 倍得到. 再把它们拼成矩形 $ABED$, 由 $AB = DE$ 得 $c^2 = a^2 + b^2$.　　　　　　　　　　　　　　　　□

证法 237　如图 11.9 所示, 将原直角三角形分别扩大 a 倍和 b 倍, 可得 $\text{Rt}\triangle BCH$ 和 $\text{Rt}\triangle ACH$. 然后把它们拼成新的直角三角形 ABC. 由于 AC 和 BC 都是原来的 c 倍, 故 AB 也一定是原来的 c 倍. 于是立得 $a^2 + b^2 = c^2$.　　□

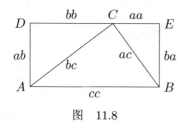

图　11.8

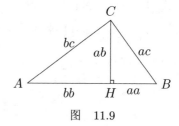

图　11.9

现在我们对直角边采用长度法, 可以得到证法 238 和证法 239.

证法 238　如图 11.10(a) 所示, 设 M_0 为 C 在 AB 上的垂足,N_0 为 M_0 在 AC 上的垂足, M_1 为 N_0 在 AB 上的垂足. 然后不断重复类似的过程, 即对每个 $M_i(i = 0, 1, 2, \cdots)$, 其在 AC 上的垂足为点 N_i. 而对每个 $N_i(i = 0, 1, 2, \cdots)$, 其在 AB 上的垂足为点 M_{i+1}. 现在我们就得到了一系列的相似三角形:

$$\text{Rt}\triangle ABC \sim \text{Rt}\triangle CBM_0 \sim \text{Rt}\triangle M_0CN_0$$

$$\sim \text{Rt}\triangle N_0M_0M_1 \sim \text{Rt}\triangle M_1N_0N_1 \sim \cdots$$

$$\sim \text{Rt}\triangle N_iM_iM_{i+1} \sim \text{Rt}\triangle M_{i+1}N_iN_{i+1} \sim \cdots$$

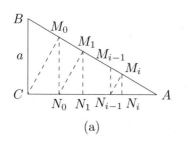

(a)

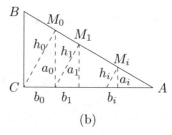

(b)

图　11.10

现在设 $h_0 = CM_0 = \dfrac{ab}{c}$, $b_0 = CN_0 = \dfrac{a}{c}h_0 = \dfrac{a^2b}{c^2}$. 然后对 $i = 0, 1, 2, \cdots$, 规定

$$h_{i+1} = |N_iM_{i+1}|, b_{i+1} = |N_iN_{i+1}|, a_i = |M_iN_i|.$$

按上述方式对线段进行编号之后, 得到图 11.10(b). 易知

$$a_i : h_{i+1} = c : b \implies a_i = \frac{c}{b}h_{i+1}, \tag{11.6}$$

$$a_{i+1} : h_{i+1} = b : c \implies a_{i+1} = \frac{b}{c}h_{i+1}. \tag{11.7}$$

由式 (11.6)、式 (11.7) 立得 $a_{i+1} : a_i = b^2 : c^2$. 又 $b_{i+1} : a_{i+1} = b_i : a_i$, 故 $b_{i+1} : b_i = a_{i+1} : a_i$. 所以数列 $b_0, b_1, b_2, \cdots$ 为等比数列, 公比 $q = \dfrac{b^2}{c^2}$. 根据等比数列的求和公式可知

$$b = \sum_{i=0}^{\infty} b_i = b_0 \frac{1-q^k}{1-q}, k \to \infty.$$

由于 $q < 1$, 故当 $k \to \infty$ 时, $q^k \to 0$. 于是可得

$$b = \frac{b_0}{1-q} = \frac{a^2b}{c^2} \cdot \frac{c^2}{c^2-b^2}. \tag{11.8}$$

由式 (11.8) 立得 $\dfrac{a^2}{c^2-b^2} = 1 \implies c^2 = a^2 + b^2$. $\qquad\square$

证法 239 如图 11.11(a) 所示, 设 $\angle BAC = \alpha$. 在 AB 延长线截取一点 D, 使 $\angle DAB = \alpha$. 然后过点 B 作 AB 的垂线, 交 AD 于 N_1 点, 再过 N_1 作 BN_1 的垂线, 交 BD 于 M_1 点. 然后对每个 $M_i(i = 1, 2, 3, \cdots)$ 作 M_iN_i 的垂线, 交 AD 于点 N_{i+1}. 对每个 $N_j(j = 2, 3, 4, \cdots)$ 作 N_jM_{j-1} 的垂线, 交 BD 于点 M_j. 现在我们就得到了一系列的相似三角形:

$$\mathrm{Rt}\triangle ABC \sim \mathrm{Rt}\triangle AN_1B \sim \mathrm{Rt}\triangle BM_1N_1$$

$$\sim \mathrm{Rt}\triangle N_1N_2M_2 \sim \mathrm{Rt}\triangle M_1M_2N_2 \sim \cdots$$

$$\sim \mathrm{Rt}\triangle N_iN_{i+1}M_i \sim \mathrm{Rt}\triangle M_iM_{i+1}N_{i+1} \sim \cdots$$

现在使点 N_0 和 A 重合, 点 M_0 和点 B 重合, 然后对 $i = 0, 1, 2, \cdots$, 设

$$x_i = |M_iN_{i+1}|, y_i = |M_iN_i|, m_i = |M_iM_{i+1}|, n_i = |N_iN_{i+1}|$$

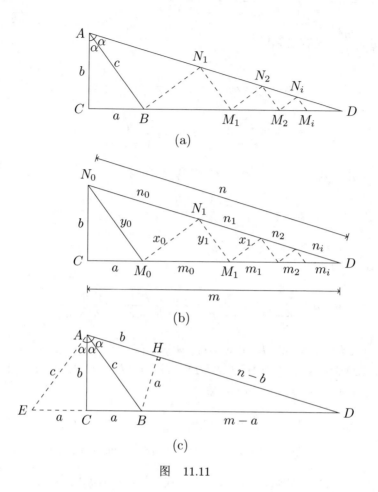

图 11.11

如图 11.11(b) 所示, 显然有 $y_i : x_i = b : a = x_i : y_{i+1}$, 故有

$$y_i = \frac{b}{a}x_i, \ y_{i+1} = \frac{a}{b}x_i,$$

$$x_i = \frac{a}{b}y_i, \ x_{i+1} = \frac{a}{b}y_{i+1} = \frac{a^2}{b^2}x_i.$$

于是有 $x_{i+1} : x_i = \dfrac{a^2}{b^2}$. 再根据相似比的性质可知

$$m_{i+1} : m_i = x_{i+1} : x_i = a^2 : b^2, \quad i = 0, 1, 2, \cdots$$

$$n_{i+1} : n_i = x_{i+1} : x_i = a^2 : b^2, \quad i = 0, 1, 2, \cdots$$

由此可知, 无穷序列 $m_0, m_1, m_2, \cdots$ 和 $n_0, n_1, n_2, \cdots$ 都是等比数列, 且公

比都为 $q = \dfrac{a^2}{b^2}$. 又容易算出

$$n_0 = \frac{c}{b}y_0 = \frac{c^2}{b}, x_0 = \frac{a}{b}y_0 = \frac{ac}{b}, m_0 = \frac{c}{b}x_0 = \frac{ac^2}{b^2}.$$

$$m = a + \sum_{i=0}^{\infty} m_i = a + m_0 \frac{1 - q^k}{1 - q}, k \to \infty.$$

由于 $|q| < 1$, 故当 $k \to \infty$ 时,$q^k \to 0$. 从而有

$$m = a + \frac{m_0}{1 - \dfrac{a^2}{b^2}} = a + \frac{ac^2}{b^2} \cdot \frac{b^2}{b^2 - a^2} = \frac{a(b^2 - a^2 + c^2)}{b^2 - a^2}. \tag{11.9}$$

类似地, 可以求出

$$n = \sum_{i=0}^{\infty} n_i = \frac{n_0}{1 - q} = \frac{c^2}{b} \cdot \frac{b^2}{b^2 - a^2} = \frac{bc^2}{b^2 - a^2}. \tag{11.10}$$

现在设 H 为 B 在 AD 上的垂足, 如图 11.11(c) 所示, 容易知道 $BH = a$ 以及 $\text{Rt}\triangle DBH \sim \text{Rt}\triangle DAC$, 故 $DB : DA = DH : DC = BH : AC$, 即 $(m - a) : n = (n - b) : m = a : b$, 故

$$(m - a) : n = a : b \implies an = bm - ab, \tag{11.11}$$

$$(n - b) : m = a : b \implies am = bn - b^2. \tag{11.12}$$

将 m、n 看成未知数, 对式 (11.11)、式 (11.12) 联立求解可得

$$m = \frac{2ab^2}{b^2 - a^2}, \quad n = \frac{b(a^2 + b^2)}{b^2 - a^2}. \tag{11.13}$$

将式 (11.13) 代入式 (11.9) 或式 (11.10), 均可得到 $c^2 = a^2 + b^2$. $\qquad\square$

John Molokach 得到证法 239 之后, 在其基础上继续深入研究, 又发现了一个新的证法, 即证法 240.

证法 240 首先由图 11.11(a) 可知

$$\sin 2\alpha = CD : AD = m : n = \frac{a(b^2 - a^2 + c^2)}{bc^2}. \tag{11.14}$$

另一方面, 在图 11.11(c) 中, 对 $\triangle ABE$ 使用面积公式, 得

$$ab = \frac{1}{2}c^2 \sin 2\alpha \implies \sin 2\alpha = \frac{2ab}{c^2}. \tag{11.15}$$

由式 (11.14)、式 (11.15) 立得 $2b^2 = b^2 - a^2 + c^2 \implies c^2 = a^2 + b^2$. □

作者在整理拼摆法的资料时, 受证法 132 和证法 117 的启发, 得到了下面的证法 241 ~ 证法 244, 从中体会到了一图多证的乐趣.

证法 241 辅助线作法同图 6.30, 在证法 132 中已证得 $BF = \dfrac{a(a+b)}{c}$, 再从 $\mathrm{Rt}\triangle ADH \sim \mathrm{Rt}\triangle EDC$ 可知 $AH = \dfrac{b(b-a)}{c}$, 而 $AH + HB = AB = c$, 于是立得

$$\frac{a(a+b)}{c} + \frac{b(b-a)}{c} = c \implies a^2 + b^2 = c^2.$$ □

证法 242 辅助线作法同图 6.30, 由 $\triangle ADH \sim \triangle EDC$ 可知 $DH = \dfrac{a(b-a)}{c}$, 再从 $\mathrm{Rt}\triangle EBH \sim \mathrm{Rt}\triangle ABC$ 可知 $EH = \dfrac{b(b+a)}{c}$, 从 $DH + ED = EH$ 立得

$$\frac{a(b-a)}{c} + c = \frac{b(b+a)}{c} \implies a^2 + b^2 = c^2.$$ □

证法 243 辅助线作法同图 6.29, 由 $\mathrm{Rt}\triangle DEC \sim \mathrm{Rt}\triangle ABC$ 可知 $DE = \dfrac{c(c-a)}{b}$, 再从 $\mathrm{Rt}\triangle AEH \sim \mathrm{Rt}\triangle ABC$ 可知 $EH = \dfrac{a(c-a)}{b}$, 而 $DE + EH = DH = b$, 于是立得

$$\frac{c(c-a)}{b} + \frac{a(c-a)}{b} = b \implies a^2 + b^2 = c^2.$$ □

证法 244 辅助线作法同图 6.18, 易知 $HE = AE \cdot \dfrac{a}{c} = \dfrac{a^2}{b}$. 将其代入到从 $DE + EH = DE$ 立得

$$b + \frac{a^2}{b} = \frac{c^2}{b} \implies a^2 + b^2 = c^2.$$ □

第 12 章

方 程 法

方程法的主要特点是将得到的代数等式看作方程, 即是将等式中的一些量看作已知量, 将另一些量看作未知量. 然后解这个方程, 将未知量变成含有已知量的表达式, 再将得到的表达式代入欲证等式两边进行代数计算, 即可得到欲证结论.

下面我们按照已知量的个数由少到多的顺序介绍各个证法.

(1) 证法 245 和证法 246 将三边都看作未知量, 再将它们用参数 h 和 x 表达出来.

证法 245   如图 10.1 所示, 由射影定理可得三个等式:

① $ac - ax = bh$; ② $ah = bx$; ③ $h^2 = x(c - x)$.

现在把 a, b, c 看作未知数, h, x 看作已知数. 则上述三式构成了一个三元一次方程组, 容易验证这个方程组的解为

$$a = \sqrt{h^2 + x^2}, b = \sqrt{h^2 + \left(\frac{h^2}{x}\right)^2}, c = \frac{h^2}{x} + x.$$

于是有
$$a^2 + b^2 = h^2 + x^2 + h^2 + \left(\frac{h^2}{x}\right)^2 = \left(\frac{h^2}{x}\right)^2 + 2h^2 + x^2$$

$$= \left(\frac{h^2}{x}\right)^2 + 2\frac{h^2}{x} \cdot x + x^2 = \left(\frac{h^2}{x} + x\right)^2 = c^2. \qquad \Box$$

证法 246   如图 10.2 所示, 由射影定理可得三个等式: ① $ah = bx$; ② $bh = ca$; ③ $ch = a(b + x)$. 现在将 a, b, c 看作未知数, h, x 看作已知数, 则上述三式构

成了一个三元方程组, 容易验证其解为

$$a = \sqrt{h^2 - x^2}, b = \frac{h^2 - x^2}{x}, c = \frac{h\sqrt{(h^2 - x^2)}}{x}.$$

立得 $a^2 + b^2 = h^2 - x^2 + \dfrac{(h^2 - x^2)^2}{x^2} = \dfrac{h^2(h^2 - x^2)}{x^2} = c^2.$ □

(2) 证法 247 ~ 证法 250 中的已知边都是直角边 a, 然后将另一直角边 b 和斜边 c 都转化为含 a 的表达式.

证法 247 如图 10.1 所示, 由射影定理可知

因为 $\qquad\qquad h^2 = x(c - x) = cx - x^2, a^2 = cx,$

所以 $\qquad\qquad c^2 = \dfrac{a^4}{x^2}, x^2 + h^2 = a^2.$ (12.1)

又因为 $\qquad ab = hc \implies b^2 = c^2 \dfrac{h^2}{a^2} = \dfrac{a^4}{x^2} \cdot \dfrac{h^2}{a^2} = \dfrac{a^2 h^2}{x^2},$

所以 $\qquad a^2 + b^2 = a^2 + \dfrac{a^2 h^2}{x^2} = \dfrac{a^2}{x^2}(x^2 + h^2) = \dfrac{a^2}{x^2}a^2 = \dfrac{a^4}{x^2}.$ (12.2)

由式 (12.1)、式 (12.2) 即得 $a^2 + b^2 = c^2.$ □

证法 248 如图 10.2, 由射影定理可得: ① $ah = cx$; ② $h^2 = x(b + x)$; ③ $ch = a(b + x)$. 现在将 b, c, x 看作未知数, a, h 看作已知数, 则上述三式构成了一个三元方程组, 对其求解可得

$$b = \frac{a^2}{\sqrt{h^2 - a^2}}, c = \frac{ah}{\sqrt{h^2 - a^2}}.$$

由此立得 $\quad a^2 + b^2 = a^2 + \dfrac{a^4}{h^2 - a^2} = \dfrac{a^2(h^2 - a^2) + a^4}{h^2 - a^2} = \dfrac{a^2 h^2}{h^2 - a^2} = c^2.$ □

证法 249 如图 10.3 所示, 在证法 218 中已知 $bh = a(c - a)$, $c(c - a) = b(b - h)$, 现在将 b, c 看作未知数, a, h 看作已知数, 则可解得

$$b = \frac{2a^2 h}{a^2 - h^2}, \quad c = \frac{a^3 + ah^2}{a^2 - h^2}.$$

于是可得

$$a^2 + b^2 = a^2 + \left(\frac{2a^2 h}{a^2 - h^2}\right)^2 = \frac{a^2(a^2 - h^2)^2 + 4a^4 h^2}{(a^2 - h^2)^2}$$

$$= \frac{a^2(a^4 - 2a^4h^2 + h^4) + 4a^4h^2}{(a^2 - h^2)^2} = \frac{a^6 + 2a^4h^2 + a^2h^4}{(a^2 - h^2)^2}$$

$$= \left(\frac{a^3 + ah^2}{a^2 - h^2} \right)^2 = c^2.$$

证法 250　如图 10.4 所示, 由证法 219 可知 $bh = a(c + a), c(c + a) = b(b + h)$, 现在将 a, h 看作已知数, b, c 看作未知数, 则可解得

$$b = \frac{2a^2h}{h^2 - a^2}, c = \frac{a^3 + ah^2}{h^2 - a^2}.$$

于是可得

$$a^2 + b^2 = a^2 + \left(\frac{2a^2h}{h^2 - a^2} \right)^2 = \frac{a^2(h^2 - a^2)^2 + 4a^4h^2}{(h^2 - a^2)^2}$$

$$= \frac{a^2(a^4 - 2a^4h^2 + h^4) + 4a^4h^2}{(h^2 - a^2)^2} = \frac{a^6 + 2a^4h^2 + a^2h^4}{(h^2 - a^2)^2}$$

$$= \left(\frac{a^3 + ah^2}{h^2 - a^2} \right)^2 = c^2. \qquad \square$$

(3) 证法 251 的特点是将一条直角边 b 表示成另外两边的代数式. 而证法 252 则将斜边看成了未知量.

证法 251　如图 10.2 所示, 由射影定理有: ① $ah = cx$; ② $ch = a(b + x)$. 将 a, c, h 看作已知数, b, x 看作未知量, 则可得 $b = \dfrac{h(c^2 - a^2)}{ac}$. 再考虑到 $ac = bh$, 便有

$$b = \frac{h(c^2 - a^2)}{bh} \implies b^2 = c^2 - a^2 \implies a^2 + b^2 = c^2. \qquad \square$$

证法 252　如图 10.1 所示, 由射影定理有 $c(c - y) = a^2$. 将其看作是关于 c 的一元二次方程, 再考虑到 $y < c$, 可以解得

$$c = \frac{y + \sqrt{y^2 + 4a^2}}{2}.$$

又由 $yc = b^2$ 知 $y = \dfrac{b^2}{c}$, 于是可得

$$2c = \frac{b^2}{c} + \sqrt{\frac{b^4}{c^2} + 4a^2} \implies 2c^2 = b^2 + \sqrt{b^4 + 4a^2c^2}$$

$$\implies b^4 + 4a^2c^2 = (2c^2 - b^2)^2 = 4c^4 - 4b^2c^2 + b^4$$

$$\implies 4a^2 = 4c^2 - 4b^2 \implies c^2 = a^2 + b^2. \qquad \square$$

(4) 证法 253～证法 259 的思路引入新的未知量 h、y, 然后将它们表示成含有 a、b、c 的式子.

证法 253 如图 10.1 所示, 由 $ch = ab$ 得 $h = \dfrac{ab}{c}$, 由 $b^2 = cy$ 得 $y = \dfrac{b^2}{c}$, 再考虑到 $h^2 = xy = (c - y)y$, 就有

$$\frac{a^2 b^2}{c^2} = \frac{b^2}{c}\left(c - \frac{b^2}{c}\right) \implies \frac{a^2}{c} = c - \frac{b^2}{c} \implies a^2 = c^2 - b^2.$$

于是立得 $c^2 = a^2 + b^2$. □

证法 254 如图 10.1 所示, 由射影定理, 将 $h = \dfrac{ab}{c}, y = \dfrac{b^2}{c}$ 代入到 $ah = bx = b(c - y)$ 中, 就有

$$a \cdot \frac{ab}{c} = b\left(c - \frac{b^2}{c}\right) \implies a^2 = c^2 - b^2 \implies c^2 = a^2 + b^2. \quad \square$$

证法 255 如图 10.1 所示, 将 $y = \dfrac{b^2}{c}$ 代入 $a^2 = cx = c(c - y)$ 中, 有

$$a^2 = c\left(c - \frac{b^2}{c}\right) = c^2 - b^2. \implies c^2 = a^2 + b^2. \quad \square$$

证法 256 如图 10.1 所示, 由 $ah = b(c - y)$, 得 $a^2 h^2 = b^2(c - y)^2$. 而 $h^2 = y(c - y)$. 故有

$$a^2 y(c - y) = b^2(c - y)^2 \implies a^2 y = b^2(c - y).$$

又知 $y = \dfrac{b^2}{c}$, 将其代入上式, 可得

$$a^2 \frac{b^2}{c} = b^2\left(c - \frac{b^2}{c}\right) \implies a^2 = c^2 - b^2 \implies c^2 = a^2 + b^2. \quad \square$$

证法 257 如图 10.1 所示, 由射影定理可知

$$a^2 = c(c - y) = c^2 - cy \implies y = \frac{c^2 - a^2}{c}, \tag{12.3}$$

$$ah = by \implies h = \frac{a}{b}y = \frac{a(c^2 - a^2)}{bc}. \tag{12.4}$$

将式 (12.3)、式 (12.4) 代入 $ah = b(c - y)$, 可得

$$\frac{a^2(c^2 - a^2)}{bc} = b\left(c - \frac{c^2 - a^2}{c}\right) = b\frac{a^2}{c} \implies c^2 - a^2 = b^2. \tag{12.5}$$

由式 (12.5) 立得 $a^2 + b^2 = c^2$. $\qquad\qquad\qquad\qquad\qquad\qquad\qquad\qquad\square$

证法 258　如图 10.1 所示, 由射影定理可知

$$a^2 = c(c - y) = c^2 - cy \implies y = \frac{c^2 - a^2}{c}, ch = ab \implies h = \frac{ab}{c}.$$

将它们代入 $h^2 = y(c - y)$, 可得

$$\frac{a^2b^2}{c^2} = \frac{c^2 - a^2}{c}\left(c - \frac{c^2 - a^2}{c}\right) = \frac{a^2(c^2 - a^2)}{c^2} \implies b^2 = c^2 - a^2.$$

于是立得 $c^2 = a^2 + b^2$. $\qquad\qquad\qquad\qquad\qquad\qquad\qquad\qquad\square$

证法 259　如图 10.1 所示, 由射影定理有 $h^2 = y(c - y)$. 将其看作是关于 y 的一元二次方程, 再考虑到 $y < c$, 可以解得

$$y = \frac{c - \sqrt{c^2 - 4h^2}}{2},\ \text{又知}\ bh = ay\ \text{及}\ h = \frac{ab}{c},\ \text{于是可得}$$

$$\frac{ab^2}{c} = \frac{a(c - \sqrt{c^2 - 4h^2})}{2} \implies 2b^2 = c(c - \sqrt{c^2 - 4h^2})$$

$$\implies \left(c - \frac{2b^2}{c}\right)^2 = c^2 - 4h^2 \implies c^2 - 4b^2 + \frac{4b^4}{c^2} = c^2 - 4\frac{a^2b^2}{c^2}$$

$$\implies b^2 = \frac{a^2b^2}{c^2} + \frac{b^4}{c^2} \implies c^2 = a^2 + b^2. \qquad\qquad\qquad\square$

第 **13** 章

平方差法

本章介绍用平方差公式证明勾股定理的过程. 它的理论基础是下面的定理 13.1.

定理 13.1

$$c^2 = a^2 + b^2 \Leftrightarrow a^2 = c^2 - b^2 = (c-b)(c+b)$$

$$\Leftrightarrow (c-b) : a = a : (c+b).$$

根据定理 13.1, 我们只要构造两个三角形, 使其中的一个三角形的两条边长为 $a, c-b$, 另一个三角形的对应两条边为 $c+b$、a, 然后证明这两个三角形相似即可. 证法 260 就是一个典型的例子.

证法 260 如图 13.1 所示, 以 A 为圆心, AC 为半径作半圆, 分别交 AB 及其延长线于 D、E 两点, 连接 CD, 由弦切角定理可知 $\angle BCD = \angle CEA$, 再考虑到 $\angle B$ 是公共角, 可得

$$\triangle ECB \sim \triangle CDB \implies EB : CB = CB : DB$$

$$\implies (c+b) : a = a : (c-b) \implies a^2 + b^2 = c^2. \qquad \square$$

在证法 260 中, 为了构造形如 $x+y$、$x-y$ 的两条线段, 步骤是先作长度为 x 的线段, 然后以 y 为半径作圆, 再求出它和线段 x 及其延长的交点. 与之相对应的, 另一种构造思路是先作长度为 y 的线段, 然后以 x 为半径作圆, 再求出圆和直线的交点, 同样可以达到目的. 这就是证法 261 的辅助线作法.

证法 261 如图 13.2 所示, 以 B 为圆心, AB 为半径作圆, 交 BC 所在直

线于 D、E 两点. 则显然有 $\angle DAE = 90°$. 根据射影定理有

$$AC^2 = CD \cdot CE \implies b^2 = (c-a)(c+a)$$

$$\implies c^2 = a^2 + b^2. \qquad \square$$

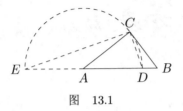

图 13.1

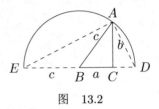

图 13.2

下面再介绍几个构造辅助圆以便使用定理 13.1 的例子. 即证法 $262 \sim$ 证法 269.

证法 262 如图 13.3 所示, 以 B 为圆心, AB 为半径作圆, 交两直角边的延长线于 D、E、F 三点, 由 $EF \perp AD$ 可知 $AC = CD$.

又根据相交弦定理有

因为 $AC \cdot CD = CE \cdot CF$, 所以 $b^2 = (c-a)(c+a)$.

所以 $a^2 + b^2 = c^2$. $\qquad \square$

证法 263 如图 13.4 所示, 圆 B 的半径为 c, 显然 $\angle ADE = 90°$. 又因为 $BD = AB$, $\angle B$ 为公共角, 所以 $\text{Rt}\triangle DBH \cong \text{Rt}\triangle ABC$.

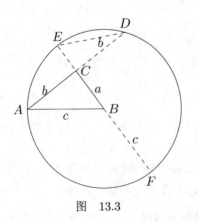

图 13.3

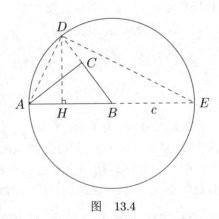

图 13.4

所以 $DH = AC, BH = BC$.

又因为 $DH^2 = AH \cdot HE$, 所以 $b^2 = (c-a)(c+a)$. 所以 $a^2 + b^2 = c^2$. □

证法 264 如图 13.5 所示, 以 B 为圆心, BC 为半径作圆, 交 AB 所在直线于 D、E 两点, 由切割线定理有

$$AC \cdot AC = AE \cdot AD \implies b^2 = (c-a)(c+a)$$
$$\implies a^2 + b^2 = c^2.$$ □

证法 265 如图 13.6 所示, 以 C 为圆心, a 为半径作圆, 交 AC 所在直线于 D、F 两点, 交 AB 于 E 点. 由割线定理知

$$AF \cdot AD = AE \cdot AB.$$

即 $(b+a)(b-a) = c(c - 2 \cdot BH)$. 又知 $BH = \dfrac{a^2}{c}$. 故 $b^2 - a^2 = c^2 - 2a^2 \implies c^2 = a^2 + b^2$. □

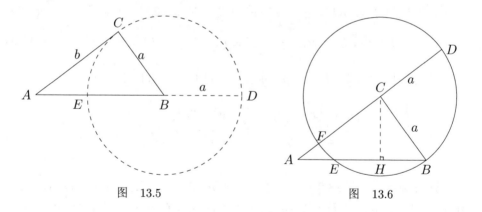

图 13.5　　　　　　　　　图 13.6

证法 266 如图 13.7 所示, 以 C 为圆心, b 为半径作圆. 由相交弦定理

$$BF \cdot BD = BH \cdot AB.$$

即 $$(b+a)(b-a) = c \cdot BH. \tag{13.1}$$

而 $BH = AH - AB = AH - c$. 由 $\mathrm{Rt}\triangle ABC \sim \mathrm{Rt}\triangle AEH$ 可得 $AH = \dfrac{2b^2}{c}$. 将其代入 (13.1) 有 $b^2 - a^2 = 2b^2 - c^2$, 立得 $c^2 = a^2 + b^2$. □

证法 267 如图 13.8 所示, 作斜边的高 CH. 然后以 C 为圆心, $h = CH$ 为半径作圆. 该圆交 BC 所在直线于 E、G 两点, 交 AC 所在直线于 D、F 两点.

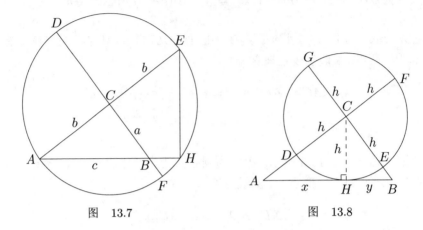

图 13.7   图 13.8

由于 $CH \perp AB$, 所以直线 AB 和该圆在 H 点相切. 再由切割线定理可知

$$AH^2 = AD \cdot AF \implies x^2 = (b-h)(b+h) = b^2 - h^2, \tag{13.2}$$

$$BH^2 = BE \cdot BG \implies y^2 = (a-h)(a+h) = a^2 - h^2. \tag{13.3}$$

又根据射影定理有 $h^2 = xy$. 再结合式 (13.2)、式 (13.3) 立得

$$c^2 = (x+y)^2 = x^2 + y^2 + 2xh$$
$$= b^2 - h^2 + a^2 - h^2 + 2h^2 = a^2 + b^2. \qquad \Box$$

证法 268 如图 13.9 所示, 将 Rt$\triangle ABC$ 的各边都延长 1 倍. 以 AB 为直径作圆 O. 又作直径 $DF \perp BC$, 则交点 H 为 BC 中点. 设 E 为 AC 中点, 则 $OE \perp AC$, 故 $OH = CE = b$. 由相交弦定理有 $FH \cdot DH = HC \cdot HB$, 即 $(c+b)(c-b) = a^2$, 故 $a^2 + b^2 = c^2$. $\qquad \Box$

证法 269 如图 13.10 所示, 分别以 b 和 c 为半径, 作两个同心圆. 设 E 为 CD 的中点. 则 $AE = \dfrac{1}{2}(b+c), CE = \dfrac{1}{2}(c-b)$. 设 $BC = 2r$. 则由射影定理可知

$$BC^2 = CF \cdot CD \implies 4r^2 = (c+b)(c-b). \tag{13.4}$$

于是可知 $b = \sqrt{c^2 - 4r^2}$, $c = \sqrt{b^2 + 4r^2}$.

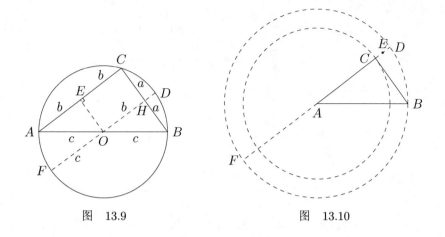

图 13.9　　　　　　　　　　　图 13.10

现在设 $AE = mr$. 则有

$$\frac{c+b}{2} = mr \implies \frac{\sqrt{b^2+4r^2}+b}{2} = mr \implies b^2+4r^2 = (b-2mr)^2$$

$$\implies r = m^2 r - bm \implies b = r\left(m - \frac{1}{m}\right). \tag{13.5}$$

$$\frac{c+b}{2} = mr \implies \frac{\sqrt{c^2-4r^2}+c}{2} = mr \implies c^2-4r^2 = (c-2mr)^2$$

$$\implies r = mc - m^2 r \implies c = r\left(m + \frac{1}{m}\right). \tag{13.6}$$

于是可得　　　$CE = \frac{1}{2}(c-b) = \frac{1}{2}\left[r\left(m+\frac{1}{m}\right) - r\left(m-\frac{1}{m}\right)\right] = \frac{r}{m}.$

从而有　　　$c^2 - b^2 = (c+b)(c-b) = 4\left[\frac{1}{2}(c+b) \cdot \frac{1}{2}(c-b)\right]$

$$= 4AE \cdot CE = 4mr \cdot \frac{r}{m} = 4r^2 = a^2. \qquad \square$$

在证法 269 中可直接从式 (13.4) 得到 $c^2 = a^2 + b^2$. 介绍后面的式 (13.5) 和式 (13.6) 是为了保留证法的历史原貌.

最后给出不构造辅助圆的平方差证法, 即证法 270 和证法 271.

证法 270　如图 13.11 所示, 在 BA 延长线上截取 $AD = AC$, 作 $DE \perp AB$, $DE = BC$. 显然 $\mathrm{Rt}\triangle AED \cong \mathrm{Rt}\triangle ABC$. 故 $AE = c$. 现在在 AB 内取一点 F, 使 $BF = BC$, 再过 D 点作 CF 的平行线交 AE 延长线于 G 点.

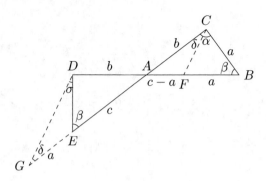

图　13.11

显然 $\alpha = \dfrac{1}{2}(180° - \beta) = 90° - \dfrac{1}{2}\beta$，故 $\delta = 90° - \alpha = \dfrac{1}{2}\beta$. 于是有 $\sigma = \beta - \delta = \dfrac{1}{2}\beta = \delta$，从而 $EG = ED = a$.

又从 $\triangle AGD \sim \triangle ACF$ 可知 $AC : AF = AG : AD$. 也就是 $b : (c - a) = (c + a) : b$，再由定理 13.1 立得 $c^2 = a^2 + b^2$. □

证法 271　如图 13.12 所示，将 $\mathrm{Rt}\triangle ABC$ 向右平移 c 的距离，得到 $\mathrm{Rt}\triangle A'B'C'$. 显然 $ABB'A'$ 为菱形，于是 $AB' \perp BA'$. 故 $\angle 1 = \angle 2$. 知 $\mathrm{Rt}\triangle AB'C \sim \mathrm{Rt}\triangle BA'C'$，得 $B'C : A'C' = AC : BC'$，即 $(c - a) : b = b : (c + a)$，故 $c^2 = a^2 + b^2$. □

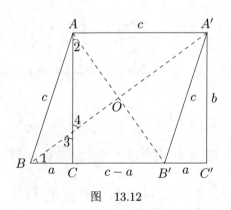

图　13.12

辅助圆法

在平面几何中, 三角形和圆有着密切的联系, 每个三角形都有一个外接圆和一个内切圆. 在第 13 章 "平方差法" 中, 我们已经引入了一些构造辅助圆的例子. 本章继续介绍其他构造辅助圆的证法, 这些证法中用到的主要定理是相交弦定理、切割线定理和割线定理, 统称圆幂定理.

使用切割线定理证明勾股定理的例子见下面的证法 272 ～ 证法 279.

证法 272 如图 14.1 所示, $HC \perp AB$. 以 C 为圆心, $r = CH$ 为半径作圆, 交两直角边所在直线于 D、E、F、G 四点. 由切割线定理

$$AH^2 = AD \cdot AF, BH^2 = BE \cdot BG$$

故
$$x^2 = (b - r)(b + r), \tag{14.1}$$

$$y^2 = (a - r)(a + r). \tag{14.2}$$

式 (14.1)+ 式 (14.2) 即得 $x^2 + y^2 = a^2 + b^2 - 2r^2$, 而 $r^2 = xy$, 故有

$$a^2 + b^2 = x^2 + y^2 + 2xy = (x + y)^2 = c^2. \qquad \square$$

证法 273 如图 14.2 所示, BD 平分 $\angle ABC$. 以 D 为圆心, DH 为半径作圆, 交 AC 于 E 点. 易知

$$\text{Rt}\triangle ADH \sim \text{Rt}\triangle ABC \implies DH : BC = AH : AC$$

$$\implies r : a = (c - a) : b$$

$$\implies br = a(c - a).$$

而由切割线定理可知 $AH^2 = AE \cdot AC$, 于是有

$$(c-a)^2 = (b-2r)b = b^2 - 2rb = b^2 - 2ac + 2a^2$$

$$\implies c^2 - 2ac + a^2 = b^2 - 2ac + 2a^2 \implies c^2 = a^2 + b^2.$$ □

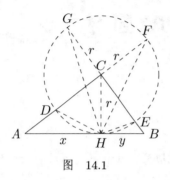

图 14.1

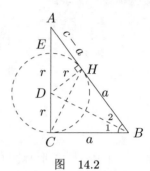

图 14.2

证法 274 如图 14.3 所示, 分别以两直角边为直径作圆, 容易证明这两个圆均与 $\triangle ABC$ 相切于 C 点, 相交于 H 点. 据切割线定理有

$$BC^2 = BH \cdot AB, AC^2 = AH \cdot AB.$$

立得 $BC^2 + AC^2 = AB^2$. □

证法 275 如图 14.4 所示, 分别以两直角顶点为圆心, 两直角边为半径作圆. 根据切割线定理可知.

$$BC^2 = BD \cdot BE \implies a^2 = (c-b)(c+b), \tag{14.3}$$

$$AC^2 = AF \cdot AG \implies b^2 = (c-a)(c+a). \tag{14.4}$$

由式 (14.3)+式 (14.4) 即得 $a^2+b^2 = c^2-b^2+c^2-a^2 \implies a^2+b^2 = c^2$. □

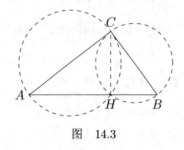

图 14.3

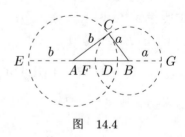

图 14.4

证法 276 辅助圆作法同图 14.4. 由切割线定理知 $BC^2 = BD \cdot BE$, $AC^2 = AF \cdot AG$, 于是可得

$$BC^2 + AC^2 = BD(AB + AE) + AF(AB + BG)$$

$$= AB(BD + AF) + BD \cdot AE + AF \cdot BC$$

$$= AB(BD + AF) + BD \cdot AD + AF \cdot BF. \tag{14.5}$$

而 $\quad BD \cdot AD = BD(BE - AB) = BD \cdot BE - BD \cdot AB = BC^2 - BD \cdot AB$

故 $\quad AF \cdot BF + BD \cdot AD = AF \cdot BF + BC^2 - BD \cdot (AF + BF)$

$$= AF \cdot BF - BD \cdot AF + BF^2 - BD \cdot BF$$

$$= (AF + BF)(BF - BD) = AB \cdot DF. \tag{14.6}$$

将式 (14.6) 代入式 (14.5) 中, 立得

$$BC^2 + AC^2 = AB(BD + AF + DF) = AB^2. \qquad \square$$

证法 277 如图 14.5 所示, 在 BA 上截取 $BD = BC$, 过 D 点作 AB 的垂线交 AC 于 E 点, 由 HL 定理知 Rt$\triangle BED \cong$ Rt$\triangle BEC$. 故 $ED = EC = r$. 再从 $DE : DA = a : b$ 可以求出 $r = \dfrac{a(c-a)}{b}$. 现在以 E 为圆心, r 为半径作半圆, 交 AC 于 F 点, 则由切割线定理可知 $AD^2 = AF \cdot AC$, 于是有

$$(c-a)^2 = b(b - 2r) = b^2 - 2br = b^2 - 2a(c-a)$$

$$\implies c^2 - 2ac + a^2 = b^2 - 2ac + 2a^2 \implies c^2 = a^2 + b^2. \qquad \square$$

证法 278 如图 14.6 所示, CD 平分 $\angle C$, $DE \perp AC$, $DF \perp BC$. 显然 $DE = DF$, 且 $CEDF$ 为正方形. 又作 $DH \perp AB$, 易证 Rt$\triangle DEH \cong$ Rt$\triangle DFB$, 故 $DH = DB$, $BF = EH$. 现在以 D 为圆心, r 为半径作圆, 交 AB 于 G、K 两点, 由切割线定理得

$$AE^2 = AG \cdot AK = (AD - r)(AD + r) = AD^2 - CE^2, \tag{14.7}$$

$$BF^2 = BK \cdot BG = (BD - r)(BD + r) = BD^2 - CF^2. \tag{14.8}$$

式 (14.7) +式 (14.8) 可得

$$AD^2 + BD^2 = AE^2 + CE^2 + BF^2 + CF^2. \tag{14.9}$$

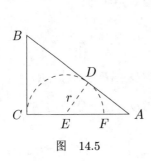

图　14.5

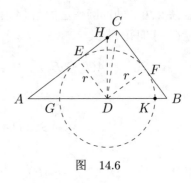

图　14.6

再从 $AD \cdot DH = DE \cdot AH$ 和 $DH = DB, HE = BF$ 可知

$$AD \cdot BD = DE \cdot AE + DE \cdot EH = CE \cdot AE + CF \cdot BF. \tag{14.10}$$

式 $(14.9) + 2 \times$ 式(14.10), 可得

因为
$$AD^2 + BD^2 + 2AD \cdot BD$$
$$= AE^2 + CE^2 + BF^2 + CF^2 + 2CE \cdot AE + 2CF \cdot BF$$

所以
$$(AD + BD)^2 = (AE + CE)^2 + (BF + CF)^2$$

所以
$$AB^2 = AC^2 + BC^2. \qquad \Box$$

证法 278 的巧妙之处在于式 (14.10), 它把一条边的左右线段之积转化成了另外两边的子线段之积的和. 从中可以猜想到如下命题 "在 Rt$\triangle ABC$ 的斜边上取一点 D, 并作 D 在两直角边的垂足 E、F, 如果有关系式

$$AD \cdot BD = CE \cdot AE + CF \cdot AF,$$

则 AD 平分直角 C".

证法 279 如图 14.7 所示, 截取 $BM = BN = BC, AL = AC$. 设

$$x = AD = c - a, z = BL = c - b,$$
$$y = LM = c - x - z = a + b - c.$$

便有 $c = x + y + z, b = x + y, a = y + z$. 从三边分别向外作正方形, 并进行分割. 将各个小矩形块的面积写到其内部. 可以看出

$$a^2 + b^2 - c^2 = y^2 - 2xz. \tag{14.11}$$

若以 B 为圆心,BC 为半径作圆, 则该圆与 AB 交于 M、N 两点, 且和 AC 相切于 C 点, 根据切割线定理可得

$$AC^2 = AM \cdot AN \implies (x+y)^2 = x \cdot (x+2y+2z)$$

$$\implies x^2 + y^2 + 2xy = x^2 + 2xy + 2xz \implies y^2 = 2xz. \tag{14.12}$$

将式 (14.12) 代入式 (14.11) 即得 $a^2 + b^2 = c^2$. □

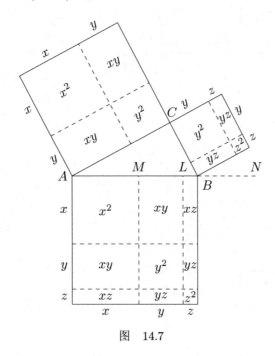

图 14.7

下面的证法 280～ 证法 283 使用了割线定理.

证法 280 如图 14.8 所示, 以 C 为圆心, BC 为半径作圆, 交 AC 所在直线于 D、E 两点, 交 AB 于 F 点, H 为 C 在 AB 上的垂足, 则 $FH = BH$. 由圆幂定理有

$$AE \cdot AD = AF \cdot AB = (AB - 2 \cdot BH)AB$$

$$= AB^2 - 2AB \cdot BH. \tag{14.13}$$

再根据射影定理, 从式 (14.13) 即可得到

$$(b-a)(b+a) = c^2 - 2a^2 \implies a^2 + b^2 = c^2. \qquad □$$

证法 281　如图 14.9 所示, 以 C 为圆心,a 为半径作圆, 交直线 AC 于 D、E 两点, 交 AB 于 F 点,H 为 AB 中点. 由割线定理

因为 $AE \cdot AD = AF \cdot AB$,所以 $AF = \dfrac{b^2 - a^2}{c}$.

因为 $FH \cdot BH = GH \cdot LH$,所以 $FH = \dfrac{2a^2}{c} - \dfrac{c}{2}$.

再考虑到 $AH = AF + FH$ 即得

$$\frac{c}{2} = \frac{b^2 - a^2 + 2a^2}{c} - \frac{c}{2} \implies c^2 = a^2 + b^2. \qquad \square$$

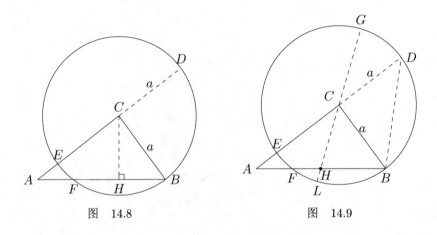

图　14.8　　　　　　图　14.9

证法 282　如图 14.10 所示, 在 AC 上截取 $CF = CB$, 现在以 B 为圆心,BF 为半径作圆, 交 AC、AB 所在直线于 D、E、F、H 四点. 由 $BC \perp DF$ 可知 $DF = 2CF$, 故有 $S_{\triangle FBD} = \dfrac{1}{2}(DF \cdot BC) = \dfrac{1}{2}(2a \cdot a) = a^2$. 设 $BF = z$, 则有 $S_{\triangle FBD} = \dfrac{1}{2}(BF \cdot BD) = \dfrac{1}{2}z^2$. 故 $z^2 = 2a^2$. 再根据割线定理可得

$$AF \cdot AD = AH \cdot AE \implies (b - a)(b + a) = (c - z) \cdot (c + z)$$

$$\implies b^2 - a^2 = c^2 - z^2 = c^2 - 2a^2 \implies a^2 + b^2 = c^2. \qquad \square$$

证法 283　如图 14.11 所示, 以 AB 为直径作圆 O, 延长 CO 交圆于 E 点, 过 E 作 AB 的平行线交两直角边延长线于 D 点和 F 点. 因 $CO = OE$,

$AB \parallel DF$, 故有

$$DE = 2OA = c = 2OB = EF.$$

以及 $BF = BC$, $AD = AC$. 又 DF 交圆 O 于 H 点, 连接 CH, 设 $HE = x$.
由割线定理可知

$$FC \cdot FB = FE \cdot FH \implies 2a^2 = c(c - x), \tag{14.14}$$

$$DC \cdot DA = DE \cdot DH \implies 2b^2 = c(c + x). \tag{14.15}$$

由式 $(14.14) +$ 式 (14.15) 立得 $2a^2 + 2b^2 = 2c^2 \implies a^2 + b^2 = c^2.$ $\square$

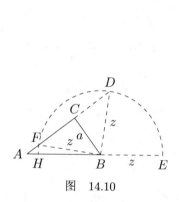

图 14.10

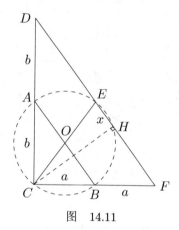

图 14.11

证法 $284 \sim$ 证法 287 的核心是在圆内构造相似三角形.

证法 284 如图 14.12 所示, 点 O 为 AB 的垂直平分线和 BC 延长线的交
点. 现在以 O 圆心, OB 为半径作圆, 分别交两直角边的延长线于 D、E 两点,
则 $BE \perp DE$. 再由 $\angle A = \angle D$ 可得

$$\mathrm{Rt}\triangle ABC \sim \mathrm{Rt}\triangle DBE \implies AB : DB = BC : BE$$

$$\implies AB \cdot BE = BD \cdot BC. \tag{14.16}$$

将 $AB = BE$ 代入式 (14.16), 立得

$$AB^2 = (DC + CB) \cdot BC = DC \cdot BC + BC^2 = AC^2 + BC^2. \quad \square$$

证法 285 如图 14.13 所示, 以 AB 为直径作圆 O. 延长 CO 交圆 O 于 D 点, 易证 $ACBD$ 为矩形. 设 H 为 C 在 AB 上的垂足, 有

因为 Rt$\triangle HBC \sim$ Rt$\triangle ADC$, 所以 $BC \cdot AD = BH \cdot CD$. (14.17)

因为 Rt$\triangle DBC \sim$ Rt$\triangle AHC$, 所以 $AC \cdot BD = AH \cdot CD$. (14.18)

式 (14.17) + 式 (14.18) 即得

$$BC^2 + AC^2 = (AH + BH) \cdot CD = AB \cdot AB = AB^2. \qquad \square$$

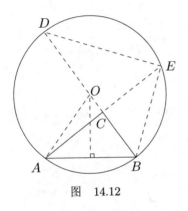

图 14.12

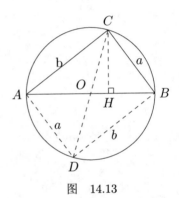

图 14.13

证法 286 如图 14.14 所示, 以 C 为圆心, b 为半径作圆, 交三边所在的直线于 D、E、F、G 四点. 有

$$\text{Rt}\triangle ABC \sim \text{Rt}\triangle AED \implies AC : AD = AB : AE$$

$$\implies \quad AC \cdot AE = AD \cdot AB = (AB + BD) \cdot AB$$

$$= AB^2 + BD \cdot AB = AB^2 + BG \cdot BF$$

$$\implies 2b^2 = c^2 + (b-a) \cdot (b+a) \implies a^2 + b^2 = c^2. \qquad \square$$

证法 287 如图 14.15 所示, 分别以两锐角顶点为圆心, 两直角边为半径作圆. 容易证明 $\angle ACF = \angle BCG = \angle BGC$, 于是有

$$\triangle AFC \sim \triangle ACG \implies AC : AF = AG : AD$$

$$\implies (AC + AF) : (AG + AD) = (AC - AF) : (AG - AD)$$

$$\Longrightarrow (AE + AF) : (AG + AE) = (AD - AF) : (AG - AD)$$

$$\Longrightarrow EF : GE = DF : DG \Longrightarrow GE \cdot DF = EF \cdot DG$$

$$\Longrightarrow (a + b + c)(a + b - c) = (b + c - a)(a + c - b)$$

$$\Longrightarrow (a + b)^2 - c^2 = c^2 - (a - b)^2 \Longrightarrow 2a^2 + 2b^2 = 2c^2$$

$$\Longrightarrow a^2 + b^2 = c^2. \qquad\qquad \square$$

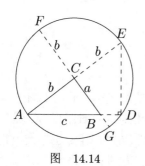

图 14.14

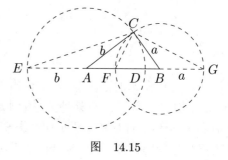

图 14.15

相似转化法

在对几何命题的证明中, 常常会出现如下的场景: 为了某个图形 S 具有性质 P, 先构造一个和 S 有某种关系 (例如和 S 相似) 的新图形 S', 然后证明 S' 具有和 P 类似的性质 P'. 再证明 "若 S' 具有性质 P', 则 S 也一定有性质 P", 从而得到原问题的证明. 这是一种基于转化思想得到的思路.

本章中的证法便是基于上述思路得到. 它们的理论基础是下面的定理 15.1.

定理 15.1(缩放定理) 如图 15.1 所示, 若 $\triangle ABC \sim \triangle A'B'C'$, 则有

$$c^2 = a^2 + b^2 \Leftrightarrow c'^2 = a'^2 + b'^2, \tag{15.1}$$

$$c^2 > a^2 + b^2 \Leftrightarrow c'^2 > a'^2 + b'^2, \tag{15.2}$$

$$c^2 < a^2 + b^2 \Leftrightarrow c'^2 < a'^2 + b'^2. \tag{15.3}$$

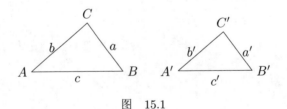

图 15.1

证 设 $\triangle ABC$ 和 $\triangle A'B'C'$ 的相似比为 k, 则 $k > 0$, 且 $c = kc', a = ka', b = kb'$. 于是可得

$$c^2 = a^2 + b^2 \Longleftrightarrow (kc')^2 = (ka')^2 + (kb')^2 \Longleftrightarrow k^2 c'^2 = k^2 a'^2 + k^2 b'^2$$

$$\Longleftrightarrow c'^2 = a'^2 + b'^2.$$

这就证明了定理 15.1 中的结论 (15.1), 同理可证该定理中的结论 (15.2) 和结论 (15.3). 故定理 15.1 成立. □

使用缩放定理证明勾股定理的基本步骤是: ①构造一个和原三角形相似的新三角形; ②证明新三角形也满足勾股定理; ③根据定理 15.1 得到欲证结论. 第 (1) 步一般比较容易实现, 第 (2) 步往往需要和本书中介绍的其他方法相结合才能办到, 它是整个证明过程的核心. 下面给出一些实例.

(1) 本书作者受参考文献 [2] 的启发, 将缩放定理和比例法相结合, 得到了下面的的证法 288 ~ 证法 292.

证法 288 如图 15.2 所示, DE 为 BH 的中位线. 故 $BH = 2y$. 易知

$$\text{Rt}\triangle ABC \sim \text{Rt}\triangle CED \implies AB : CE = BC : ED$$

$$\implies c : \frac{a}{2} = a : y$$

$$\implies a^2 = 2yc$$

$$\implies 4z^2 = 2yc. \tag{15.4}$$

$$\text{Rt}\triangle ACH \sim \text{Rt}\triangle CBH \implies CH : BH = AH : CH$$

$$\implies 2x : 2y = (c - 2y) : 2x$$

$$\implies 4x^2 = 2yc - 4y^2$$

$$\implies 4x^2 + 4y^2 = 2yc. \tag{15.5}$$

由式 (15.4)、式 (15.5) 可得 $4x^2 + 4y^2 = 4z^2 \implies x^2 + y^2 = z^2$.
又知 $\text{Rt}\triangle CED \sim \text{Rt}\triangle ABC$, 由定理 15.1 得 $c^2 = a^2 + b^2$. □

证法 289 如图 15.3 所示, 设 $AH = x, BH = y$, 易知

$$\text{Rt}\triangle AEF \sim \text{Rt}\triangle ACH \implies h = \frac{xu}{v}, b = \frac{xw}{v}.$$

$$\text{Rt}\triangle AEF \sim \text{Rt}\triangle CBH \implies y = \frac{u}{v}h = \frac{u}{v} \cdot \frac{xu}{v} = x\frac{u^2}{v^2}$$

$$\implies c = x + y = x + x\frac{u^2}{v^2} = \frac{x}{v^2}(v^2 + u^2).$$

$$\text{Rt}\triangle AEF \sim \text{Rt}\triangle ABC \implies c = \frac{w}{v}b = \frac{w}{v} \cdot \frac{xw}{v} = \frac{x}{v^2}w^2.$$

故 $v^2 + u^2 = w^2$, 由定理 15.1 即得 $c^2 = a^2 + b^2$. □

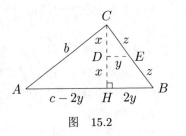

图 15.2

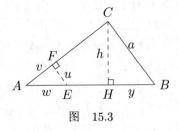

图 15.3

证法 290 如图 15.4 所示, 过 AB 延长线上一点 H 作 $DH \perp AB$ 交 AC 延长线于 D, 再作 AF 平分 $\angle A$ 交 DH 于 F. E 为 F 在 AC 上的投影. 由角分线的性质可知 $FE = FH, AE = AH$. 再由 $\text{Rt}\triangle FDE \sim \text{Rt}\triangle ADH$ 可得

$$FD : AD = DE : DH \implies z : (c + v + x) = x : (z + y)$$
$$\implies z^2 + zy = x(c + v) + x^2$$
$$\implies z^2 - x^2 = x(c + v) - zy. \tag{15.6}$$

$$DE : DH = FE : AH \implies x : (z + y) = y : (c + v)$$
$$\implies x(c + v) = y^2 + zy$$
$$\implies x(c + v) - zy = y^2. \tag{15.7}$$

将式 (15.7) 代入式 (15.6), 便可得到 $z^2 = x^2 + y^2$. 而 $\text{Rt}\triangle FDE \sim \text{Rt}\triangle ABC$, 由定理 15.1 即得 $c^2 = a^2 + b^2$. □

证法 291 如图 15.5 所示, 作 $DE \parallel BC$, $DH \perp AB$. 由射影定理

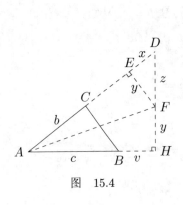

图 15.4

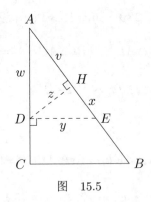

图 15.5

因为 $z^2 = xv, w^2 = v(v+x) = v^2 + vx$. 所以 $w^2 = v^2 + z^2$.

又因为 $\text{Rt}\triangle ADH \sim \text{Rt}\triangle ABC$, 所以 $c^2 = a^2 + b^2$. □

证法 292 如图 15.6 所示, 作 $CH \perp AB, BD \perp AB$. 由射影定理知

$$b^2 = cy = (x+y)y = xy + y^2 = h^2 + y^2.$$

又易知 $\text{Rt}\triangle ACH \sim \text{Rt}\triangle ABC$, 由定理 15.1 立得 $c^2 = a^2 + b^2$. □

下面的证法 293 是一个将拼摆法和缩放法相结合的典范.

证法 293 如图 15.7 所示, 易知

$$AC^2 = S_{ACFG} = 4S_{\triangle AHC} + S_{LMNH}$$

$$= 4 \cdot \frac{AH \cdot CH}{2} + (AH - CH)^2 = AH^2 + CH^2. \tag{15.8}$$

又 $\text{Rt}\triangle ACH \sim \text{Rt}\triangle ABC$, 由式 (15.8) 及定理 15.1 便得

$$a^2 + b^2 = c^2.$$ □

(2) E.Colburn 将缩放定理和化积为方法相结合, 得到了下面的证法 294 和证法 295.

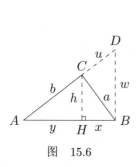

图 15.6

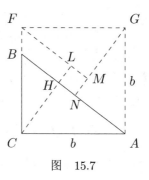

图 15.7

证法 294 如图 15.8 所示, 作短边上的外正方形 $BCDE$, 作 $PE \parallel AB$, $CM \perp AB, AP \perp PE$. 易证 $\text{Rt}\triangle LBE \cong \text{Rt}\triangle MBC$, 故 $BL = BM = y$. 设 $CM = h$.

因为 $S_{ABLP} = xy + y^2 = h^2 + y^2, S_{ABLP} = S_{ABEX} = S_{CBED}$, 所以 $a^2 = h^2 + y^2$.

又因为 $\text{Rt}\triangle CBM \sim \text{Rt}\triangle ABC$, 所以 $c^2 = a^2 + b^2$. □

证法 295 如图 15.9 所示, 设 $AM = x$. 显然 $\angle EBA = 90° + \angle ABC = \angle CBH$, 再由 $BC = BE, BA = BH$ 得到 $\triangle EBA \cong \triangle CBH$. 而 $S_{BHFM} = 2S_{\triangle BHC}, S_{BEDC} = 2S_{\triangle BEA}$, 故 $S_{BHFM} = a^2$.

现在截取 $BL = BM = y$. 设 $CM = h$, 则 $S_{BHFM} = xy + y^2 = h^2 + y^2$. 故 $BC^2 = CM^2 + BM^2$. 由定理 15.1 立得 $c^2 = a^2 + b^2$. □

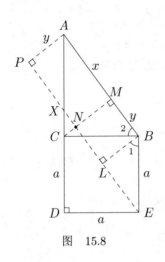

图 15.8

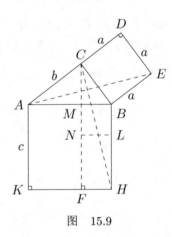

图 15.9

(3) 下面的证法 296 是本章最后一个证法, 它是缩放定理、辅助圆法和平方差法三者的结合.

证法 296 如图 15.10 所示, D 为 AB 上任意一点, H 为其在 BC 上的垂足. 以 D 为圆心, DH 为半径作圆, 交 AB 于 E、F 两点. 由切割线定理可知

$$BH^2 = BF \cdot BE$$
$$= (BD - DF) \cdot (BD + DE)$$
$$= (BD - DH) \cdot (BD + DH)$$
$$= BD^2 - DH^2.$$

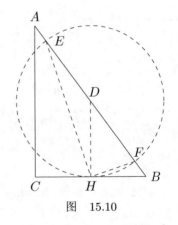

图 15.10

故 $BD^2 = BH^2 + DH^2$, 再由 $\triangle DBH \sim \triangle ABC$ 和定理 15.1 即得 $c^2 = a^2 + b^2$. □

第 16 章

间接证法

16.1 反证法

反证法 (又称背理法) 是一种论证方式, 它首先假设某命题不成立 (即在原命题的题设下, 结论不成立), 然后推理出明显矛盾的结果, 从而下结论说原假设不成立, 原命题得证.

下面给出几个用反证法证明勾股定理的例子.

证法 297 如图 16.1 所示, 用反证法, 先假设 $c^2 < a^2 + b^2$. 作斜边的高 CH, 显然 Rt$\triangle ABC \sim$ Rt$\triangle CBH$. 由假设和定理 15.1 可得 $a^2 < x^2 + h^2$. 另一方面由射影定理知 $b^2 = yc, h^2 = xy$, 故有

$$x^2 + h^2 = (c - y)^2 + h^2 = c^2 - 2yc + y^2 + h^2$$
$$< a^2 + b^2 - 2yc + y^2 + h^2 = a^2 + yc - 2yc + y^2 + h^2$$
$$= a^2 + y^2 - yc + h^2 = a^2 - xy + h^2 = a^2.$$

即 $x^2 + h^2 < a^2$. 这与 $a^2 < x^2 + h^2$ 矛盾. 故假设错误. 类似可证 $c^2 > a^2 + b^2$ 也不成立. 故只有 $c^2 = a^2 + b^2$. □

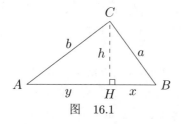

图 16.1

证法 297 从假设出发构造出了两个互相矛盾的结论, 从而得知假设不成立. 下面的证法 298 则构造了一个"自相矛盾"的结论, 即从假设出发推出和假设自身相反的结论. 这两种办法都是常用的构造矛盾的方式.

证法 298 辅助线作法同图 16.1, 用反证法. 先假设 $c^2 < a^2 + b^2$. 由定理 15.1 可知:

因为 $\qquad \mathrm{Rt}\triangle CBH \sim \mathrm{Rt}\triangle ABC, \mathrm{Rt}\triangle ACH \sim \mathrm{Rt}\triangle ABC,$

所以 $\qquad a^2 < x^2 + h^2, b^2 < y^2 + h^2,$

所以 $\qquad a^2 + b^2 < x^2 + 2h^2 + y^2 = x^2 + 2xy + y^2 = (x+y)^2 = c^2.$

这与假设自相矛盾, 故假设错误. 类似可证 $c^2 > a^2 + b^2$ 也不成立. 故只能有 $c^2 = a^2 + b^2$. $\qquad \square$

下面的证法 299 则体现了另一种使用反证法的思路: 从假设出发得到一个和已知事实矛盾的结论.

证法 299 辅助线作法同图 16.1, 现在设 $c^2 > a^2 + b^2$, 由于 $\mathrm{Rt}\triangle ABC \sim \mathrm{Rt}\triangle ACH \sim \mathrm{Rt}\triangle CBH$, 根据假设及定理 15.1 可知 $a^2 > h^2 + x^2, b^2 > y^2 + h^2$, 再由射影定理知 $h^2 = xy$, 故有

$$c^2 > a^2 + b^2 > 2h^2 + x^2 + y^2 = x^2 + 2xy + y^2 = (x+y)^2 = c^2. \tag{16.1}$$

式 (16.1) 即 $c > c$, 这显然错误. 故原假设 $c^2 > a^2 + b^2$ 不成立. 同理可证假设 $c^2 < a^2 + b^2$ 也不成立. 故只能有 $c^2 = a^2 + b^2$. $\qquad \square$

16.2 同一法

在符合同一法则的前提下, 代替证明原命题而证明它的逆命题成立的一种方法叫做同一法. 同一法是间接证法的一种, 其核心是把命题"图形 S 具有性质 P"的证明转化为对其逆命题"若某个图形 S' 有性质 P, 则它一定和原图形 S 重合"的证明.

用同一法证明的一般步骤是: 首先不从已知条件入手, 而是作出符合结论特性的图形, 然后证明所作的图形符合已知条件, 最后推证出所作图形与已知为同一图形.

在本节中, 用同一法证明勾股定理的基本思路是:

(1) 首先作一个 $\triangle ABC$, 使其三边关系满足 $c^2 = a^2 + b^2$. 这个三角形的存在性可以由下面的推论 16.2 保证.

定理 16.1 设有三条线段满足关系 $a < c, b < c$ 及 $a + b > c$, 则它们可以构成一个三角形.

证 如图 16.2 所示, 作线段 $AB = c$, 然后分别以 A 和 B 为圆心, b 和 a 为半径分别作圆 A 和圆 B. 如果这两个圆没有交点的话, 则由子图 (a) 知此时必有 $a + b < c$, 这与已知的 $a + b > c$ 矛盾. 同样的, 如果这两个圆只有一个交点的话, 则由子图 (b) 知 $a + b = c$, 这也和条件 $a + b > c$ 矛盾.

因此, 这两个圆一定有两个交点 C 和 D, 且 C 和 D 都不在 AB 上, 如图 16.2(c) 所示. 显然 ABC 和 ABD 就是符合要求的三角形. □

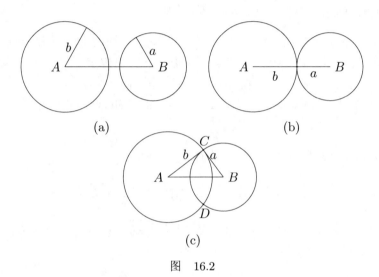

图 16.2

推论 16.2 若 $c^2 = a^2 + b^2$, 则线段 a、b、c 可以构成一个三角形.

证 由 $c^2 = a^2 + b^2 > a^2$ 知 $c > a$. 同理 $c > b$. 再由 $c^2 = a^2 + b^2 < (a + b)^2$ 得 $c < a + b$. 由定理 16.1 知本推论成立. □

(2) 证明在步骤 (1) 中构造的 $\triangle ABC$ 满足 $\angle C = 90°$. 即证明勾股定理的逆定理.

(3) 根据下面的定理 16.3 可知勾股定理成立.

定理 16.3 若勾股定理的逆定理成立, 则勾股定理成立.

证 如图 16.3 所示, 设 $c' = \sqrt{a^2 + b^2}$. 由定理 16.1 知存在 $\triangle A'B'C'$, 使 $B'C' = a$, $A'C' = b$, $A'B' = c'$. 若勾股定理的逆定理成立, 则 $\angle C' = 90° = \angle C$. 再考虑到 $\text{Rt}\triangle ABC$ 和 $\text{Rt}\triangle A'B'C'$ 的两直角边对应相等, 故 $\text{Rt}\triangle ABC \cong \text{Rt}\triangle A'B'C'$, 于是立得 $c^2 = c'^2 = a^2 + b^2$. □

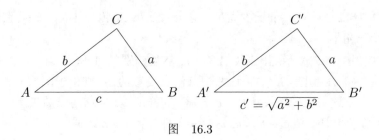

图　16.3

作者按照同一法的思想，发现了下面的证法 300 ～ 证法 302．我们假定在图 16.4 ～ 图 16.6 中都有 $AB = c = \sqrt{a^2 + b^2}$．

证法 300　如图 16.4 所示，我们先假设 $\angle C < 90°$，则由证法 354 可知此时必有 $c^2 < a^2 + b^2$，这和 $c^2 = a^2 + b^2$ 矛盾．又如果假定 $\angle C > 90°$，同样可由证法 354 得到 $c^2 > a^2 + b^2$，这也和 $c^2 = a^2 + b^2$ 矛盾．

因此当 $c^2 = a^2 + b^2$ 时，必然有 $\angle C = 90°$．再由定理 16.3 知勾股定理成立．　　　　　　　　　　　　　　　　　　　　　□

证法 301　如图 16.5 所示，显然有

$$\overrightarrow{AB} = \overrightarrow{AC} + \overrightarrow{CB} \implies |AB|^2 = |AC|^2 + 2\overrightarrow{AC} \cdot \overrightarrow{CB} + |CB|^2. \tag{16.2}$$

将 $c^2 = a^2 + b^2$ 代入式 (16.2)，得 $2\overrightarrow{AC} \cdot \overrightarrow{CB} = 0$，故 $AC \perp CB$．由定理 16.3 知勾股定理成立．　　　　　　　　　　　　　　　　　　　　□

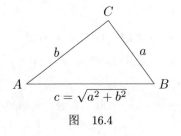

图　16.4

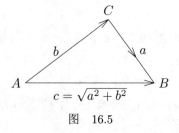

图　16.5

证法 302　如图 16.6(a) 所示，设 $c = \sqrt{a^2 + b^2}$．由推论 16.2 知可作 $\triangle ABC$，使 $BC = a, AC = b, AB = c$．我们在平面内选一点 D，使它和 A 分居 BC 两侧，且满足 $\angle 2 = \angle A, \angle 4 = \angle 3$．易知 $\triangle BDC \sim \triangle ABC$．于是有

$$BD : AB = DC : BC = BC : AC \implies y : c = x : a = a : b.$$

故 $a^2 = bx$. 现在可得

$$c^2 = bx + b^2 = b(b + x) \implies b : c = c : (b + x). \tag{16.3}$$

下面我们来证明 $\angle 3 = 90°$(注意根据目前的辅助线作法, 我们并未证明点 D 在 AB 的延长线上, 因此不能从 $\angle 3 = \angle 4$ 得出 $AC \perp BC$ 的结论).

如图 16.6(b) 所示, 现在延长 AC 至 E 点, 使 $CE = x$. 由式 (16.3) 知

$$AB : AE = c : (b + x) = b : c = AC : AB.$$

再考虑到 $\angle A$ 是 $\triangle ABC$ 和 $\triangle AEB$ 的公共角, 故 $\triangle ABC \sim \triangle AEB$. 于是根据定理 15.1 可知

$$y'^2 = (b + x)^2 - c^2 = b^2 + 2bx + x^2 - c^2 = -a^2 + 2a^2 + x^2 = a^2 + x^2.$$

此外在图 16.6(a) 中, 由定理 15.1 可知 $y^2 = a^2 + x^2$. 于是 $y = y'$. 从而 $\triangle BCD \cong \triangle BCE$. 故 $\angle 6 = \angle 4 = \angle 3$, 而 $\angle 3 + \angle 6 = 180°$, 得 $\angle 3 = 90°$. 最后由定理 16.3 知勾股定理成立. □

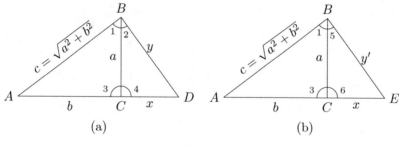

图　16.6

下面的证法 303 的关键是先固定两边的边长, 再让夹角 C 不断变化, 然后证明了三角形面积 S 达到最大值、$\angle C = 90°$、$c^2 = a^2 + b^2$ 三者的同一性.

证法 303　设 $\triangle ABC$ 为任意三角形, 其面积为 S. 根据海伦公式, 有

$$S = \frac{1}{4}\sqrt{(a + b + c)(a + b - c)(a + c - b)(b + c - a)}.$$

现在固定 a, b, 以 c 为自变量, 构造函数

$$f(c) = (a + b + c)(a + b - c)(a + c - b)(b + c - a).$$

显然如果 S 想得到最大值, 当且仅当函数 $f(c)$ 取得最大值. 而根据数学分析的知识可知, 函数 $f(c)$ 的极值应该出现在其导数为 0 的点. 根据乘法求导法则 $(gh)' = gh' + hg'$ 可知

$$f'(c) = -2c(c^2 - (a-b)^2) + 2c((a+b)^2 - c^2) = 4c(a^2 + b^2 - c^2).$$

显然 $f'(c) = 0$ 时有 $c^2 = a^2 + b^2$. 另一方面, 根据面积公式知 $S = \dfrac{1}{2}ab\sin C$, 如果 S 得到最大值, 当且仅当 $\sin C = 1$ 即 $\angle C = 90°$.

综上所述, 当 $\angle C = 90°$ 时, $c^2 = a^2 + b^2$. □

第**17**章

解 析 法

解析法也叫坐标法, 其特点是建立坐标系, 将几何命题的证明转换成代数等式的证明. 它体现了数形结合的思想, 已经成为平面几何证明的一个重要工具.

17.1 坐标法

平面解析几何的基础是两点间距离公式, 在现行中学教材中, 这个公式是用勾股定理得到的. 为了避免循环论证, 本节将另辟蹊径, 先用向量内积的知识证明两点间距离公式, 然后用其证明勾股定理.

设平面内有两点 $A(x_1, y_1)$ 和 $B(x_2, y_2)$, 有向线段 OA 和 OB 的夹角为 θ. 在解析几何中向量 $\overrightarrow{OA}$ 和 $\overrightarrow{OB}$ 的内积被定义为 $\overrightarrow{OA} \cdot \overrightarrow{OB} = |OA||OB| \cos \theta$, 在线性代数中则被定义为 $\overrightarrow{OA} \cdot \overrightarrow{OB} = x_1 x_2 + y_1 y_2$. 定理 17.1 证明了这两个定义是等价的.

定理 17.1(向量内积定义的等价性) 如图 17.1(a) 所示, 设 $A(x_1, y_1)$、$B(x_2, y_2)$ 是平面内任意两点, 向量 $\overrightarrow{OA}$ 与 $\overrightarrow{OB}$ 的正向夹角为 θ. 则一定有 $|\overrightarrow{OA}| \cdot |\overrightarrow{OB}| \cos \theta = x_1 x_2 + y_1 y_2$.

证 将向量 $\overrightarrow{OB}$ 顺时针旋转 $90°$, 得到向量 $\overrightarrow{OC}$, 则 $\overrightarrow{OC}$ 与 $\overrightarrow{OA}$ 的夹角为 $90° - \theta, C$ 点的坐标为 $(y_2, -x_2)$. 故 $\triangle AOC$ 的面积为

$$S_{\triangle AOC} = \frac{1}{2} |\overrightarrow{OA}| \cdot |\overrightarrow{OC}| \sin(90° - \theta) = \frac{1}{2} |\overrightarrow{OA}| \cdot |\overrightarrow{OB}| \cos \theta. \tag{17.1}$$

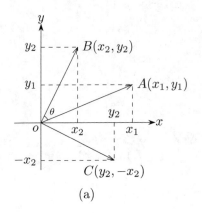

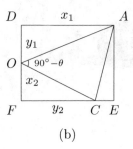

(a)   (b)

图　17.1

另一方面, 由子图 (b) 又可知

$$S_{\triangle AOC} = S_{DFEA} - S_{\text{Rt}\triangle AOD} - S_{\text{Rt}\triangle ACE} - S_{\text{Rt}\triangle OFC}$$

$$= x_1(x_2 + y_1) - \frac{1}{2}x_1 y_1 - \frac{1}{2}(x_1 - y_2)(y_1 + x_2) - \frac{1}{2}x_2 y_2$$

$$= \frac{1}{2}(x_1 x_2 + y_1 y_2). \tag{17.2}$$

由式 (17.1) 和式 (17.2) 立得欲证结论. □

根据内积的代数定义容易证明内积运算的分配律即 $\boldsymbol{a} \cdot (\boldsymbol{b} + \boldsymbol{c}) = \boldsymbol{a} \cdot \boldsymbol{b} + \boldsymbol{a} \cdot \boldsymbol{c}$. 由此可得下面的证法 304 和证法 305.

证法 304　如图 17.2 所示, 根据向量加法定义有 $\boldsymbol{c} = \boldsymbol{a} + \boldsymbol{b}$, 故

$$\boldsymbol{c} \cdot \boldsymbol{c} = (\boldsymbol{a} + \boldsymbol{b}) \cdot (\boldsymbol{a} + \boldsymbol{b}) = \boldsymbol{a} \cdot \boldsymbol{a} + 2\boldsymbol{a} \cdot \boldsymbol{b} + \boldsymbol{b} \cdot \boldsymbol{b}. \tag{17.3}$$

由于 $\boldsymbol{a} \perp \boldsymbol{b}$, 故 $\boldsymbol{a} \cdot \boldsymbol{b} = 0$. 于是由式 (17.3) 立得 $c^2 = a^2 + b^2$. □

证法 305　如图 17.3 所示, 截取 $CD = BC$, 根据向量加法定义有 $\boldsymbol{c} = \boldsymbol{b} + \boldsymbol{a}$, $\boldsymbol{b} = \boldsymbol{c}' + \boldsymbol{a}'$, 故 $\boldsymbol{c}' = \boldsymbol{b} - \boldsymbol{a}'$. 于是可得

$$\boldsymbol{c} \cdot \boldsymbol{c} = (\boldsymbol{b} + \boldsymbol{a}) \cdot (\boldsymbol{b} + \boldsymbol{a}) = \boldsymbol{b} \cdot \boldsymbol{b} + 2\boldsymbol{a} \cdot \boldsymbol{b} + \boldsymbol{a} \cdot \boldsymbol{a} = b^2 + 2\boldsymbol{a} \cdot \boldsymbol{b} + a^2,$$

$$\boldsymbol{c}' \cdot \boldsymbol{c}' = (\boldsymbol{b} - \boldsymbol{a}') \cdot (\boldsymbol{b} - \boldsymbol{a}') = \boldsymbol{b} \cdot \boldsymbol{b} - 2\boldsymbol{a}' \cdot \boldsymbol{b} + \boldsymbol{a}' \cdot \boldsymbol{a}'$$

$$= b^2 - 2\boldsymbol{a}' \cdot \boldsymbol{b} + a'^2.$$

即 $c^2 = a^2 + 2\boldsymbol{a} \cdot \boldsymbol{b} + b^2$, $\quad c'^2 = b^2 - 2\boldsymbol{a}' \cdot \boldsymbol{b} + a'^2$. $\tag{17.4}$

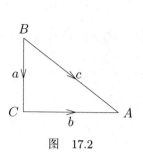

图　17.2

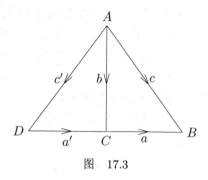

图　17.3

考虑到 $|\boldsymbol{a}'| = |\boldsymbol{a}| = a$, $|\boldsymbol{c}'| = |\boldsymbol{c}| = c$, 再将式 (17.4) 中的两个式子左右相加, 即得 $2c^2 = 2a^2 + 2b^2$, 故 $c^2 = a^2 + b^2$. □

现在我们用向量内积的分配律证明两点间距离公式的一个特例: 任意点到原点的距离不随坐标系的旋转而变化. 即下面的定理 17.2.

定理 17.2　如图 17.4(a) 所示, 设点 A 在坐标系 xOy 内的坐标为 (x, y). 现在定义模函数 $||A|| = \sqrt{x^2 + y^2}$, 则该函数值不随坐标系的旋转而发生变化. 即若将 xOy 绕 O 点旋转任意角度后得到新的坐标系 $x'Oy'$, 则 A 在新坐标系中的模函数 $||A'|| = \sqrt{x'^2 + y'^2} = ||A||$.

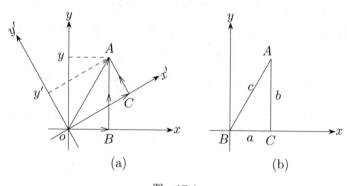

图　17.4

证　我们只要证明 $x^2 + y^2 = x'^2 + y'^2$ 即可.

因为　$\overrightarrow{OB} + \overrightarrow{BA} = \overrightarrow{OA} = \overrightarrow{OC} + \overrightarrow{CA} \implies (\overrightarrow{OB} + \overrightarrow{BA})^2 = (\overrightarrow{OC} + \overrightarrow{CA})^2$.

所以　$|OB|^2 + 2\overrightarrow{OB} \cdot \overrightarrow{BA} + |BA|^2 = |OC|^2 + 2\overrightarrow{OC} \cdot \overrightarrow{CA} + |CA|^2$.

而　　$\overrightarrow{OB} \perp \overrightarrow{BA} \implies \overrightarrow{OB} \cdot \overrightarrow{BA} = 0, \overrightarrow{OC} \perp \overrightarrow{CA} \implies \overrightarrow{OC} \cdot \overrightarrow{CA} = 0.$

故有 $|OB|^2 + |BA|^2 = |OC|^2 + |CA|^2$, 即 $x^2 + y^2 = x'^2 + y'^2$. 也就是 $||A||^2 = ||A'||^2 \implies ||A|| = ||A'||$. □

从定理 17.2 可得一个推论: 设 A 为坐标系 xOy 内任意一点, 其坐标为 (x, y), 且 $OA = z$, 则 $z^2 = x^2 + y^2$. 欲证明这个推论只需把线段 OA 作为坐标轴 x', 再注意到 $z^2 = ||A'||^2 = ||A||^2 = x^2 + y^2$ 即可. 由这个推论可以得到两个坐标法证明勾股定理的例子, 即证法 306 和证法 307.

证法 306 如图 17.4(b) 所示, 以 B 为坐标原点, BC 为 x 轴正向建立坐标系. 根据定理 17.2 的推论立得 $c = ||BA|| = a^2 + b^2$. □

证法 307 如图 17.5 所示, 以 A 为坐标原点, AB 为 x 轴正向建立坐标系. 由射影定理知 $x = \dfrac{b^2}{c}, y = \dfrac{ab}{c}$. 再由定理 17.2 的推论得

$$b^2 = x^2 + y^2 = \frac{b^4}{c^2} + \frac{a^2b^2}{c^2}. \qquad (17.5)$$

由式 (17.5) 立得 $c^2 = a^2 + b^2$. □

下面我们证明一般的两点间距离公式.

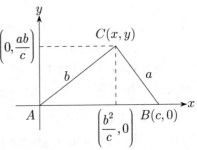

图　17.5

定理 17.3 如图 17.6 所示, 设 A、B 为平面上两定点, 并在平面上分别建立两不同的坐标系 xOy 和 $x'O'y'$. 设 A、B 在两坐标系内的坐标分别为 (x_1, y_1)、(x_2, y_2)、(x'_1, y'_1)、(x'_2, y'_2), 则一定有

$$(x_2 - x_1)^2 + (y_2 - y_1)^2 = (x'_2 - x'_1)^2 + (y'_2 - y'_1)^2.$$

证 如图 17.6(a) 所示, 有 $\overrightarrow{AB} = \overrightarrow{AL} + \overrightarrow{LB}$. 如图 17.6(b) 所示, 有 $\overrightarrow{AB} = \overrightarrow{AL'} + \overrightarrow{L'B}$. 故 $\overrightarrow{AL} + \overrightarrow{LB} = \overrightarrow{AL'} + \overrightarrow{L'B}$, 两边平方可得

$$|AL|^2 + 2\overrightarrow{AL} \cdot \overrightarrow{LB} + |LB|^2 = |AL'|^2 + 2\overrightarrow{AL'} \cdot \overrightarrow{L'B} + |L'B|^2.$$

而 $\overrightarrow{AL} \perp \overrightarrow{LB} \implies \overrightarrow{AL} \cdot \overrightarrow{LB} = 0, \overrightarrow{AL'} \perp \overrightarrow{L'B} \implies \overrightarrow{AL'} \cdot \overrightarrow{L'B} = 0.$

故有 $|AL|^2 + |LB|^2 = |AL'|^2 + |L'B|^2$, 也就是

$$(x_2 - x_1)^2 + (y_2 - y_1)^2 = (x'_2 - x'_1)^2 + (y'_2 - y'_1)^2. \qquad □$$

现在设 $|AB| = d$, 然后以 A 为原点, AB 为横轴正向建立坐标系, 则此时有

$$x'_1 = 0, y'_1 = 0, x'_2 = d, y'_2 = 0.$$

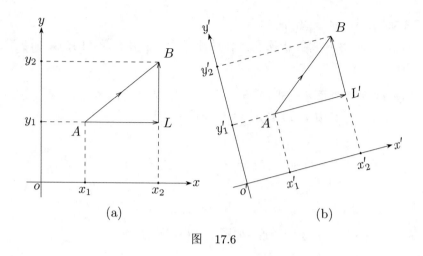

图　17.6

再根据定理 17.3 立得

$$(x_2 - x_1)^2 + (y_2 - y_1)^2 = d^2 = |AB|^2.$$

这就是解析几何中的两点间距离公式. 下面的几个证法便是基于这个公式的.

证法 308　如图 17.7 所示, 设 O 为 C 在 AB 上的垂足, 以 O 为原点, AB 为 x 轴建立坐标系. 对线段 BC 使用两点距离公式可得 $a^2 = \left(\dfrac{a^2}{c}\right)^2 + \left(\dfrac{ab}{c}\right)^2 \implies c^2 = a^2 + b^2.$　$\square$

证法 309　如图 17.8 所示. 根据两点间的距离定义可知

$$|BC|^2 = (0 - 0)^2 + (a - 0)^2 = a^2,$$
$$|AC|^2 = (b - 0)^2 + (0 - 0)^2 = b^2,$$
$$|AB|^2 = (a - 0)^2 + (b - 0)^2 = a^2 + b^2.$$

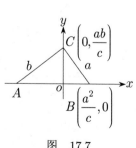

图　17.7

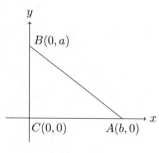

图　17.8

立得 $|AB|^2 = |BC|^2 + |AC|^2$. □

下面的证法 310 将解析法和泛化法相结合, 证明了著名的高斯面积公式, 然后证明了勾股定理.

定理 17.4(高斯面积公式) 设 $A_1 A_2 \cdots A_n$ 为任意凸多边形. 每个顶点 A_i 的坐标为 (x_i, y_i), 其中 $1 \leqslant i \leqslant n$. 设 S 为该多边形的面积,

则
$$S = \frac{1}{2} \left| \sum_{i=1}^{n} (x_i y_{i+1} - x_{i+1} y_i) \right| = \frac{1}{2} \left| \sum_{i=1}^{n} x_i (y_{i+1} - y_{i-1}) \right|,$$

其中 $x_0 = x_n, y_0 = y_n$, 且 $x_{n+1} = x_1, y_{n+1} = y_1$.

证 我们先证 $n = 3$ 的情形. 如图 17.9(a) 所示, 有

$$S_{\triangle A_1 A_2 A_3} = S_{A_1 L M N} - S_{\text{Rt} \triangle A_1 A_2 L} - S_{\text{Rt} \triangle A_2 A_3 M} - S_{\text{Rt} \triangle A_1 A_3 N}$$

$$= (x_2 - x_1)(y_3 - y_1) - \frac{1}{2}(x_2 - x_1)(y_2 - y_1)$$

$$\quad - \frac{1}{2}(x_2 - x_3)(y_3 - y_2) - \frac{1}{2}(x_3 - x_1)(y_3 - y_1)$$

$$= x_2 y_3 - x_2 y_1 - x_1 y_3 + x_1 y_1 - \frac{1}{2}(x_2 y_2 - x_2 y_1 - x_1 y_2 + x_1 y_1)$$

$$\quad - \frac{1}{2}(x_2 y_3 - x_2 y_2 - x_3 y_3 + x_3 y_2) - \frac{1}{2}(x_3 y_3 - x_3 y_1 - x_1 y_3 + x_1 y_1)$$

$$= \frac{1}{2}(x_1 y_2 - x_2 y_1) + \frac{1}{2}(x_2 y_3 - x_3 y_2) + \frac{1}{2}(x_3 y_1 - x_1 y_3)$$

$$= \frac{1}{2} \left| \sum_{i=1}^{3} (x_i y_{i+1} - x_{i+1} y_i) \right|.$$

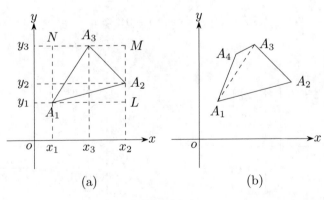

(a)   (b)

图 17.9

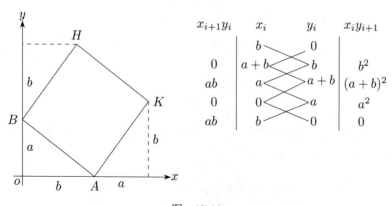

所以高斯公式对三角形成立. 下面证明四边形的情形. 如图 17.9(b) 所示, 设 $S = S_{A_1 A_2 A_3 A_4} = S_{\triangle A_1 A_2 A_3} + S_{\triangle A_1 A_3 A_4}$, 利用刚才的证明结果可得

$$
\begin{aligned}
S &= \frac{1}{2}(x_1 y_2 - x_2 y_1) + \frac{1}{2}(x_2 y_3 - x_3 y_2) + \frac{1}{2}(x_3 y_1 - x_1 y_3) \\
&\quad + \frac{1}{2}(x_1 y_3 - x_3 y_1) + \frac{1}{2}(x_3 y_4 - x_4 y_3) + \frac{1}{2}(x_4 y_1 - x_1 y_4) \\
&= \frac{1}{2}(x_1 y_2 - x_2 y_1) + \frac{1}{2}(x_2 y_3 - x_3 y_2) \\
&\quad + \frac{1}{2}(x_3 y_4 - x_4 y_3) + \frac{1}{2}(x_4 y_1 - x_1 y_4) \\
&= \frac{1}{2} \left| \sum_{i=1}^{4} (x_i y_{i+1} - x_{i+1} y_i) \right|.
\end{aligned}
$$

从而高斯公式对四边形也成立. 类似地, 利用数学归纳法, 设高斯公式当 $n = k$ 时成立, 则可以推出 $n = k+1$ 时也成立, 过程请读者自行写出. 综上所述, 定理 17.4 成立. $\qquad\Box$

证法 310 如图 17.10 所示. 以直角顶点为坐标原点, 两直角边为坐标轴建立直角坐标系. 并作外正方形 $AKHB$. 容易知道这个正方形的四个顶点坐标分别为

$$
\begin{array}{ll}
A_1(x_1, y_1) = A(b, 0), & A_2(x_2, y_2) = K(a+b, a), \\
A_3(x_3, y_3) = H(a, a+b), & A_4(x_4, y_4) = B(0, a).
\end{array}
$$

图 17.10

设 $AKHB$ 的面积为 S, 根据高斯面积公式可知

$$S = \frac{1}{2}\left|\sum_{i=1}^{4}(x_i y_{i+1} - x_{i+1}y_i)\right|$$

$$= \frac{1}{2}\left|\sum_{i=1}^{4}(x_i y_{i+1}) - \sum_{i=1}^{4}(x_{i+1}y_i)\right|$$

$$= \frac{1}{2}[(a+b)^2 + a^2 + b^2 - 2ab]$$

$$= a^2 + b^2.$$

又因 $S = c^2$, 于是 $c^2 = a^2 + b^2$. □

下面的证法 311 先用解析法证明了平行四边形面积的行列式表示, 然后证明了勾股定理.

定理 17.5 如图 17.11(a) 所示, 设 $P_1(x_1, y_1)$、$P_2(x_2, y_2)$ 为平面内任意两点, 向量 $\overrightarrow{OP_1}$ 和 $\overrightarrow{OP_2}$ 与 x 轴正向的夹角分别为 α 和 β, 且 $\alpha \leqslant \beta$. 现在以 $\overrightarrow{OP_1}$ 和 $\overrightarrow{OP_2}$ 为两条邻边构造平行四边形 OP_1CP_2, 设其面积值为 S, 则 S 可以用行列式表示为

$$S = \begin{vmatrix} x_1 & x_2 \\ y_1 & y_2 \end{vmatrix} = x_1 y_2 - x_2 y_1.$$

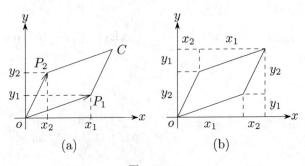

图　17.11

证 我们只对 P_1、P_2 都在第一象限的情形加以证明, 其他情况类似可证. 如图 17.11(b) 所示, 显然有

$$S = (x_1 + x_2)(y_1 + y_2) - x_2 y_1 - x_2 y_2 - x_1 y_1 - x_2 y_1$$

$$= (x_1 + x_2)(y_1 + y_2) - x_2(y_1 + y_2) - y_1(x_1 + x_2)$$

$$= x_1(y_1 + y_2) - y_1(x_1 + x_2)$$

$$= x_1 y_2 - x_2 y_1 = \begin{vmatrix} x_1 & x_2 \\ y_1 & y_2 \end{vmatrix}. \qquad \square$$

证法 311　如图 17.12 所示, 以 A 点为原点, AC 为 x 轴建立直角坐标系. 将向量 $\overrightarrow{AB}$ 绕原点逆时针旋转 $90°$, 得到向量 $\overrightarrow{AK}$. 显然 $|\overrightarrow{AK}| = |\overrightarrow{AB}| = c$. 由定理 17.5 知正方形 $ABHK$ 的面积为

$$\begin{vmatrix} b & -a \\ a & b \end{vmatrix} = b^2 + a^2.$$

于是立得 $c^2 = a^2 + b^2$. $\qquad \square$

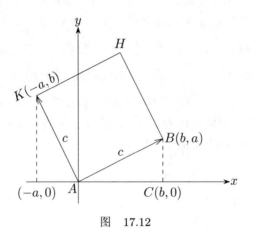

图　17.12

17.2　参数法

本节证法的特点是引入待定参数, 然后通过解析几何的知识列出参数方程, 解出参数值并回代之后就得到了 $a^2 + b^2 = c^2$. 详见下面的证法 312 ∼ 证法 314.

证法 312　如图 17.13 所示, 以 A 为中心, AC 为 x 轴建立直角坐标系. 作 AB 的垂直平分线交 AC 于 F 点. 将 B 点绕 A 点逆时针旋转 $90°$ 后得到 E 点. 从 $AE \parallel DF$ 可得 $\overrightarrow{DF} = t \cdot \overrightarrow{AE}$, 其中 t 为待定参数. 用坐标形式可以表达为

$$(F_x, F_y) = (D_x, D_y) + t \cdot [(E_x, E_y) - (A_x, A_y)]$$

$$\implies (x,0) = \left(\frac{b}{2}, \frac{a}{2}\right) + t \cdot (a, -b)$$

$$\implies \begin{cases} x = \dfrac{b}{2} + at \\ 0 = \dfrac{a}{2} - bt \end{cases} \implies \begin{cases} x = \dfrac{b}{2} + \dfrac{a^2}{2b} \\ t = \dfrac{a}{2b} \end{cases}$$

于是可得 $h = |DF| = t \cdot |AE| = \dfrac{ac}{2b}$.

现在对 $\text{Rt}\triangle AFE$ 使用同积法可得 $ch = ax$, 于是立得

$$\frac{ac^2}{2b} = \frac{ab}{2} + \frac{a^3}{2b} \implies c^2 = a^2 + b^2. \qquad \square$$

证法 313　如图 17.14 所示, 以 B 为中心, BC 为 x 轴建立直角坐标系. 再以 B 为圆心, c 为半径作半圆. 现在设 $P(x, y)$ 为半圆上任意一点, l 为过 P 点的切线. 设 l 的斜率为 k, 由解析几何的知识可知 $k = -\dfrac{x}{y}$.

另一方面, 由数学分析的知识可知, 函数图像上任意一点 P 的切线斜率就是该函数在 P 点处的导数 $\dfrac{\mathrm{d}y}{\mathrm{d}x}$. 于是我们就得到了微分方程 $\dfrac{\mathrm{d}y}{\mathrm{d}x} = -\dfrac{x}{y}$, 这个微分方程的通解是 $x^2 + y^2 = M$, 其中 M 是待求常数. 现在由半圆过点 $(c, 0)$ 可以求出 $M = c^2$, 半圆对应的函数为 $x^2 + y^2 = c^2, 0 \leqslant y \leqslant c$. 又点 $A(a, b)$ 也在这个半圆上, 故有 $a^2 + b^2 = M = c^2$. $\qquad \square$

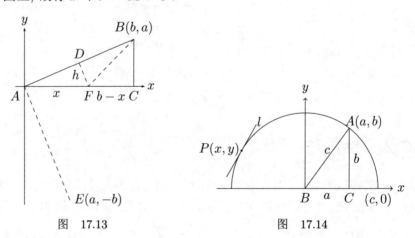

图　17.13　　　　　　　　图　17.14

证法 314　如图 17.15 所示, 固定一条直角边 AC, 让 B 在另一个条直角边上运动, 设 $BC = x, AB = y$, 显然 y 可以看作随 x 变化的函数. 现在设 B 运动到 D 点, 在 AD 上截取 $AE = AB$. 并做 $BF \perp AD$. 则有 $\Delta x = BD, \Delta y = DE$.

由于 $\triangle BAE$ 是等腰三角形, 故 $\angle BEA = \frac{1}{2}(180° - \angle BAE)$. 故当 $\Delta x \to 0$ 时, $\angle BAE \to 0°$, 从而 $\angle BEA \to 90°$, 即点 E 和点 F 趋近重合. 于是当 $\Delta x \to 0$ 时, 有 $DE \to DF$. 再从 Rt$\triangle DBF \sim$ Rt$\triangle DAC$, 可得 $DF \cdot AD = BD \cdot CD$. 即

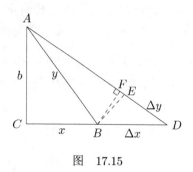

图 17.15

$$(x + \Delta x) \cdot \Delta x = (y + \Delta y) \cdot \Delta y. \qquad (17.6)$$

再考虑到 $\Delta x \to 0$ 时显然有 $\Delta y \to 0$. 于是式 (17.6) 在 $\Delta x \to 0$ 时就转化为微分方程 $x \cdot \mathrm{d}x = y \cdot \mathrm{d}y$. 由高等数学的知识可知这个微分方程的通解是 $y^2 - x^2 = T$. 其中 T 为待定常数. 将边界条件 $x = 0, y = b$ 代入通解公式, 立得 $T = b^2$. 又根据本书的符号约定有 $y = c, x = a$, 于是立得勾股定理 $c^2 = a^2 + b^2$.

□

17.3 三角函数法

我们知道, 三角学和解析几何有着紧密的联系.Loomis 曾经认为用三角公式证明勾股定理属于循环论证, 然而随着数学的发展, 人们找到了很多用其他办法证明三角公式的途径, 详见参考文献 [12]~[14]. 由此便建立了从三角公式证明勾股定理的途径, 比如下面的的证法 315~证法 317. 这说明 Loomis 的观点是错误的.

设 $\angle A$ 为 Rt$\triangle ABC$ 中最小的角, 显然 $\angle A \leqslant 45°$. 又易知 $a^2 + b^2 = c^2 \Longleftrightarrow \sin^2 A + \cos^2 A = 1$. 故为节省篇幅, 下面的证法都只须证明对任意不大于 $45°$ 的角, 其正弦和余弦的平方和为 1. 此即勾股定理的三角形式.

证法 315 如图 17.16 所示, $\triangle ABC$ 为任意三角形. 由 $CH = a \cos \beta$ 知

$$S_{\triangle AHC} = \frac{1}{2}(AH \cdot CH) = \frac{1}{2}b \sin \alpha \cdot a \cos \beta = \frac{1}{2}ab(\sin \alpha \cos \beta).$$

同理可证 $S_{\triangle BHC} = \frac{1}{2}ab(\sin \beta \cos \alpha)$.

再考虑到 $S_{\triangle AHC} + S_{\triangle BHC} = S_{\triangle ABC} = \frac{1}{2}ab \sin(\alpha + \beta)$, 便有

$$\sin(\alpha + \beta) = \sin \alpha \cos \beta + \sin \beta \cos \alpha. \qquad (17.7)$$

式 (17.7) 就是两角和的正弦公式. 当 $\alpha + \beta = 90°$ 时, 式 (17.7) 就变为 $1 = \sin^2\alpha + \cos^2\alpha$. 从而勾股定理得证. □

证法 316 如图 17.17 所示, 设 Rt$\triangle ABC$ 中 $\angle ABC = \alpha$, 在 AC 上任取一点 D, 设 $\angle DBC = \beta$, 则 $\angle DBA = \alpha - \beta$. 又作 $HD \perp AB$, 则 $\angle HDA = \alpha$. 以及

$$CD = x\sin\beta, \quad DH = x\sin(\alpha - \beta).$$

$$BC = x\cos\beta, \quad AD = DH\sec\alpha.$$

故有 $AC = CD + AD = x\sin\beta + x\sin(\alpha - \beta)\sec\alpha.$ \hfill (17.8)

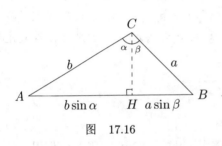

图 17.16

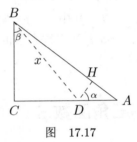

图 17.17

另一方面又知 $AC = BC\tan\alpha = x\cos\beta\tan\alpha.$ \hfill (17.9)

结合式 (17.8)、式 (17.9) 可得, $\sin(\alpha - \beta)\sec\alpha = \cos\beta\tan\alpha - \sin\beta.$ \hfill (17.10)

将式 (17.10) 两侧同时乘上 $\cos\alpha$, 立得

$$\sin(\alpha - \beta) = \sin\alpha\cos\beta - \cos\alpha\sin\beta. \tag{17.11}$$

式 (17.11) 就是两角差的正弦公式. 下面我们利用它和两角差的余弦公式来证明勾股定理.

$$\cos\beta = \cos(\alpha - (\alpha - \beta))$$

$$= \cos\alpha\cos(\alpha - \beta) + \sin\alpha\sin(\alpha - \beta)$$

$$= \cos\alpha(\cos\alpha\cos\beta + \sin\alpha\sin\beta) + \sin\alpha(\sin\alpha\cos\beta - \cos\alpha\sin\beta)$$

$$= (\cos^2\alpha + \sin^2\alpha)\cos\beta. \tag{17.12}$$

由于 $\cos\beta > 0$, 所以式 (17.12) 两边可以同时消去 $\cos\beta$, 得到 $\cos^2\alpha + \sin^2\alpha = 1$. 这就是勾股定理的三角函数形式. □

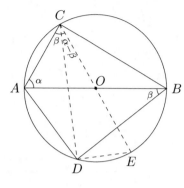

图　17.18

证法 317　如图 17.18 所示, 设 α 和 β 为任意锐角, 且 $\alpha \geqslant \beta$. 现在作直径为 1 的圆 O, 在其直径 AB 两侧取点 C、D, 使 $\angle CAB = \alpha, \angle ABD = \beta$. 再作直径 CE. 由 $OA = OC$ 可知 $\angle ACO = \angle CAB$, 又易知 $\angle ACD = \angle ABD$, 故 $\angle DCE = \alpha - \beta$. 由托勒密定理有

$$CD \cdot AB = AC \cdot BD + BC \cdot AD.$$

于是可得

$$\cos(\alpha - \beta) = \cos\alpha\cos\beta + \sin\alpha\sin\beta. \tag{17.13}$$

式 (17.13) 即两角差的余弦公式. 当 $\alpha = \beta$ 时, 式 (17.13) 变为

$$\cos^2\alpha + \sin^2\alpha = \cos(\alpha - \alpha) = \cos 0 = 1.$$

从而勾股定理成立. □

证法 318　根据两角差的余弦公式可知

$$\cos\alpha = \cos(2\alpha - \alpha) = \cos 2\alpha\cos\alpha - \sin 2\alpha\sin\alpha,$$

即

$$\cos 2\alpha = 1 - \frac{\sin 2\alpha\sin\alpha}{\cos\alpha}. \tag{17.14}$$

而 $\sin 2\alpha = 2\sin\alpha\cos\alpha$, 将其代入式 (17.14), 可得

$$\cos 2\alpha = 1 - 2\sin^2\alpha. \tag{17.15}$$

再考虑到 $\cos 2\alpha = \cos^2\alpha - \sin^2\alpha$ 并代入式 (17.15), 立得

$$\cos^2\alpha - \sin^2\alpha = 1 - 2\sin^2\alpha \implies \cos^2\alpha + \sin^2\alpha = 1. \qquad \square$$

证法 319　如图 17.19(a) 所示, 设 A、B 是平面内任意两点, 它们在坐标系 xOy 中的坐标分别为 (x_1, y_1)、(x_2, y_2). 现在将 xOy 绕 O 点逆时针旋转 θ 角后得到新的坐标系 $x'Oy'$, 如图 17.19(b) 所示. 设 A、B 的新坐标分别为 (x'_1, y'_1)、(x'_2, y'_2), 则

$$x'_1 = x_1\cos\theta - y_1\sin\theta, \qquad x'_2 = x_2\cos\theta - y_2\sin\theta,$$
$$y'_1 = x_1\sin\theta + y_1\cos\theta, \qquad y'_2 = x_2\sin\theta + y_2\cos\theta.$$

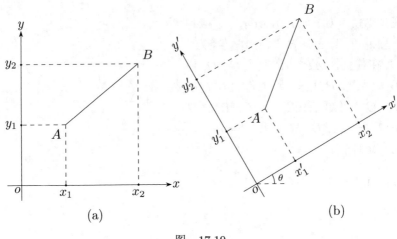

图　17.19

于是由定理 17.3 可知

$$(x_2 - x_1)^2 + (y_2 - y_1)^2 = (x_2' - x_1')^2 + (y_2' - y_1')^2$$

$$= (x_2 \cos\theta - y_2 \sin\theta - x_1 \cos\theta + y_1 \sin\theta)^2$$

$$+ (x_2 \sin\theta + y_2 \cos\theta - x_1 \sin\theta - y_1 \cos\theta)^2$$

$$= [\cos\theta(x_2 - x_1) + \sin\theta(y_1 - y_2)]^2$$

$$+ [\cos\theta(y_2 - y_1) + \sin\theta(x_2 - x_1)]^2$$

$$= \cos^2\theta(x_2 - x_1)^2 + \sin^2\theta(y_1 - y_2)^2$$

$$+ \cos^2\theta(y_2 - y_1)^2 + \sin^2\theta(x_2 - x_1)^2$$

$$= (\cos^2\theta + \sin^2\theta)[(x_2 - x_1)^2 + (y_2 - y_1)^2]. \tag{17.16}$$

由式 (17.16) 得 $\cos^2\theta + \sin^2\theta = 1$. 即勾股定理的三角形式. □

证法 320　坐标系作同图 17.19, 将坐标系 xOy 绕 O 点逆时针旋转 θ 角得到坐标系 $x'Oy'$. 设 A 点在旋转前后的坐标分别为 (x, y) 和 (x', y'), 则由坐标旋转的公式可知, $x' = x \cos\theta - y \sin\theta, y' = x \sin\theta + y \cos\theta$. 又从定理 17.2 得

$$x^2 + y^2 = x'^2 + y'^2.$$

故有　　　　$$x^2 + y^2 = x^2 \cos^2\theta - 2xy \cos\theta \sin\theta + y^2 \sin^2\theta$$

$$+ x^2 \sin^2\theta + 2xy \sin\theta \cos\theta + y^2 \cos^2\theta$$

$$= x^2(\cos^2\theta + \sin^2\theta) + y^2(\cos^2\theta + \sin^2\theta)$$

$$= (x^2 + y^2)(\cos^2\theta + \sin^2\theta). \tag{17.17}$$

由式 (17.17) 立得 $\cos^2\theta + \sin^2\theta = 1$. □

证法 321 如图 17.20(b) 所示, 设 $0 < \theta < 45°, \alpha = 2\theta$. 在单位圆上取一点 C, 使 OC 和 x 轴正向的夹角为 α. 从图 17.20(a) 可知 $BC = 2\sin\theta$. 设 H 为 C 在 x 轴的垂足, 则

$$BH = 1 - OH = 1 - \cos\alpha = 1 - \cos 2\theta = 1 - (\cos^2\theta - \sin^2\theta). \tag{17.18}$$

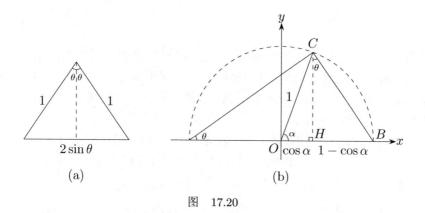

(a)   (b)

图 17.20

再考虑到 $BH = BC\sin\theta = 2\sin^2\theta$, 将其代入式 (17.18) 立得

$$\cos^2\theta + \sin^2\theta = 1. \qquad\qquad □$$

Nuno Luzia 在证法 321 的基础上证明了对任意锐角 α, 都有 $\cos^2\alpha + \sin^2\alpha = 1$. 其思路简介如下:

设 $0 < \alpha < 90°, \theta = \dfrac{\alpha}{2}$, 则 $0 < \theta < 45°$. 由证法 321 的证明过程可知 $\cos 2\theta = 1 - 2\sin^2\theta$, 于是可得

$$\cos^2\alpha + \sin^2\alpha = (1 - 2\sin^2\theta)^2 + (2\sin\theta\cos\theta)^2$$

$$= 1 + 4\sin^2\theta(\cos^2\theta + \sin^2\theta - 1).$$

而证法 321 已经证明了 $\cos^2\theta + \sin^2\theta = 1$, 故立得 $\cos^2\alpha + \sin^2\alpha = 1$. 由此也可得到勾股定理.

第18章 特例法

我们在证明一个比较复杂的几何命题时, 可以采用先易后难的思路, 即先考虑该问题一个简单的情形, 然后证明在这个简单情形下命题成立, 然后以此为基础证明在其他情况下该命题也成立. 这种思路称为特例法, 它体现了"从特殊到一般"的哲学思想.

用特例法证明勾股定理的一个做法是先证明在一些特殊的直角三角形比如等腰直角三角形中勾股定理成立, 然后想办法将非等腰的情形转化为等腰的情形. 详见下面的证法 322 ~ 证法 325.

证法 322 如图 18.1 所示, 分别以两直角边为斜边向外作等腰直角三角形, 其直角顶点分别为 D、E(容易看出它们就是两直角边上的外正方形的对称中心). 则

$$\angle ECB + \angle BCA + \angle ACD = 45° + 90° + 45° = 180°.$$

故 C、D、E 三点共线. 现在以 AB 为直径作圆 H, 显然 C 是圆 H 与线段 DE 的一个交点. 现在考虑圆 H 与线段 AB 的关系. 分别讨论如下:

(1) 如果圆 H 与直线 DE 只有 C 一个交点, 如图 18.1 所示, 此时圆 H 与 AB 相切, 则 $HC \perp DE$, 于是 $HCBE$ 和 $HCDA$ 都是正方形且边长相等, 故 $CA = CB$. 于是有

因为

$$S_{ADEB} = AB \cdot AH = AB \cdot \frac{AB}{2} = \frac{AB^2}{2},$$

$$S_{ABED} = 2S_{\triangle ABC} = 2 \cdot \frac{1}{2} BC \cdot CA = BC^2,$$

所以

$$AB^2 = 2BC^2 = BC^2 + AC^2.$$

也就是当 Rt$\triangle ABC$ 为等腰直角三角形时勾股定理成立.

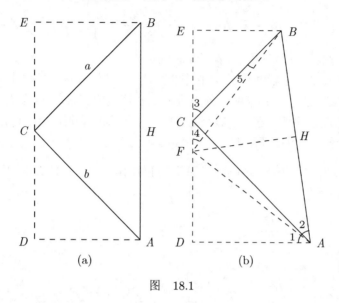

$$\text{图} \quad 18.1$$

(2) 当圆 H 与直线 DE 还有另一个交点 F 点时, 如图 18.1(b) 所示, 由 B、C、F、A 四点共圆可知 $\angle 5 = \angle CAF$, $\angle 2 = \angle 4$, $\angle ABF = \angle ACF = 45°$. 由于 $\triangle ACD$ 和 $\triangle BCE$ 都是等腰直角三角形, 根据 (1) 中的结论, 有 $2AD^2 = AC^2$, $2BE^2 = BC^2$. 于是可知

因为 $\qquad \angle FAB = \angle 2 + \angle CAF = \angle 4 + \angle 5 = \angle 3 = 45°,$

所以 $\qquad \angle FAB = \angle ABF = \angle CAD = \angle 1 + \angle CAF.$

所以 $\qquad AF = BF, \angle 1 = \angle 2 = \angle 4.$

因此 $\qquad \text{Rt}\triangle AFD \cong \text{Rt}\triangle BFE \implies FE = AD$

$$\implies S_{\triangle BFE} = \frac{1}{2}BE \cdot FE = \frac{1}{2}BE \cdot AD \implies 2S_{\triangle BFE} = BE \cdot AD$$

$$\implies (2S_{\triangle BFE})^2 = BE^2 \cdot AD^2 = \frac{a^2}{2} \cdot \frac{b^2}{2} = \left(\frac{ab}{2}\right)^2 = (S_{\triangle ABC})^2$$

$$\implies S_{\triangle ABC} = 2S_{\triangle BFE} = S_{\triangle BFE} + S_{\triangle AFD} = S_{\triangle ABC}.$$

现在就有

$$S_{ADEB} = S_{\triangle BFE} + S_{\triangle AFD} + S_{\triangle ABF} = S_{\triangle ABC} + S_{\triangle ABF},$$

$$S_{ADEB} = S_{\triangle ABC} + S_{\triangle CBE} + S_{\triangle DCA}.$$

于是有

$$S_{\triangle ABF} = S_{\triangle CBE} + S_{\triangle DCA} \implies \frac{c^2}{4} = \frac{a^2}{4} + \frac{b^2}{4} \implies c^2 = a^2 + b^2.$$

综上所述, 对任意直角三角形, 勾股定理均成立. □

关于证法 322 中辅助线 FH 的作法描述, 本书作者曾尝试先作出斜边 AB 的垂直平分线, 然后取其与两个外正方形中心连线 DE 的交点为 F, 并试图以此证明 AFB 是等腰直角三角形 (从图 18.1 中很容易猜到这个结论), 但未获成功. 故最终还是采用原证法中的叙述 "F 为圆 H 与直线 DE 的另一个交点".

证法 323 如图 18.2 所示, 以 AB 为直径作圆, 交 $\angle ACB$ 的平分线于 D. 现在分情况讨论.

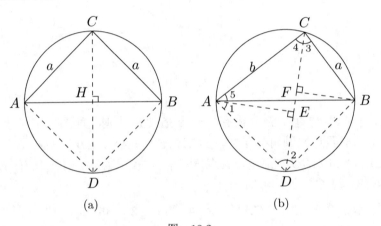

图 18.2

(1) 如图 18.2(a) 所示, 当 $AC = BC$ 即 $a = b$ 时, 此时 $AB \perp CD$. 则由 $S_{ACBD} = a^2$ 和 $S_{ACBD} = \frac{1}{2}AB \cdot CD$ 立得 $c^2 = 2a^2 = a^2 + b^2$. 即对任何等腰直角三角形, 勾股定理成立.

(2) 如图 18.2(b) 所示, 当 $AC \neq BC$ 时, 设 E、F 分别为两锐角顶点 B、C 在角分线 AD 上的垂足, 显然 $\triangle AEC$ 和 $\triangle BCF$ 均为等腰直角三角形. 由 A、B、C、D 四点共圆可知 $\angle BAD = \angle 3$, $\angle 4 = \angle ABD$, 而 $\angle 3 = \angle 4 = 45°$, 故 $\angle BAD = \angle ABD = 45°$. 于是 $\triangle ADB$ 为等腰直角三角形, $DA = DB$. 于是有

$$\angle BAD = 45° = \angle CAE \implies \angle 1 + \angle BAE = \angle 5 + \angle BAE$$

$$\implies \angle 1 = \angle 5 = \angle 2 \implies \text{Rt}\triangle ADE \cong \text{Rt}\triangle DBF \implies AE = DF$$

$$\implies S_{\triangle BFD} = \frac{1}{2}BF \cdot DF = \frac{1}{2}BF \cdot AE$$

$$\Longrightarrow \ (2S_{\triangle BFD})^2 = BF^2 \cdot AE^2 = \frac{b^2}{2} \cdot \frac{a^2}{2} = \left(\frac{ab}{2}\right)^2 = (S_{\triangle ABC})^2$$

$$\Longrightarrow \ S_{\triangle ABC} = 2S_{\triangle BFD} = S_{\triangle BFD} + S_{\triangle AED}$$

$$\Longrightarrow \ S_{ACBD} = S_{\triangle BFD} + S_{\triangle AED} + S_{\triangle AEC} + S_{\triangle BFC} = S_{\triangle ABC} + \frac{a^2}{4} + \frac{b^2}{4}.$$

$$(18.1)$$

另一方面又显然有

$$S_{ACBD} = S_{\triangle ABC} + S_{\triangle ABD} = S_{\triangle ABC} + \frac{c^2}{4}. \tag{18.2}$$

由式 (18.1) 和式 (18.2) 立得

$$\frac{a^2}{4} + \frac{b^2}{4} = \frac{c^2}{4} \implies a^2 + b^2 = c^2. \qquad \square$$

从证法 323 还可以得到一个有趣的结论, 即 "在 Rt$\triangle ABC$ 中, 以斜边为底向外作等腰直角三角形 ABD, 则线段 CD 必平分直角 C". 这个结论在前面的许多证法中已经得到了体现.

证法 324 如图 18.3 所示, 点 E、F 分别为两直角边上的外正方形的对称中心. 由 $\angle ECA + \angle ACB + \angle FCB = 180°$ 可知 E、C、F 三点共线。再以 AB 为直径作圆. 交 $\angle ACB$ 的平分线于 D. 现在分情况讨论.

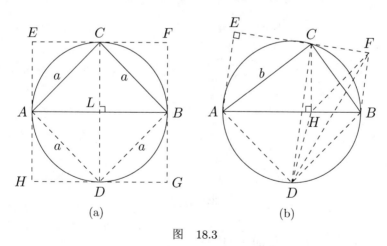

图　18.3

(1) 如图 18.3(a) 所示, 若 $CA = CB$, 则由图 18.3(a) 易知

$$c^2 = S_{EFGH} = 8S_{\triangle ALC} = 2 \cdot 4S_{\triangle ALC} = 2S_{ACBD} = 2a^2 = a^2 + b^2.$$

即对任意等腰三角形, 勾股定理成立.

(2) 如图 18.3(b) 所示，若 $CA \neq CB$，作 C 在 AB 上的垂足 H，连接 HC、HF、HB、HD、DF. 由证法 323 可知 $AD = DB$. 再由 $\angle CHB + \angle CFB = 180°$ 可知 C、H、B、F 四点共圆，故有

$$\angle FHB = \angle FCB = 45° = \angle ABD$$

$$\implies FH \parallel BD \implies S_{\triangle HBD} = S_{\triangle FBD}, \qquad (18.3)$$

$$\angle ACD = \angle ABD = 45°$$

$$\implies \angle ACD + \angle ACE = 90° \implies CD \perp EF$$

$$\implies CD \parallel BF \implies S_{\triangle FBD} = S_{\triangle FBC}. \qquad (18.4)$$

由式 (18.3)、式 (18.4) 可知 $S_{\triangle HBD} = S_{\triangle FBC} = \frac{1}{4}a^2$，同理可证 $S_{\triangle HAD} = S_{\triangle AEC} = \frac{1}{4}b^2$，再考虑到 $S_{\triangle HAD} + S_{\triangle HBD} = S_{ABD} = \frac{1}{4}c^2$ 即得 $a^2 + b^2 = c^2$. □

证法 325 如图 18.4(a) 所示，以斜边 AB 为底作等腰直角三角形，D 是该三角形的直角顶点. 延长 DA 至点 E，使 $AE = AC$，延长 CB 至点 F，使 $BF = BD$. 连接 BD 交 CE 于点 H，AC 交 DF 于点 G（G、H 的位置关系放大后如图 18.4(b) 所示）. 下面我们分步骤来证明勾股定理.

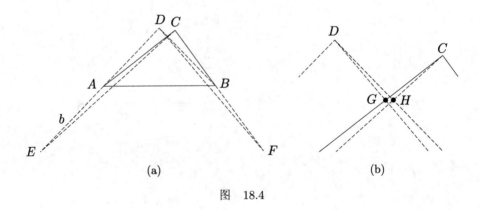

图　18.4

(1) 先证明 $\triangle BHC$ 为等腰三角形.

因为
$$AE = AC \implies \angle ACE = \angle AEC,$$

$$\angle ACE + \angle HCB = 90°, \angle AEC + \angle DHE = 90°,$$

所以
$$\angle HCB = \angle DHE = \angle CHB \implies BH = BC.$$

(2) 再证明 $\triangle ADG$ 为等腰三角形.

因为
$$BD = BF \implies \angle BDF = \angle BFD,$$

$$\angle ADG + \angle BDF = 90°, \angle CGF + \angle BFD = 90°,$$

所以
$$\angle ADG = \angle CGF = \angle DGA \implies AD = AG.$$

(3) 由 $BH = BC$ 和 $AD = AG$ 立即可得

$$ED = AD + AE = AG + AC = AG + AG + CG = 2AG + CG,$$

$$FC = CG + BF = BH + BD = BH + BH + DH = 2BH + DH.$$

(4) 现在就有

$$2\angle AEC = \angle DAC = \angle DBC = 2\angle DFC$$

$$\implies \angle AEC = \angle DFC \implies \text{Rt}\triangle EHD \sim \text{Rt}\triangle FGC$$

$$\implies ED : FC = HD : CG \implies ED \cdot CG = FC \cdot DH$$

$$\implies (2AG + CG) \cdot CG = (2BH + DH) \cdot DH$$

$$\implies 2AG \cdot CG + CG^2 = 2BH \cdot DH + DH^2$$

$$\implies (AG + CG)^2 - AG^2 = (BH + DH)^2 - BH^2$$

$$\implies AC^2 - AD^2 = BD^2 - BC^2$$

$$\implies AC^2 + BC^2 = AD^2 + BD^2 = AB^2. \qquad \square$$

由前面的证明可知 $\cos^2 135° = \cos^2 45° = \dfrac{1}{2}$, 于是我们可以构造含有这两个特殊角的普通三角形, 然后使用余弦定理得到 $c^2 = a^2 + b^2$. 具体见下面的证法 326 ~ 证法 333. 要特别指出, 余弦定理的证明是可以独立于勾股定理的, 参见泛化法一章中的证法 343.

证法 326　如图 18.5 所示, $DC = AC$. 设 $y = BD$. 显然有

$$c^2 = x^2 + y^2 - 2xy \cos D. \tag{18.5}$$

将 $y = b - a, x^2 = 2b^2$ 和 $\cos D = \dfrac{b}{x}$ 代入式 (18.5), 可得:

$$c^2 = 2b^2 + (b - a)^2 - 2b(b - a) = a^2 + b^2. \qquad \square$$

证法 327　辅助线作法同图 18.5, 对 $\triangle ABD$ 使用余弦定理, 有

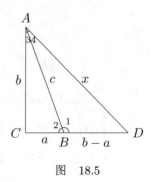

$$2b^2 = c^2 + (b-a)^2 - 2c(b-a)\cos(\angle 1)$$
$$= c^2 + (b-a)^2 - 2c(b-a)\cos(180° - \angle 2)$$
$$= c^2 + (b-a)^2 + 2c(b-a)\cos(\angle 2)$$
$$= c^2 + (b-a)^2 + 2a(b-a). \qquad (18.6)$$

图　18.5

对式 (18.6) 进行整理和化简, 即得 $c^2 = a^2 + b^2$.　□

证法 328　辅助线作法同图 18.5, 对 $\triangle BAD$ 使用余弦定理, 有

$$(b-a)^2 = c^2 + 2b^2 - 2\sqrt{2}bc \cdot \cos(\angle 4)$$
$$= c^2 + 2b^2 - 2\sqrt{2}bc \cdot \cos(45° - \angle 3). \qquad (18.7)$$

根据两角差的余弦公式, 以及 $\cos\angle 3 = \dfrac{b}{c}, \sin\angle 3 = \dfrac{a}{c}$, 得

$$2\sqrt{2}bc\cos(45° - \angle 3)$$
$$= 2\sqrt{2}bc\cos 45° \cos\angle 3 + 2\sqrt{2}bc\sin 45° \sin\angle 3$$
$$= 2\sqrt{2}bc \cdot \frac{\sqrt{2}}{2} \cdot \left(\frac{b}{c}\right) + 2\sqrt{2}bc \cdot \frac{\sqrt{2}}{2} \cdot \frac{a}{c}$$
$$= 2b^2 + 2ab. \qquad (18.8)$$

式 (18.8) 代入式 (18.7) 得 $a^2 - 2ab + b^2 = c^2 - 2ab$, 即 $c^2 = a^2 + b^2$.　□

证法 329　如图 18.6 所示, 对 $\angle BDA$ 应用余弦定理可得,

$$c^2 = (a+b)^2 + 2a^2 - 2(a+b)\sqrt{2}a \cdot \cos 45°. \qquad (18.9)$$

再将 $\cos 45° = \dfrac{\sqrt{2}}{2}$ 代入式 (18.9), 化简之后立得 $c^2 = a^2 + b^2$.　□

证法 330　辅助线作法同图 18.6, 对 $\angle ABD$ 应用余弦定理,

$$AD^2 = BD^2 + AB^2 - 2BD \cdot AB \cdot \cos(45° + \angle 1). \qquad (18.10)$$

由式 (18.10) 得 $(a+b)^2 = 2a^2 + c^2 - 2\sqrt{2}ac \cdot \cos(45° + \angle 1). \qquad (18.11)$

又根据两角和的余弦公式可知

$$2\sqrt{2}ac \cdot \cos(45° + \angle 1) = 2\sqrt{2}ac \cdot (\cos 45° \cos \angle 1 - \sin 45° \sin \angle 1)$$

$$= 2\sqrt{2}ac \cdot \cos 45° \cos \angle 1 - 2\sqrt{2}ac \cdot \sin 45° \sin \angle 1$$

$$= 2\sqrt{2}ac \cdot \frac{\sqrt{2}}{2}\left(\frac{a}{c}\right) - 2\sqrt{2}ac \cdot \frac{\sqrt{2}}{2}\left(\frac{b}{c}\right) = 2a^2 - 2ab. \tag{18.12}$$

将式 (18.12) 代入式 (18.11) 即得 $c^2 = a^2 + b^2$. □

证法 331 如图 18.7 所示, 在 AC 上截取 $CD=BC$. 则 CDB 是等腰直角三角形, 则 $x^2 = 2a^2$. 对 $\angle DAB$ 使用余弦定理可知

$$x^2 = c^2 + (b-a)^2 - 2c(b-a)\cos A.$$

而 $\cos A = \dfrac{b}{c}$, 于是可得

$$2a^2 = c^2 + (b-a)^2 - 2b(b-a) = c^2 + a^2 - 2ab + b^2 - 2b^2 + 2ab. \tag{18.13}$$

式 (18.13) 化简之后即得 $a^2 + b^2 = c^2$. □

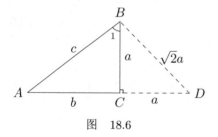

图 18.6

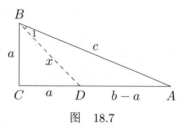

图 18.7

证法 332 辅助线作法同图 18.7, 对 $\angle 1$ 使用余弦定理,

$$(b-a)^2 = x^2 + c^2 - 2xc \cdot \cos(\angle B - 45°). \tag{18.14}$$

由 $x = \sqrt{2}a$ 及两角差的余弦公式可得

$$2xc \cdot \cos(\angle B - 45°) = 2\sqrt{2}ac(\cos \angle B \cos 45° + \sin \angle B \sin 45°)$$

$$= 2\sqrt{2}ac \cdot \frac{a}{c} \cdot \frac{\sqrt{2}}{2} + 2\sqrt{2}ac \cdot \frac{b}{c} \cdot \left(\frac{\sqrt{2}}{2}\right)$$

$$= 2a^2 + 2ab. \tag{18.15}$$

将式 (18.15) 代入式 (18.14), 立得

$$b^2 - 2ab + a^2 = 2a^2 + c^2 - 2a^2 - 2ab \implies c^2 = a^2 + b^2. \qquad \square$$

证法 333 如图 18.7 所示, 对 $\triangle BDA$ 使用余弦定理, 有

$$c^2 = x^2 + (b-a)^2 - 2x(b-a)\cos 135°. \qquad (18.16)$$

将 $x = \sqrt{2}a, \cos 135° = -\dfrac{\sqrt{2}}{2}$ 代入式 (18.16) 可得

$$c^2 = 2a^2 + b^2 - 2ab + a^2 + 2a(b-a) = a^2 + b^2. \qquad \square$$

下面介绍对普通锐角或者钝角使用余弦定理然后证明勾股定理的例子. 即证法 $334 \sim$ 证法 335.

证法 334 如图 18.8 所示, 建立以 O 为中心的坐标系, 设 $\overrightarrow{OA} = \boldsymbol{r}_a$、$\overrightarrow{OB} = \boldsymbol{r}_b$、$\overrightarrow{OC} = \boldsymbol{r}_c$, 则由余弦定理可知

$$a^2 = r_b^2 + r_c^2 - 2r_b r_c \cos\alpha = r_b^2 + r_c^2 - 2\boldsymbol{r}_b \cdot \boldsymbol{r}_c, \qquad (18.17)$$

$$b^2 = r_a^2 + r_c^2 - 2r_a r_c \cos\beta = r_a^2 + r_c^2 - 2\boldsymbol{r}_a \cdot \boldsymbol{r}_c, \qquad (18.18)$$

$$c^2 = r_a^2 + r_b^2 - 2r_a r_b \cos(\alpha+\beta) = r_a^2 + r_b^2 - 2\boldsymbol{r}_a \cdot \boldsymbol{r}_b. \qquad (18.19)$$

式 (18.17)+ 式 (18.18)− 式 (18.19), 可得

$$a^2 + b^2 - c^2 = 2r_c^2 - 2\boldsymbol{r}_b \cdot \boldsymbol{r}_c - 2\boldsymbol{r}_a \cdot \boldsymbol{r}_c + 2\boldsymbol{r}_a \cdot \boldsymbol{r}_b. \qquad (18.20)$$

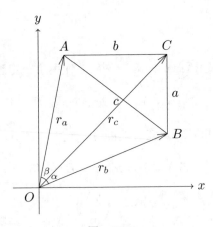

图　18.8

另一方面, 从 $\overrightarrow{AC} \perp \overrightarrow{BC}$ 可知 $(\boldsymbol{r}_c - \boldsymbol{r}_b) \cdot (\boldsymbol{r}_c - \boldsymbol{r}_a) = 0$, 展开后就是 $r_c^2 - \boldsymbol{r}_b \cdot \boldsymbol{r}_c - \boldsymbol{r}_a \cdot \boldsymbol{r}_c + \boldsymbol{r}_a \cdot \boldsymbol{r}_b = 0$. 将其代入式 (18.20), 即得 $a^2 + b^2 - c^2 = 0$, 故 $c^2 = a^2 + b^2$. □

证法 335 如图 18.9 所示,O 为 AB 中点. 设 $OA = OB = OC = r$. 由 $\alpha + \beta = 180°$ 得 $\cos \alpha = -\cos \beta$. 由余弦定理,

$$a^2 = r^2 + r^2 - 2r \cdot r \cos \alpha = 2r^2 - 2r^2 \cos \alpha, \tag{18.21}$$

$$b^2 = r^2 + r^2 - 2r \cdot r \cos \beta = 2r^2 + 2r^2 \cos \alpha. \tag{18.22}$$

由式 $(18.21) +$ 式 (18.22), 立得 $a^2 + b^2 = 4r^2 = (2r)^2 = c^2$. □

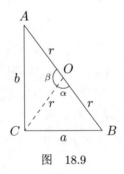

图　18.9

第 19 章

泛 化 法

泛化法是先证一个比较一般的结论, 然后将待证命题作为该结论的一个特例直接得到. 它体现了从一般到特殊的哲学思想. 在使用泛化法证明勾股定理的时候, 一个常见的泛化思路是, 将直角三角形泛化为一般三角形, 得到一个通用性更强的公式, 然后将特殊条件 $\angle C = 90°$ 代入, 得到 $a^2 + b^2 = c^2$.

首先介绍一个定理, 它可以看成是勾股定理的推广. 由 Pappus 发现, 故称 Pappus 定理.

定理 19.1(Pappus 定理)[2, p126] 如图 19.1(a) 所示, 设 $\triangle ABC$ 为任意三角形. 将线段 AC、BC 分别向外侧平移 x 个距离和 y 个距离, 得到两条直线 LM 和 LN, 相交于 L 点. 连接并延长 LC 并交 AB 于 O 点, 在直线 LO 上截取 $OP = LC$, 过 P 点作 AB 的平行线 PQ. 设 PQ 和 AB 之间的距离为 z, 则一定有 $ax + by = cz$.

证 如图 19.1(b) 所示, 过 A 点作 LP 的平行线, 分别交 LM 和 PQ 于 G 点和 K 点. 过 B 点作 LP 的平行线, 分别交 LN 和 PQ 于 E 点和 H 点. 连接 GE 交 LP 于 D 点.

由 $GACL$ 是平行四边形可知 $GA \underline{\parallel} CL$, 由 $BECL$ 是平行四边形可知 $BE \underline{\parallel} CL$, 故 $GA \underline{\parallel} BE$, 于是 $AGBE$ 也是平行四边形, 得 $GE \underline{\parallel} AB$. 于是 $AGDO$、$BEDO$ 也都是平行四边形, 故 $OD \underline{\parallel} AG \underline{\parallel} CL \underline{\parallel} OP$. 从而可知 $S_{GABE} = S_{ABHK}$.

另一方面, 由于同底共高的平行四边形面积相等, 可得

$$S_{GACL} = S_{GADO}, S_{BECL} = S_{BEDO}.$$

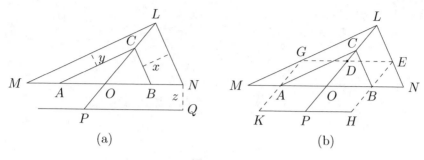

图　19.1

于是有

$$S_{GACL} + S_{BECL} = S_{GADO} + S_{BEDO} = S_{GABE} = S_{ABHK}. \qquad (19.1)$$

式 (19.1) 即所欲证者.

证法 336　如图 19.2 所示, 延长 PC 分别
交 AB、HK 于 M、N 点. 易证 $PC = MN = c$.
现在设 AC 与 FG 的距离为 y, BC 与 DE 的距
离为 x, AB 与 HK 的距离为 z, 由 Pappus 定理
知 $ax + by = cz$, 再将 $x = a, y = b, z = c$ 代入,
立得 $a^2 + b^2 = c^2$.　　　　□

下面的证法 337 可以看成 Pappus 定理的
变形.

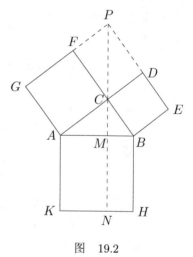

图　19.2

证法 337　如图 19.3(a) 所示, 设 △ABC 为
锐角三角形, AD 和 BE 是它的两条高, 然后任
取一个实数 $r > 0$, 在 △ABC 外部取三个点
X、Y、Z, 满足 X 到 AC 的距离 $x = r \cdot AE$, Y
到 BC 的距离 $y = r \cdot BD$, Z 到 AB 的距离
$z = r \cdot AB$, 则一定有 $S_{\triangle ABZ} = S_{\triangle ACX} + S_{\triangle BCY}$. 我们先来证明这个结论, 然
后用它来证明勾股定理. 首先根据已知条件有

$$2S_{\triangle ABZ} = AB \cdot z = r \cdot AB^2, \qquad (19.2)$$

$$2S_{\triangle ACX} = AC \cdot x = r \cdot AC \cdot AE, \qquad (19.3)$$

$$2S_{\triangle BCY} = BC \cdot y = r \cdot BC \cdot BD. \qquad (19.4)$$

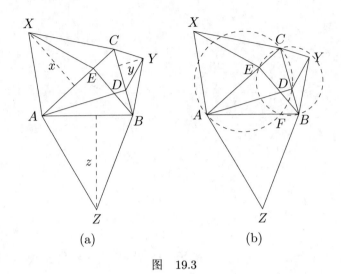

图 19.3

现在设 F 为 C 在 AB 上的垂足, 然后分别以 AC 和 BC 为直径作两个圆, 如图 19.3(b) 所示. 显然 F 点和 C 点是这两个圆的公共交点. 现在根据割线定理可知

$$AB^2 = AB \cdot (AF + BF) = AB \cdot AF + AB \cdot BF$$
$$= AC \cdot AE + BD \cdot BC. \tag{19.5}$$

故有
$$AB^2 \cdot r = AC \cdot AE \cdot r + BD \cdot BC \cdot r. \tag{19.6}$$

将式 (19.2) ～式 (19.4) 代入式 (19.6) 得
$$S_{\triangle ABZ} = S_{\triangle ACX} + S_{\triangle BCY}. \tag{19.7}$$

现在考虑 C 为直角的情形. 此时 D 点和 E 点都和 C 点重合, 则 $AE = AC = b, BD = BC = a$, 于是 $x = rb, y = ra$. 将它们代入式 (19.7), 立得 $rc^2 = ra^2 + rb^2 \implies c^2 = a^2 + b^2$. □

下面的证法 338 和证法 339 都用到了著名的海伦公式.

定理 19.2(海伦公式) 对任意三角形 ABC, 设其面积为 S, 三边分别为 a、b、c. 又设 $s = \dfrac{1}{2}(a + b + c)$, 则

$$S = \sqrt{s(s-a)(s-b)(s-c)}.$$

证[①] 如图 19.4(a) 所示. 设 $\triangle ABC$ 的内接圆圆心为 O, 半径为 r. 设

---

① 本证明摘自参考文献 [11].

D、E、F 分别为 O 在三边上的垂足, 则 $OD = OE = OF = r$. 又设 $CE = CD = y, BD = BF = x, AE = AF = z$, 以及 $s = \frac{1}{2}(a+b+c)$. 易知

$$\left.\begin{array}{l} x + y = a \\ y + z = b \\ z + x = c \end{array}\right\} \Longrightarrow \begin{array}{l} z = \frac{1}{2}(b+c-a) = s-a \\ y = \frac{1}{2}(a+b-c) = s-c \\ x = \frac{1}{2}(a-b+c) = s-b \end{array}$$

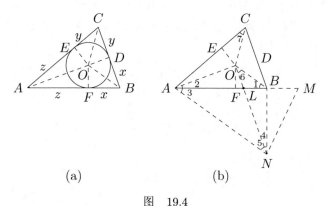

(a)   (b)

图　19.4

如图 19.4(b) 所示, 现在过 B 点作 AB 的垂线 BN, 过 O 点作 AO 的垂线 ON, ON 和 BN 交于 N 点. ON 交 AB 于 L 点. 设 $FL = h$, 由射影定理知 $OF^2 = AF \cdot FL = zh$. 再考虑到 $S = sr$. 由分析法可知

$$S = \sqrt{s(s-a)(s-b)(s-c)} \Longleftrightarrow S^2 = sxyz$$
$$\Longleftrightarrow s^2 r^2 = sxyz \Longleftrightarrow sr^2 = xyz$$
$$\Longleftrightarrow szh = xyz \Longleftrightarrow sh = xy. \tag{19.8}$$

现在在 AB 延长线上截取 $BM = y$, 则 $AM = AB + BM = c + (s-c) = s$. 由 $\angle AON = 90° = \angle ABN$ 可知 A、O、B、N 四点共圆. 从而有

$$\angle 1 + \angle 2 + \angle 3 = \angle 5 + \angle 2 + \angle 3 = 90°.$$

再考虑到 $\angle 7 + \angle 2 + \angle 3 = 90°$, 可得

$$\angle 1 = \angle 7 \Longrightarrow \frac{BN}{AB} = \frac{OE}{CE} = \frac{OE}{BM} \Longrightarrow \frac{BM}{AB} = \frac{OF}{BN}. \tag{19.9}$$

另一方面又显然有 $OF \parallel BN \Longrightarrow \dfrac{OF}{BN} = \dfrac{FL}{BL}. \tag{19.10}$

由式 (19.9) 和式 (19.10) 可得

$$\frac{BM}{AB} = \frac{FL}{BL} \implies \frac{BM+AB}{AB} = \frac{FL+BL}{BL} \implies \frac{AM}{AB} = \frac{BF}{BL}$$

$$\implies AM \cdot BL = AB \cdot BF \implies s(x-h) = cx$$

$$\implies sh = sx - cx = x(s-c) = xy. \tag{19.11}$$

由式 (19.11) 和式 (19.8) 便知海伦公式成立. □

证法 338 如图 19.5(a) 所示,以 AC 为对称轴作 B 的对称点 D. 显然 $\mathrm{Rt}\triangle ADC \cong \mathrm{Rt}\triangle ABC$. 故 $S_{\triangle ABD} = ab$. 设 s 为 $\triangle DAB$ 的半周长,则 $s = c + a$. 由海伦公式知

$$S_{\triangle ABD} = \sqrt{s(s-c)(s-c)(s-2a)} = \sqrt{(c+a)a^2(c-a)}. \tag{19.12}$$

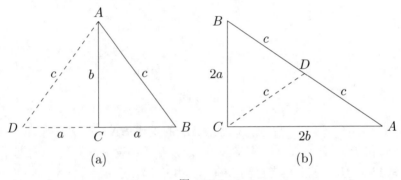

图 19.5

再将 $S_{\triangle ABD} = ab$ 代入式 (19.12),化简后即得 $a^2 + b^2 = c^2$. □

John Molokach 给出了另一个和证法 338 类似的思路:如图 19.5(b) 所示,将原直角三角形三边同时延长 1 倍,再作斜边中线 CD,显然 $\triangle ACD$ 和 $\triangle BCD$ 都是腰为 c 的等腰三角形,且面积都是 ab. 然后对其中任何一个应用海伦公式即可.

证法 339 设 S 为任意三角形 ABC 的面积. $s = \dfrac{1}{2}(a+b+c)$. 根据海伦公式可知

$$S^2 = s(s-a)(s-b)(s-c). \tag{19.13}$$

又显然有

$$s - a = \frac{1}{2}(b+c-a),\ s - b = \frac{1}{2}(a+c-b),\ s - c = \frac{1}{2}(a+b-c). \tag{19.14}$$

将式 (19.14) 代入式 (19.13), 可得

$$16S^2 = (a+b+c)(b+c-a)(a+c-b)(a+b-c)$$
$$= 2a^2b^2 + 2a^2c^2 + 2b^2c^2 - (a^4 + b^4 + c^4). \tag{19.15}$$

当 $C = 90°$ 时, $S = \dfrac{1}{2}ab$. 将其代入式 (19.15), 可得

$$4a^2b^2 = 2a^2b^2 + 2a^2c^2 + 2b^2c^2 - (a^4 + b^4 + c^4)$$
$$\implies (a^4 + 2a^2b^2 + b^4) - 2a^2c^2 - 2b^2c^2 + c^4 = 0$$
$$\implies (a^2 + b^2)^2 - 2c^2(a^2 + b^2) + c^4 = 0$$
$$\implies (a^2 + b^2 - c^2)^2 = 0 \implies a^2 + b^2 = c^2. \qquad \Box$$

下面的证法 340 ~ 证法 342 用到了中线定理.

证法 340　如图 19.6 所示, 设 $\triangle ABC$ 为普通三角形, M 为边 AB 的中点. 设 $CM = x, MA = MB = r$. 则根据余弦定理可知

$$a^2 = x^2 + r^2 - 2xr \cdot \cos\alpha, \tag{19.16}$$
$$b^2 = x^2 + r^2 - 2xr \cdot \cos\beta. \tag{19.17}$$

由 $\alpha + \beta = 180°$ 可知 $\cos\alpha + \cos\beta = 0$, 将其代入式 (19.16)+ 式 (19.17) 中便得 $a^2 + b^2 = 2x^2 + 2r^2$. 这就是三角形中线定理的代数形式. 而当 $\angle C = 90°$ 时, 有 $x = r$. 将其代入中线定理后立得 $a^2 + b^2 = 4r^2 = c^2$. 　　$\Box$

证法 341　如图 19.7 所示, $\triangle ABC$ 为任意三角形, 过 A、B 两点分别作对边的平行线, 相交于 N 点, 连接 CN 交 AB 于 M 点. 根据向量的加法法则可知

$$2\overrightarrow{CM} = \overrightarrow{CN} = \overrightarrow{CA} + \overrightarrow{CB}. \tag{19.18}$$

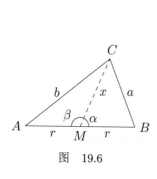

图　19.6

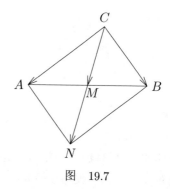

图　19.7

式 (19.18) 即三角形中线定理的向量形式. 对其两方进行平方, 可得

$$4CM^2 = AC^2 + BC^2 - 2\overrightarrow{CA} \cdot \overrightarrow{CB}. \tag{19.19}$$

当 $\angle C = 90°$ 时, 有 $2CM = AB, \overrightarrow{CA} \cdot \overrightarrow{CB} = 0$. 将其代入式 (19.19), 立得 $AB^2 = AC^2 + BC^2$. □

证法 342 如图 19.8 所示, $\angle C = 90°$. 作 $BD \perp AB$, 易知 $BD = \dfrac{ac}{b}$, $CD = \dfrac{a^2}{b}$. 又设 BE 为 $\mathrm{Rt}\triangle ABD$ 的中线, 根据中线定理可得

$$AB^2 + BD^2 = 2AE^2 + 2BE^2.$$

即
$$c^2 + \left(\frac{ac}{b}\right)^2 = AD^2 = \left(b + \frac{a^2}{b}\right)^2.$$

故有 $c^2 \cdot \dfrac{(b^2 + a^2)}{b^2} = (a^2 + b^2) \cdot \dfrac{(b^2 + a^2)}{b^2} \implies a^2 + b^2 = c^2$. □

下面的证法 343 则证明了余弦定理.

证法 343 如图 19.9 所示, $\triangle ABC$ 为任意三角形, 由 $\boldsymbol{c} = \boldsymbol{a} + \boldsymbol{b}$ 可知

$$\boldsymbol{c} \cdot \boldsymbol{c} = (\boldsymbol{b} + \boldsymbol{a})(\boldsymbol{b} + \boldsymbol{a}) \implies c^2 = b^2 + a^2 + 2\boldsymbol{a} \cdot \boldsymbol{b}$$
$$\implies c^2 = a^2 + b^2 - 2ab \cdot \cos C.$$

上式就是余弦定理. 然后取 $\angle C = 90°$, 则 $\cos C = 1$, 将其代回前式, 即得 $c^2 = a^2 + b^2$. □

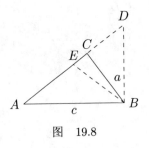

图 19.8

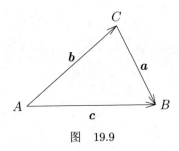

图 19.9

下面的证法 344 ～ 证法 347 是在证法 342 和证法 343 的基础上演化而来, 目的是对一些特殊角使用余弦定理, 然后得到结论.

证法 344 辅助线作法同图 19.8, 对 Rt$\triangle AEB$ 中的 $\angle A$ 使用余弦定理可得

$$BE^2 = AE^2 + AB^2 - 2AB \cdot AE \cdot \cos A. \tag{19.20}$$

由于 $BE = AE$, 所以式 (19.20) 变为

$$c^2 = 2AE \cdot c \cdot \cos A = AD \cdot b = \left(\frac{a^2}{b} + b\right) b = a^2 + b^2. \qquad \Box$$

证法 345 辅助线作法同图 19.8, 对 $\angle AEB$ 使用余弦定理可得

$$c^2 = AE^2 + BE^2 - 2AE \cdot BE \cdot \cos E(\angle AEB)$$

$$= 2AE^2 + 2AE \cdot BE \cdot \cos(\angle BEC) = 2AE^2 + 2AE \cdot CE$$

$$= 2AE(AE + CE) = 2AE \cdot AC = AD \cdot AC$$

$$= \left(\frac{a^2}{b} + b\right) \cdot b = a^2 + b^2. \qquad \Box$$

证法 346 辅助线作法同图 19.8, 对 $\triangle EDB$ 中的 $\angle D$ 使用余弦定理可得

$$BE^2 = BD^2 + DE^2 - 2BD \cdot DE \cdot \cos D. \tag{19.21}$$

由于 $BE = DE = \frac{1}{2}AD$, 所以式 (19.21) 变为

$$BD^2 = 2DE \cdot BD \cdot \cos D = AD \cdot CD.$$

而 $BD = \dfrac{ac}{b}, CD = \dfrac{a^2}{b}$. 故有

$$\frac{a^2 c^2}{b^2} = \left(\frac{a^2}{b} + b\right) \frac{a^2}{b} \implies c^2 = a^2 + b^2. \qquad \Box$$

证法 347 辅助线作法同图 19.8, 对 $\triangle EDB$ 中的 $\angle DEB$ 使用余弦定理可得

$$BD^2 = BE^2 + DE^2 - 2BE \cdot DE \cdot \cos \angle DEB. \tag{19.22}$$

由于 $BE = DE = \frac{1}{2}AD$, 所以式 (19.22) 变为

$$BD^2 = 2DE^2 - 2DE \cdot (BE \cdot \cos \angle DEB) = 2DE^2 - 2DE \cdot CE$$

$$= 2DE(DE - CE) = 2DE \cdot CD = AD \cdot CD.$$

而 $BD = \dfrac{ac}{b}, AD = AC + CD = b + \dfrac{a^2}{b}$. 故有

$$\frac{a^2 c^2}{b^2} = \left(b + \frac{a^2}{b}\right)\frac{a^2}{b} \implies c^2 = a^2 + b^2. \qquad \square$$

下面的证法 348 和证法 349 的价值在于将射影定理的结论进行了推广.

证法 348　如图 19.10 所示, 过直角边 AC 内任意一点 C' 作 AC 的垂线交 AB 于 B' 点. H 为 C' 在 AB 上的垂足, 设 $C'H=$h, 则易证

$$a : b : c = x : h : a' = h : y : b'.$$

于是可得 $\qquad \left.\begin{array}{r} aa' = cx \\ bb' = cy \end{array}\right\} \implies aa' + bb' = c(x + y) = cc'. \qquad (19.23)$

当 C' 与 C 重合时, 有 $a' = a, b' = b, c' = c$. 将其代入式 (19.23), 立得 $a^2 + b^2 = c^2$. $\qquad \square$

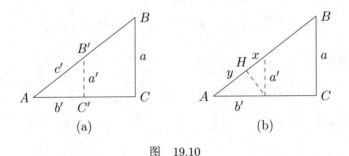

图　19.10

证法 349　如图 19.11 所示, 设 $\triangle ABC$ 中 C 为最大角, 在边 AB 上取两点 A'、B', 使 $\angle AC'B = \angle B, \angle BC'A = \angle A$, 于是可得 $\angle CA'B = \angle CBA' = \angle ACB$, 则显然有

$$\triangle ABC \sim \triangle ACB' \sim \triangle CBA'.$$

于是有 $AB : AC = AC : AB', AB : CB = BC : BA'$, 即 $AC^2 = AB \cdot AB'$, $BC^2 = AB \cdot A'B$. 当 $\angle ACB = 90°$ 时, 有 $CA' \perp AB, CB' \perp AB$, 此时 A' 和 B' 重合, 于是可得

$$AC^2 + BC^2 = AB(AB' + A'B) = AB \cdot AB = AB^2. \qquad \square$$

下面我们引入一个符号函数 sgn, 其定义为

$$\mathrm{sgn}(x) = \begin{cases} 1, & \text{如果} x > 0. \\ 0, & \text{如果} x = 0. \\ -1, & \text{如果} x < 0. \end{cases} \tag{19.24}$$

有了这个函数之后, 一些几何学的定理可以得到更简明的表达, 比如等腰对等角、大边对大角和大角对大边三个定理可以统一表达为 $\mathrm{sgn}(A - B) = \mathrm{sgn}(a - b)$.

现在我们用符号函数表示 $a^2 + b^2 - c^2$ 的正负号取值规律, 可以得到定理 19.3, 然后在此基础上得到证法 350 和证法 351.

定理 19.3(E. W. Dijkstra)(符号定理) 如图 19.12 所示, 设 ABC 为任意三角形, a、b、c 的对应角分别为 α、β、γ. 则表达式 $(\alpha + \beta - \gamma)$ 和表达式 $(a^2 + b^2 - c^2)$ 有相同的正负号. 即 $\mathrm{sgn}(\alpha + \beta - \gamma) = \mathrm{sgn}(a^2 + b^2 - c^2)$.

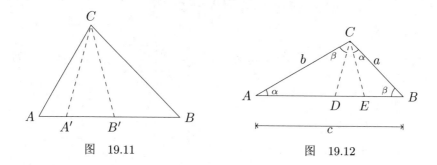

图　19.11　　　　　　　　　图　19.12

证[3,#78](E. W. Dijkstra) 如图 19.12 所示, 在 AB 所在直线上截取两点 D、E, 使 $\angle ACD = \beta, \angle BCE = \alpha$. 于是 α 和 β 就成为 $\triangle CBE$、$\triangle ACD$、$\triangle ABC$ 的公共角, 从而这三个三角形彼此相似. 显然 a、b、c 分别为三个三角形中的对应边, 于是有

$$S_{\triangle CBE} : S_{\triangle ACD} : S_{\triangle ABC} = a^2 : b^2 : c^2. \tag{19.25}$$

下面我们分三种情况讨论.

(1) 如果 $\gamma > \alpha + \beta$, 则 $\triangle ACD$ 和 $\triangle BCE$ 没有重叠部分, 故有 $S_{\triangle CBE} + S_{\triangle ACD} < S_{\triangle ABC}$, 由定理 8.1 和式 (19.25) 即得 $a^2 + b^2 < c^2$, 也就是 $\mathrm{sgn}(a^2 + b^2 - c^2) = -1 = \mathrm{sgn}(\alpha + \beta - \gamma)$.

(2) 如果 $\gamma = \alpha + \beta$, 则 D 点和 E 点重合, 故有 $S_{\triangle CBE} + S_{\triangle ACD} = S_{\triangle ABC}$, 由定理 8.1 和式 (19.25) 即得 $a^2 + b^2 = c^2$, 也就是 $\mathrm{sgn}(a^2 + b^2 - c^2) = 0 = \mathrm{sgn}(\alpha + \beta - \gamma)$.

(3) 如果 $\gamma < \alpha + \beta$, 此时 $\triangle CDE$ 是 $S_{\triangle CBE}$ 和 $S_{\triangle ACD}$ 的公共部分，故有 $S_{\triangle CBE} + S_{\triangle ACD} > S_{\triangle ABC}$，由定理 8.1 和式 (19.25) 即得 $a^2 + b^2 > c^2$，也就是 $\text{sgn}(a^2 + b^2 - c^2) = 1 = \text{sgn}(\alpha + \beta - \gamma)$.

综上所述，不论 $\alpha + \beta$ 和 γ 的大小关系如何，均有 $\text{sgn}(\alpha + \beta - \gamma) = \text{sgn}(a^2 + b^2 - c^2)$. □

证法 350 设 $\triangle ABC$ 中 $\angle C = 90°$，则显然有 $\angle A + \angle B = 90° = \angle C$. 由定理 19.3 立得 $\text{sgn}(a^2 + b^2 - c^2) = \text{sgn}(A + B - C) = 0$. 即 $c^2 = a^2 + b^2$. □

证法 351 如图 19.13(a) 所示，设 $ABDE$ 为等腰梯形. 如果 $\angle EAB > \angle AED$，则显然有 $\angle EAB > 90°$，现在分别作 A、B 两点在另一底边 DE 上的垂足 M、N，则 M、N 都一定落在 DE 内部，从而 $DE > MN = AB$. 于是我们就得到一个结论，在等腰梯形中，和两腰的夹角比较小的那条底边长度较大. 反之亦然，即在等腰梯形中，较长的底边和两腰的夹角比较小. 即

$$\text{sgn}(\angle EAB - \angle AED) = \text{sgn}(DE - AB). \tag{19.26}$$

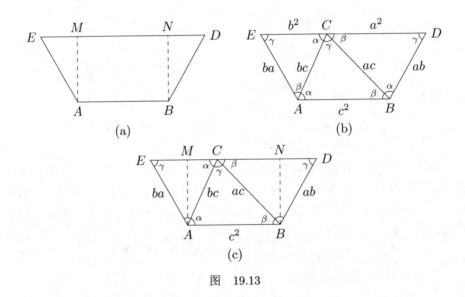

图 19.13

这个定理实际上就是三角形中的大角对大边和大边对大角两个性质在等腰梯形中的推广.

现在设 $\triangle ABC$ 为任意三角形，并将其各边延长 c 倍. 然后过 C 点作 AB 的平行线 l，在 l 上截取两点 D、E 使 $\angle EAC = \angle ABC$，$\angle CBD = \angle BAC$，则容易证明四边形 $ABDE$ 为等腰梯形. 如图 19.13(b) 所示.

在图 19.13(b) 中, 容易知道 $\triangle CAE$、$\triangle ABC$、$\triangle BCD$ 的三个内角都是 α、β、γ. 从而它们彼此相似, 故 $EC = b^2, CD = a^2$. 再由前面的式 (19.26) 可知

$$\text{sgn}(\alpha + \beta - \gamma) = \text{sgn}(a^2 + b^2 - c^2). \tag{19.27}$$

当 $\angle C = 90°$ 时, 有 $\alpha + \beta = 90° = \gamma$, 于是由式 (19.27) 立得

$$a^2 + b^2 - c^2 = 0 \implies c^2 = a^2 + b^2. \qquad \square$$

值得一提的是, 如果我们把图 19.13 中的子图 (a) 和 (b) 合并, 可以得到图 19.13(c), 在这个子图中, 显然有

$$a^2 + b^2 - c^2 = DE - MN = ME + ND = 2ab \cdot \cos\gamma.$$

这就证明了余弦定理.

下面的证法 352 ~ 证法 354 也是泛化法的典型例子.

证法 352 如图 19.14 所示, $\triangle ABC$ 为任意三角形. AD、BE、CF 为它的三条高. 由 $\angle CEB = 90° = \angle BFC$ 知 C、E、B、F 四点共圆. 于是由割线定理知

$$AF \cdot AB = AE \cdot AC. \tag{19.28}$$

同理 $\qquad BF \cdot BA = BD \cdot BC. \tag{19.29}$

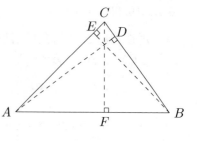

图 19.14

式 (19.28)+ 式 (19.29) 即得 $AB^2 = AE \cdot AC + BD \cdot BC.$

$$\tag{19.30}$$

当 $\angle ACB$ 为直角时, D、E 均与点 C 重合, $AE = AC, BD = BC$, 此时式 (19.30) 就变为 $AB^2 = AC^2 + BC^2.$ $\qquad \square$

证法 353 如图 19.15(a) 所示, 设 $\triangle ABC$ 为锐角三角形, AD 和 BF 是它的两条高, 现在分别以 AE、BD、AB 为边长向外作三个等边三角形, 新顶点分别为 X、Y、Z. 然后连接 CX、CY, 则一定有 $S_{\triangle ABZ} = S_{\triangle ACX} + S_{\triangle BCY}$. 我们先来证明这个结论, 然后用它来证明勾股定理.

如图 19.15(a) 所示, 设 H 为 C 在 AB 上的垂足, 然后分别以 AC 和 BC 为直径作两个圆, 显然 F 点和 C 点是这两个圆的公共交点. 现在根据割线定理可知

$$AB^2 = AB \cdot (AF + BF) = AB \cdot AF + AB \cdot BF$$

$$= AC \cdot AE + BD \cdot BC = AC \cdot AX + BY \cdot BC. \tag{19.31}$$

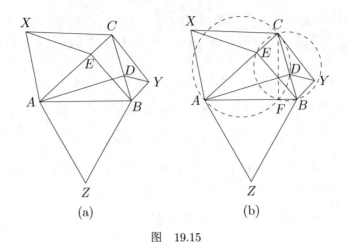

图　19.15

故有
$$AB^2 \cdot \sin 60° = AC \cdot AX \cdot \sin 60° + BY \cdot BC \cdot \sin 60°. \tag{19.32}$$

由式 (19.32) 即得
$$S_{\triangle ABZ} = S_{\triangle ACX} + S_{\triangle BCY}. \tag{19.33}$$

现在考虑 C 为直角的情形. 此时 D 点和 E 点都和 C 点重合, 于是 $\triangle ACX$ 和 $\triangle BCY$ 分别与等边三角形 AEX 和 BDY 重合.

$$S_{\triangle ABZ} : S_{\triangle BCY} : S_{\triangle ACX} = S_{\triangle ABZ} : S_{\triangle BDY} : S_{\triangle AEX}$$

$$= \frac{1}{2}c^2 \sin 60° : \frac{1}{2}a^2 \sin 60° : \frac{1}{2}b^2 \sin 60° = c^2 : a^2 : b^2. \tag{19.34}$$

根据式 (19.33) 和式 (19.34) 并由定理 8.1 立得 $c^2 = a^2 + b^2$. □

证法 354　如图 19.16(a) 所示, 设 $\triangle ABC$ 为锐角三角形, AD 和 BF 是它的两条高, 然后分别以三边为底各自向外作一个矩形, 高分别为 $x = AE, y = BD, z = BC$. 于是有

$$S_{AZ_1FN} = AZ_1 \cdot AF = AB \cdot AC \cos A,$$

$$S_{AX_1X_2B} = AC_1 \cdot AX = AC \cdot AE = AB \cos A \cdot AC,$$

$$S_{FNZ_2B} = BF \cdot BZ_2 = BC \cos B \cdot AB,$$

$$S_{BY_1Y_2C} = BC \cdot BY_1 = BC \cdot BD = BC \cdot AB \cos B.$$

故
$$S_{BY_1Y_2C} + S_{AX_1X_2C} = S_{FNZ_2B} + S_{AZ_1FN} = S_{AZ_1Z_2B}. \tag{19.35}$$

现在考虑 C 为直角的情形. 此时 D 点和 E 点都和 C 点重合, 于是有 $AE = AC = b, BD = BC = a$, 故 $S_{AX_1X_2C} = b^2, S_{BY_1Y_2C} = a^2$, 再由 (19.35) 立得 $c^2 = a^2 + b^2$. □

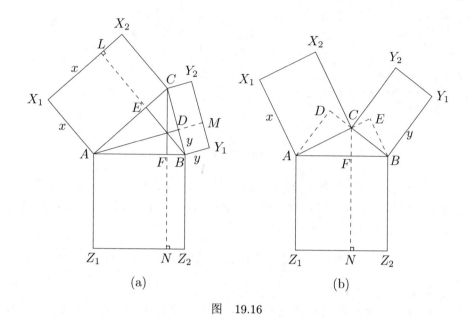

图 19.16

我们如果将图 19.16(a) 中的角 C 变为钝角, 就可得到图 19.16(b), 然后用和证法 354 相同的思路, 证明 $S_{AZ_1Z_2B} = S_{BY_1Y_2C} + S_{AX_1X_2C}$, 再让 C 退化为直角, 也可得到勾股定理.

下面的证法 355 ~ 证法 357 将泛化法和辅助圆法相结合, 得到了一些更强的结论.

证法 355 本证法比较复杂. 为保证证法的清晰性, 我们分几个步骤叙述.

(1) 先证一个一般性的结论. 如图 19.17(a) 所示, 设 ABC 为任意三角形, 过 C 点作任意直线 l, 再过 A 点作 BC 的平行线, 交 l 于 G 点. 过 B 点作 AC 的平行线, 交 l 于 E 点. 设 M 点为 GE 的中点, 则一定有 $S_{\triangle ACG} + S_{\triangle BCE} = 2S_{\triangle ABM}$. 证明要点如下:

首先由 $AG \parallel BC$ 可知 $S_{\triangle AGC} = S_{\triangle AGB}$, 以及从 $BE \parallel AC$ 得到 $S_{\triangle BEC} = S_{\triangle BEA}$. 再设 P、O、R 分别为 G、M、E 三点在 AB 所在直线上的垂足, 由 $PG \parallel MO \parallel ER$ 和 $MG = ME$ 可知 $MO = \dfrac{1}{2}(ER + PG)$. 于是就有

$$S_{\triangle ACG} + S_{\triangle BCE} = S_{\triangle ABG} + S_{\triangle ABE}$$

$$= \frac{1}{2}AB \cdot PG + \frac{1}{2}AB \cdot ER = \frac{1}{2}AB \cdot (ER + PG)$$

$$= AB \cdot OM = 2S_{\triangle ABM}. \tag{19.36}$$

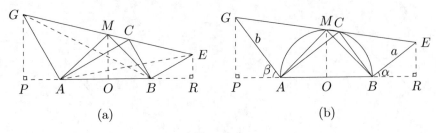

图　19.17

(2) 现在考虑角 C 为直角的情形. 如图 19.17(b) 所示, 将两直角边分别绕锐角顶点向外旋转 $90°$, 得到两条新线段 AG、BE. 显然 ACG 和 BCE 都是等腰直角三角形, 故有

$$\angle CMA + \angle ACB + \angle BCE = 45° + 90° + 45° = 180°. \tag{19.37}$$

于是 G、C、E 三点共线.

(3) 现在以 AB 为直径作圆 O, 显然它和线段 GE 已经有一个交点 C, 若 $a \neq b$, 圆 O 和 DE 必有另一个不和 C 重合的交点 M. 由 A、B、M、C 四点共圆可得

$$\angle AMB = \angle ACB = 90°, \angle MBA = \angle MCA = 45°.$$

从而可知 ABM 为等腰直角三角形.

(4) 现在我们来证明 M 是 GE 的中点. 设 P、O、R 分别为 G、M、E 在直线 AB 上的垂足, 显然有

$$PA = b\cos\beta = b \cdot \frac{a}{c} = \frac{ba}{c},$$
$$BR = a\cos\alpha = a \cdot \frac{b}{c} = \frac{ab}{c}. \tag{19.38}$$

故 $PA = BR$, 于是 $OP = OR$, 再由 $PG \parallel MO \parallel ER$ 得到 $GM = ME$.

综合 (1)~(4), 我们已经知道 M 为 GE 的中点, $\triangle ABM$ 为等腰直角三角形, 以及 $AG \parallel BC$ 和 $BE \parallel AC$. 现在根据式 (19.36) 可知 $2S_{\text{Rt}\triangle ABM} = S_{\text{Rt}\triangle BCE} + S_{\text{Rt}\triangle ACG}$, 即

$$\frac{c^2}{2} = \frac{a^2}{2} + \frac{b^2}{2} \implies c^2 = a^2 + b^2. \qquad \square$$

定理 19.4 如图 19.18(a) 所示, 在圆 O 内作两条互相垂直的弦 AB 和 CD, 相交于 P 点, 则 $2S_{\triangle AOC} = S_{\text{Rt}\triangle ADP} + S_{\text{Rt}\triangle BCP}$.

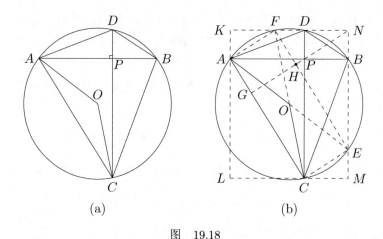

图　19.18

证　如图 19.18(b) 所示, 延长 AO 交圆于 E 点, 延长 CO 交圆于 F 点. 过 A 点和 B 点分别作 CD 的平行线交直线 DF 于 K 点和 N 点. 过 C 点作 AB 的平行线分别交 KA 和 NB 的延长线于 L 和 M 点. 显然四边形 $AFEC$ 为矩形, 故 $S_{AFEC} = 4S_{\triangle AOC}$.

由 CF 是直径可知 $DF \perp CD$, 故 $KN \parallel AB \parallel LM$, 再考虑到 $AB \perp CD$, 于是可知四边形 $KLMN$ 是矩形.

由 $CM \parallel KF, AF \parallel CE$ 可知 $\angle ECM = \angle AFK$, 再由 $CE = AF$ 可知 $\text{Rt}\triangle AFK \cong \text{Rt}\triangle ECM$, 故 $ME = AK = BN$. 再由 $MC = BP$ 得到 $\text{Rt}\triangle CME \cong \text{Rt}\triangle PBN$, 从而 $CE = PN, \angle CEM = \angle PNB \implies CE \parallel PN$. 现在就得到 $PN \underset{=}{\parallel} CE \underset{=}{\parallel} AF$, 故 $PCEN$ 和 $AFNP$ 均为平行四边形.

现在延长 NP 分别交 EF 和 AC 于 H 点和 G 点. 易知 $AFHG$ 为矩形. 现在就有

$$2S_{\text{Rt}\triangle APD} = S_{APNF} = S_{AFHG}, \tag{19.39}$$

$$2S_{\text{Rt}\triangle CPB} = S_{CPNE} = S_{CEHG}. \tag{19.40}$$

由式 (19.39)+ 式 (19.40) 可知

$$2S_{\text{Rt}\triangle APD} + 2S_{\text{Rt}\triangle CPB} = S_{ACEF} = 4S_{\triangle AOC}. \tag{19.41}$$

由式 (19.41) 立得 $S_{\text{Rt}\triangle APD} + 2S_{\text{Rt}\triangle CPB} = 2S_{\triangle AOC}$.　　□

证法 356　如图 19.19 所示, 以斜边 AB 的垂直平分线上一点 O 为圆心, OA 为半径作圆, 与两直角边延长线分别交于 D、L 两点. 延长 BO 交圆于

F 点, 过 L 作 AC 的平行线交 FD 的延长线于 N 点. 设 E 为 AB 中点, 从定理 19.4 的证明过程中可知 $DL = CN = BF = 2OE$.

设 $DC = x, CL = y, LD = z$. 由 $\text{Rt}\triangle LDC \sim \text{Rt}\triangle ABC$ 知 $CD:BC = LC:AC = LD:AB$, 现设 $x:a = y:b = z:c = k$. 根据定理 19.4 有 $S_{\text{Rt}\triangle BCD} + S_{\text{Rt}\triangle ACL} = 2S_{\triangle AOB}$,

可得
$$BC \cdot CD + AC \cdot CL = 2(AB \cdot OE) = AB \cdot DL. \qquad (19.42)$$

式 (19.42) 即 $ax + by = cz$, 再将 $x = ak, y = bk, z = ck$ 代入得

$$ka^2 + kb^2 = kc^2 \implies a^2 + b^2 = c^2. \qquad \square$$

下面介绍托勒密定理以及如何用它证明勾股定理.

定理 19.5(托勒密定理) 圆内接四边形的两条对角线的乘积等于两组对边的乘积之和.

如图 19.20 所示, 若四边形 $ABCD$ 有外接圆 O, 则必满足如下等式:

$$AC \cdot BD = AB \cdot CD + AD \cdot BC.$$

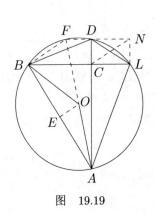

图 19.19

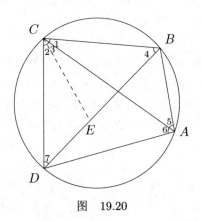

图 19.20

托勒密定理实质上是关于共圆性的基本性质, 下面给出该定理的证明.

证 如图 19.20 所示. 在 BD 上截取一点 E 使 $\angle DCE = \angle ACB$. 由 $\angle 1 = \angle 2, \angle 7 = \angle 5$ 可得 $\triangle CDE \sim \triangle CAB$, 于是有

$$CD:CA = DE:AB \implies AB \cdot CD = AC \cdot DE. \qquad (19.43)$$

又从 $\angle ECB = \angle DCA$ 和 $\angle 4 = \angle 6$ 可得 $\triangle CBE \sim \triangle CAD$,

于是有 $BC : AC = BE : AD \implies AD \cdot BC = AC \cdot BE.$ (19.44)

由式 (19.43)＋式 (19.44) 立得

$$AB \cdot CD + AD \cdot BC = AC \cdot (DE + BE) = AC \cdot BD. \qquad \square$$

证法 357 如图 19.21 所示, 以 AB 为直径作圆 O. 延长线段 CO 交圆 O 于 D 点, 于是 CD 也是直径, 故 $ADBC$ 为矩形. 则 $AD = BC, BD = AC, CD = AB$. 而根据托勒密定理有

$$AD \cdot BC + BD \cdot AC = CD \cdot AB.$$

立得 $BC^2 + AC^2 = AB^2$. $\qquad \square$

证法 358 如图 19.22 所示, 过 C 点作 AB 的垂线, 交 $\triangle ABC$ 的外接圆于 D 点, 由托勒密定理,

$$AC \cdot BD + AD \cdot BC = AB \cdot CD,$$

即 $ab + ab = c \cdot (2x)$, 由证法 183 可知 $x = \dfrac{b(c^2 - b^2)}{ac}$. 立得

$$ab = \frac{b(c^2 - b^2)}{a} \implies c^2 = a^2 + b^2. \qquad \square$$

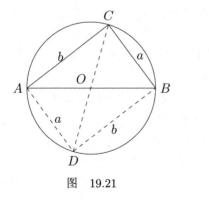

图　19.21

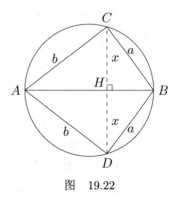

图　19.22

下面介绍一个新的概念: 侧翼三角形 (Flank Triangle) 以及和它相关的定理即定理 19.6, 并在此基础上证明了定理 19.7.

定理 19.6(三角形之高与侧翼三角形的中线重合) 如图 19.23(a) 所示, 设 $\triangle ABC$ 为任意三角形. 任取一顶点比如 C, 在和 C 相关的两条边 AC、BC 上

向外作正方形. 设两个新正方形中和 C 直接相连的顶点为 D 和 F. 连接 FD, 则三角形 CDF 叫作 $\triangle ABC$ 的侧翼三角形. 又设 L 为 DF 的中点, 延长 LC 交 AB 于 AH, 则可以证明 CH 为 $\triangle ABC$ 的高.

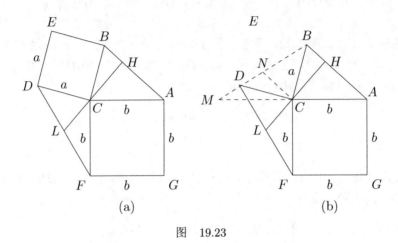

图 19.23

证[①] 如图 19.23(b) 所示, 将 $\triangle DCF$ 绕 C 点顺时针旋转 $90°$, 则旋转之后 CD 旋转到 CB 的位置, CF 旋转到 CM 的位置. 设 N 是 BM 的中点, 则 CN 也可以看作是由 CL 绕 C 点旋转 $90°$ 得到的, 故 $CN \perp CL$. 所以 $CN \perp HL$. 又 CN 显然是 $\triangle AMB$ 的中位线, 故 $CN \parallel AB$, 于是 $CH \perp AB$. □

定理 19.7(若四边形对角线互相垂直, 则其对边平方和相等) 如图 19.24(a) 所示, 设四边形 $ABCH$ 的对角线 $AB \perp CH$. 则 $AC^2 + BH^2 = BC^2 + AH^2$. 也就是如果在四条边上分别向外作正方形 $ACFG$、$BHXY$、$BCDE$、$HAMN$, 则必有 $S_{ACFG} + S_{BHXY} = S_{BCDE} + S_{HAMN}$.

证(Floor van Lamoen) 如图 19.24(a) 所示, 设 AB 交 CH 于 O 点, 又设 U、V、W、Z 分别为 O 分别在 DE、FG、MN、XY 上的垂足, 则 OU、OV、OW、OZ 把 4 个正方形分成了 8 个长方形. 对这 8 个长方形进行编号, 我们只需证明编号相同的长方形面积相等即可.

如图 19.24(b) 所示, 延长 OB 交 EY 于 R 点. 过 E 点和 Y 点分别作 AB 的平行线, 分别交 OU、OZ 于 S、K 点. 显然 $\triangle BEY$ 是 $\triangle CBH$ 的侧翼三角形, 根据定理 19.6 可知 $ER = RY$, 故 E、Y 两点到直线 AB 的距离相等, 于是平行四边形 $LEBO$ 和 $KYBO$ 的高相等, 而他们又有公共底边 BO, 故 $LEBO$ 和 $KYBO$ 的面积相等.

---

① 本证明原作者不详, 由江苏江阴吴罗勇老师提供.

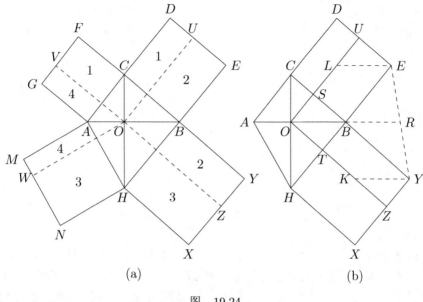

图 19.24

又易知 $S_{BEUS} = S_{BELO}$, $S_{BYKO} = S_{BYZT}$, 于是 $S_{BEUS} = S_{BYZT}$. 同理可证图 19.24(a) 中其他编号相同的长方形面积相等.

$$故 S_{ACFG} + S_{BHXY} = S_1 + S_2 + S_3 + S_4 = S_{BCDE} + S_{HAMN}. \qquad \square$$

下面的证法 359 和证法 360 将直角三角形泛化为对角线垂直的四边形, 直接用定理 19.7 的结论证明了勾股定理.

证法 359 如图 19.25 所示, 在两直角边的延长线上分别取任意点 M、N, 根据定理 19.7 可知

$$AB^2 + MN^2 = BM^2 + AN^2 \qquad (19.45)$$

当点 M、N 都和 C 点重合时, 有 $MN = 0$, $AN = AC$, $BM = BC$, 代入式 (19.45) 后立得 $AB^2 = BC^2 + AC^2$. $\qquad \square$

证法 360 如图 19.26 所示, 在两直角边延长线上截取 $CM = BC, CN = AC$. 则 $\text{Rt}\triangle NCM \cong \text{Rt}\triangle ABC$, 故 $MN = AB$. 由定理 19.7 可得

$$AB^2 + MN^2 = BM^2 + AN^2. \qquad (19.46)$$

而 $BM^2 = 2BC^2, AN^2 = 2AC^2$, 把它们代入式 (19.46), 立得 $2c^2 = 2a^2 + 2b^2 \implies c^2 = a^2 + b^2$. $\qquad \square$

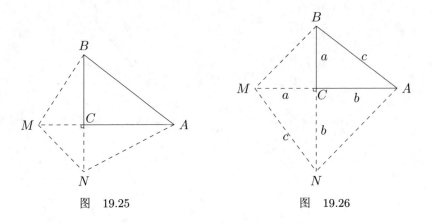

图　19.25　　　　　　　　　　　图　19.26

证法 361　如图 19.27(a) 所示, 设 $\triangle ABC$ 为任意三角形, 且 $a \leqslant b \leqslant c$. 又设 α 为任意角, 再以 c 为边长作菱形 $ABHK$, 满足 $\angle ABH = \alpha$. 然后过 H 点作 AC 的平行线交 CB 的延长线于 N 点, 又过 K 点作 BC 的平行线分别交 CA 和 NH 的延长线于 L 点和 M 点. 易证四边形 $CLNM$ 是平行四边形, 且 $\triangle ABC \cong \triangle HKM$, $\triangle NHB \cong \triangle LAK$.

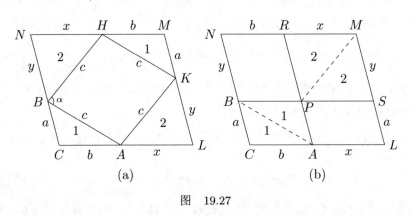

图　19.27

现在过 A 作 BC 的平行线交 NM 于 R 点, 过 B 作 AC 的平行线交 LM 于 S 点. 就得到了子图 (b). 由子图 (a) 和子图 (b) 可以明显看出

$$S_{ABHK} = S_{ALSP} + S_{BPRN}. \tag{19.47}$$

现在考虑 $\angle C = 90°$ 且 $\alpha = 90°$ 的情况. 容易知道此时有 $x = a, y = b$. 且四边形 $ALSP$、$BPRN$、$ABHK$ 均为正方形, 其边长分别为 a、b、c. 于是由式 (19.47) 立得 $c^2 = a^2 + b^2$.　　　　　　　　　　　　□

证法 362　如图 19.28(a) 所示, 设 $ABCD$ 为平行四边形, 根据向量的加法性质和内积运算性质可知

$$\vec{AC} = \vec{AD} + \vec{DC} \implies AC^2 = AD^2 + DC^2 + 2\vec{AD} \cdot \vec{DC}, \qquad (19.48)$$

$$\vec{DB} = \vec{DA} + \vec{AB} \implies DB^2 = DA^2 + AB^2 + 2\vec{DA} \cdot \vec{AB}. \qquad (19.49)$$

由式 (19.48)+ 式 (19.49), 再考虑到 $\vec{AB} = \vec{DC}$, $\vec{AD} = -\vec{DA}$, 便得到

$$AC^2 + BD^2 = 2AD^2 + 2AB^2. \qquad (19.50)$$

也就是**平行四边行的对角线平方和等于四边的平方和**.

现在让平行四边形的一个角为直角, 此时可以得到一个矩形, 即图 19.28(b). 根据式 (19.50), 在图 19.28(b) 中有 $AB^2 + CD^2 = 2BC^2 + 2AC^2$. 而矩形的对角线长度相等, 于是立得 $2c^2 = 2a^2 + 2b^2 \implies c^2 = a^2 + b^2$. $\quad\square$

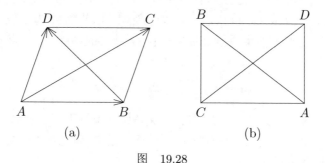

图　19.28

在本章也是本书的最后介绍三个用物理学定律证明勾股定理的例子, 即证法 363 ～ 证法 365, 作为全书的压轴证法. 介绍这些证法的目的是希望读者能更好地理解几何和其他学科之间的联系, 开拓视野和思路. 帮助读者去寻找和发现更多、更好的关于勾股定理的证法.

证法 363　如图 19.29 所示, 设有一个大小为 c 的力 $\vec{BD}$ 作用于 B 点, 其方向与 AB 垂直. 再作 BD 的两个垂直分量 $\vec{BE}$ 和 $\vec{BF}$, 易知 $|\vec{BE}| = a, |\vec{BF}| = b$. 现在设 A 点为不动点, 考虑这三个力对 A 点的力矩, 由力矩的合成、分解法则与合力的力矩等于分力的力矩之和可知

$$c \cdot |\vec{BD}| = a \cdot |\vec{BE}| + b \cdot |\vec{BF}|.$$

这就是 $c^2 = a^2 + b^2$. $\quad\square$

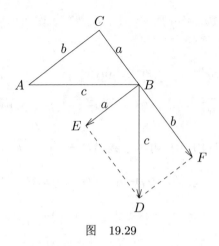

图　19.29

证法 364　如图 19.30 所示, 设连杆 AC、BD 的长度分别为 b、$2a$, 铰接于 C 点. 又设 B、D 点处分别有质量 m, 其他点处质量分布均为 0. 现在使连杆 AC 以 A 点为中心, 以角速度 ω 做匀速转动. 若以 A 为参照点, 则 B、D 的两点的动能之和等于将质量 $2m$ 集中在 C 处时的动能. 易知点 C 的线速度 $v_c = b\omega$, 故有

$$E_B + E_D = \frac{1}{2} \times 2mv_c^2 = mb^2\omega^2. \tag{19.51}$$

现在如果再有外力使杆 BD 与 AC 夹角始终保持不变, 则易知此时 BD 对于 C 点的角速度也等于 ω. 此时 B、D 的两点的动能比式 (19.51) 多了一个绕 C 点旋转时产生的动能, 即

$$E_B' + E_D' = mb^2\omega^2 + \frac{1}{2}m(a\omega)^2 + \frac{1}{2}m(a\omega)^2 = 2m\omega^2(a^2 + b^2). \tag{19.52}$$

又因 BD 始终和 AC 保持固定夹角, 可直接用 B、D 两点相对于 A 的线速度计算动能. 即

$$E_B' + E_D' = \frac{1}{2}m(AB \cdot \omega)^2 + \frac{1}{2}m(AD \cdot \omega)^2 = m\omega^2(c^2 + c'^2). \tag{19.53}$$

由式 (19.52) 和式 (19.53) 可得 $2(a^2+b^2) = c^2+c'^2$. 当 $BD \perp AC$ 时, $c=c'$, 于是立得 $a^2 + b^2 = c^2$.　　　　　　　　　　　　　　　□

证法 365　如图 19.31 所示, 设连杆 AC、BC 的长度分别为 b、a, 铰接于 C 点. 现在使连杆 AC 以 A 点为中心, 以角速度 ω 作匀速转动. 且有外力使 BC 与 AC 始终垂直. 则易知 B 点绕 C 点旋转的角速度也为 ω. 现在设 $\overrightarrow{BD}$

为 B 点相对于 A 点的线速度, $\overrightarrow{BE}$ 为 C 点相对于 A 点的线速度, $\overrightarrow{BF}$ 为 B 点相对于 C 点的线速度. 根据速度合成法则可知 $\overrightarrow{BD} = \overrightarrow{BF} + \overrightarrow{BE}$. 两边同时平方得

$$BD^2 = BF^2 + 2\overrightarrow{BF} \cdot \overrightarrow{BE} + BE^2 = BF^2 + BE^2.$$

即 $(c\omega)^2 = (a\omega)^2 + (b\omega)^2 \implies c^2 = a^2 + b^2.$ $\qquad\square$

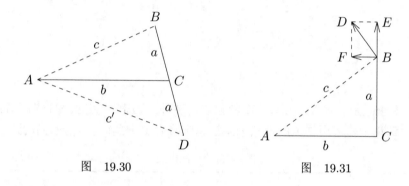

图　19.30　　　　　　　　　　图　19.31

附录 A

证法出处汇总

本书的证法除小部分为本书作者独立发现外, 大部分均是改编自前人的工作成果. 这里把作者所知道的证法来源汇总到附表 1 中, 作为对前辈们的致敬.

附表 1　部分证法出处

编号	证法来源
1	改编自 [2,p107], 为原书的第 12 个几何证法, 由 Loomis 于 1926 年 3 月 28 日发现
2	改编自 [2,p194], 为原书的第 164 个几何证法, 由 Richard 于 1914 年 7 月 13 日发现
3	改编自 [2,p204], 为原书的第 184 个几何证法, 由 Richard 于 1920 年 11 月 30 日发现
4	改编自 [2,p111], 为原书的第 18 个几何证法
5	改编自 [2,p113], 为原书的第 22 个几何证法
6	改编自 [2,p136], 由 Jacon de Gelder 于 1806 年发现
7	改编自 [2,p208], 为原书的第 194 个几何证法
8	改编自 [2,p114], 为原书的第 23 个几何证法
9	改编自 [2,p116], 为原书的第 28 个几何证法
10~18	均改编自文献 [3] 的第 15 个证法
19~29	均改编自文献 [8] 的第 210~214 页
30	改编自 [3] 中的第 10 个证法
31	改编自 [2,p108], 为原书的第 14 个几何证法, 由 Loomis 于 1926 年 3 月 28 日发现
32	改编自 [3] 中的第 2 个证法
33	改编自 [2,p108], 为原书的第 13 个几何证法, 由 Loomis 于 1926 年 3 月 28 日发现

续表

编号	证法来源
34	改编自 [2,p112], 为原书的第 20 个几何证法
35	改编自 [2,p117], 为原书的第 29 个几何证法
36	改编自 [2,p149], 为原书的第 81 个几何证法
37	李迈新于 2014 年 11 月 13 日发现
38	改编自 [2,p152], 为原书的第 87 个几何证法
39	改编自 [2,p105], 为原书的第 10 个几何证法, 由 Loomis 于 1926 年 3 月 18 日发现
40	改编自 [2,p130], 为原书的第 58 个几何证法
41	改编自 [2,p132], 为原书的第 52 个几何证法
42	改编自 [2,p167], 为原书的第 113 个几何证法
43	改编自 [2,p163], 为原书的第 104 个几何证法
44	改编自 [2,p113], 为原书的第 21 个几何证法
45	改编自 [2,p151], 为原书的第 85 个几何证法
46	改编自 [2,p196], 为原书的第 170 个几何证法
47	改编自 [2,p219], 为原书的第 211 个几何证法
48	改编自 [2,p122], 为原书的第 37 个几何证法
49	改编自 [2,p129], 为原书的第 47 个几何证法
50	改编自 [2,p136], 为原书的第 61 个几何证法
51	改编自 [2,p139], 为原书的第 67 个几何证法
52	改编自 [2,p192], 为原书的第 161 个几何证法
53	改编自 [2,p130], 为原书的第 48 个几何证法
54	改编自 [2,p124], 为原书的第 41 个几何证法
55	改编自 [2,p162], 为原书的第 102 个几何证法
56	改编自 [2,p119], 为原书的第 33 个几何证法
57	改编自 [2,p222], 为原书的第 217 个几何证法, 由 Loomis 于 1926 年 3 月 26 日发现
58	改编自 [2,p222], 为原书的第 39 个几何证法, 由 Loomis 于 1933 年 11 月 16 日发现
59	改编自 [2,p169], 为原书的第 117 个几何证法
60	改编自 [2,p175], 为原书的第 129 个几何证法
61	改编自 [2,p186], 为原书的第 151 个几何证法
62	改编自 [2,p199], 为原书的第 175 个几何证法
63	改编自 [2,p118], 为原书的第 31 个几何证法, 由 Huygen 于 1657 年发现
64	改编自 [2,p162], 为原书的第 103 个几何证法

编号	证法来源
65	改编自 [2,p132]，为原书的第 53 个几何证法
66	改编自 [2,p133]，为原书的第 54 个几何证法
67	改编自 [2,p222]，为原书的第 39 个几何证法，由 Loomis 于 1900 年 7 月 20 日发现
68	改编自 [2,p56]，为原书的第 47 个代数证法，由 Loomis 于 1900 年 2 月 2 日发现
69	改编自 [2,p131]，为原书的第 50 个几何证法
70	改编自 [2,p164]，为原书的第 106 个几何证法
71	改编自 [2,p45]，为原书的第 23 个代数证法
72	改编自 [2,p54]，为原书的第 43 个代数证法，由 A. E. Colburn 发现
73	改编自 [2,p54]，为原书的第 44 个代数证法，由 A. E. Colburn 发现
74	改编自 [2,p73]，为原书的第 78 个代数证法，由 A. E. Colburn 于 1922 年 11 月 1 日发现
75	改编自 [2,p52]，为原书的第 39 个代数证法，由 Jules Camirs 于 1889 年发现
76	改编自 [2,p61]，为原书的第 57 个代数证法，由 A. E. Colburn 发现
77	改编自 [2,p53]，为原书的第 42 个代数证法
78	改编自 [2,p57]，为原书的第 49 个代数证法
79	改编自 [2,p120a]，为原书的第 34 个几何证法，由 Jacon de Gelder 于 1806 年发现
80	改编自 [2,p122]，为原书的第 35 个几何证法
81	改编自 [2,p122]，为原书的第 116 个几何证法，由 Loomis 于 1900 年 8 月 1 日发现
82	改编自 [2,p225]，为原书的第 221 个几何证法，由 Arthur H. Colburn 于 1911 年发现
83	改编自 [2,p191]，为原书的第 158 个几何证法，由 Loomis 于 1900 年 8 月 4 日发现
84	改编自 [2,p56]，为原书的第 48 个代数证法，由 Loomis 于 1926 年 1 月 26 日发现
85	改编自 [2,p146]，为原书的第 73 个几何证法
86	改编自 [2,p148]，为原书的第 78 个几何证法
87	改编自 [2,p171]，为原书的第 120 个几何证法
88	改编自 [2,p178]，为原书的第 135 个几何证法
89	改编自 [2,p161]，为原书的第 100 个几何证法
90	改编自 [2,p163]，为原书的第 105 个几何证法

编号	证法来源
91	改编自 [2,p168]，为原书的第 115 个几何证法，由 Joseph Zelson 发现
92	改编自 [2,p263]，为原书的第 255 个几何证法，由 Bob Chillag 于 1940 年 5 月 28 日发现
93	改编自 [3] 中的第 30 个证法，由 Poo-sung Par 于 1999 年发现
94	改编自 [3] 中的第 99 个证法，由 Daniel Hardisky 发现
95	改编自 [3] 中的第 93 个证法，由 Henry Perigal 于 1872 年发现
96	改编自 [3] 中的第 104 个证法，由 A. G. Samosvat 发现
97	改编自 [3] 中的第 33 个证法
98	改编自 [2,p49]，为原书的第 12 个代数证法
99	改编自 [2,p49]，为原书的第 12 个代数证法，由 J. G. Excell 于 1928 年 7 月发现
100	改编自 [8,p8] 的图 1-19
101	改编自 [2,p50]，为原书的第 50 个代数证法
102	改编自 Knot 的第 52 个证法，由 Jamie de Lemos 发现
103	李迈新于 2015 年 12 月 1 日发现
104	改编自 [2,p234]，为原书的第 236 个几何证法，由 J. G. Thompson 发现
105	改编自 [2,p45]，为原书的第 25 个代数证法
106	改编自 [1,p3]，为原书的第 3 个证法
107	改编自 [2,p45]，为原书的第 37 个代数证法
108	改编自 [3] 的第 50 个证法
109	改编自 [3] 的第 49 个证法
110~112	改编自 [2,p58]，为原书的第 51 个代数证法
113	改编自 [3] 的第 89 个证法，由 John Molokach 于 2010 年发现
114	李迈新于 2015 年 8 月 9 日发现
115	改编自 [3] 的第 48 个证法，W. J. Dobbs 发现
116	改编自 [1,p7]，为原书的第 10 个证法，由华德汉姆发现
117	改编自 [1,p5]，为原书的第 6 个证法
118	改编自 [2,p231]，为原书的第 231 个代数证法，由 Carfield 于 1876 年发现
119	改编自 [3] 的第 114 个证法，由 Bùi Quang Tuán 于 2015 年 3 月 1 日发现
120	改编自 [2,p46]，为原书的第 27 个代数证法
121	改编自 [3] 的第 51 个证法，由 J. Elliott 发现
122	改编自 [2,p44]，为原书的第 20 个代数证法

编号	证法来源
123	改编自 [2,p44]，为原书的第 21 个代数证法
124	改编自 [3] 的第 51 个证法，由 Tao Tong 发现
125	李迈新于 2016 年 5 月 26 日发现
126	改编自 [3] 的第 47 个证法，John Kawamura 于 2005 年发现
127	改编自 [3] 的第 51 个证法，由 Tao Tong 发现
128	改编自 [3] 的第 51 个证法，由 Tao Tong 发现
129	改编自 [1,p4]，为原书的第 4 个证法
130~131	李迈新于 2015 年 1 月 15 日发现
132	改编自 [1,p5]，为原书的第 5 个证法
133	李迈新于 2015 年 1 月 15 日发现
134	改编自 [8,p8] 中的图 1-20
135	改编自 [2,p49]，为原书的第 35 个代数证法，由 Maurice Laisnez 于 1939 年发现
136	改编自 [2,p260]，为原书的第 251 个几何证法，由 Joseph Zelson 于 1939 年 7 月 13 日发现
137	改编自 [3] 的第 45 个证法，由 Douglas Rogers 发现
138	改编自 [2,p134]，为原书的第 57 个几何证法
139	改编自 [2,p259]，为原书的第 249 个几何证法，由 Joseph Zelson 于 1939 年 6 月 29 日发现
140	改编自 [2,p150]，为原书的第 83 个几何证法
141	改编自 [2,p129]，为原书的第 46 个几何证法
142	改编自 [2,p141]，为原书的第 69 个几何证法，由 Joseph Zelson 于 1939 年 5 月 5 日发现
143	改编自 [2,p258]，为原书的第 248 个几何证法，由 Joseph Zelson 发现
144	改编自 [2,p260]，为原书的第 250 个几何证法，由 Joseph Zelson 于 1939 年 7 月 13 日发现
145	改编自 [3] 的第 16 个证法，由 Leonardo da Vinci(1452—1519) 发现
146	改编自 [3] 的第 27 个证法
147	改编自 [3] 的第 36 个证法，由 S. K. Stein 于 1999 年发现
148	改编自 [3] 的第 38 个证法，由 David King 发现
149	改编自 [2,p134]，为原书的第 58 个几何证法
150	改编自 [2,p135]，为原书的第 59 个几何证法
151	改编自 [2,p138]，为原书的第 64 个几何证法
152	改编自 [2,p139]，为原书的第 66 个几何证法

编号	证法来源
153	改编自 [2,p164]，为原书的第 107 个几何证法，由 Joh. Hoffman 于 1821 年发现
154	改编自 [2,p166]，为原书的第 111 个几何证法，由 Joh. Hoffman 于 1821 年发现
155	改编自 [2,p172]，为原书的第 122 个几何证法，由 Joh. Hoffman 于 1821 年发现
156	改编自 [2,p172]，为原书的第 124 个几何证法，由 Loomis 于 1939 年 6 月 17 日发现
157	改编自 [2,p183]，为原书的第 145 个几何证法，由 M. Philips 于 1875 年发现
158	改编自 [2,p184]，为原书的第 146 个几何证法，由 Loomis 于 1926 年 3 月 14 日发现
159	改编自 [2,p188]，为原书的第 156 个几何证法，由 Joh. Hoffman 于 1821 年发现
160	改编自 [3] 的第 34 个证法
161	改编自 [2,p235]，为原书的第 238 个几何证法，由 Joh. Hoffman 于 1821 年发现
162	改编自 [2,p49]，为原书的第 243 个几何证法
163	改编自 [3] 的第 95 个证法，由 Quang Tuan Bui 发现
164	改编自 [2,p233]，为原书的第 234 个几何证法，由 M. Piton Bressant 发现
165	改编自 [2,p49]，为原书的第 68 个几何证法，由 Ann Condit 于 1938 年 10 月发现
166~167	改编自 [3] 的第 103 个证法，由 Tony Foster 发现
168	改编自 [3] 的第 97 个证法，由 Edgardo Alandete 发现
169	改编自 [3] 的第 15 个证法，由 Miquel Plens 于 2012 年 10 月 10 日发现
170	改编自 [2,p237]，为原书的第 241 个几何证法，由 Loomis 于 1933 年 10 月 28 日发现
171	李迈新于 2015 年 7 月 25 日发现
172	改编自 [3] 的第 67 个证法，由 Shiehyan 发现
174	改编自 [2,p49]，为原书的第 93 个代数证法，由 Bezout 发现
175	改编自 [3] 的第 7 个证法
176	改编自 [3] 的第 19 个证法
177	改编自 [2,p236]，为原书的第 239 个几何证法，由 Loomis 于 1900 年 9 月 18 日发现

编号	证法来源
178	改编自 [2,p236]，为原书的第 240 个几何证法，由 Joh. Hoffman 于 1940 年发现
179	改编自 [2,p49]，为原书的第 105 个代数证法，由 Loomis 于 1933 年 12 月 7 日发现
180	改编自 [2,p47]，为原书的第 29 个代数证法
181	改编自 [2,p240]，为原书的第 244 个几何证法
182	改编自 [3] 的第 43 个证法，由 John Molokach 发现
183	改编自 [1,p6]，为原书的第 7 个几何证法
184	改编自 [2,p43]，为原书的第 18 个代数证法
185	改编自 [2,p47]，为原书的第 31 个代数证法
186	改编自 [3] 的第 32 个证法
187	改编自 [2,p47]，为原书的第 13 个代数证法，由 D. A. Lehman 于 1899 年 12 月发现
188	改编自 [3] 的第 8 个证法
189	改编自 [3] 的第 81 个证法，由 Philip Voets 发现
190	改编自 [2,p47]，为原书的第 22 个代数证法
191	改编自 [2,p45]，为原书的第 24 个代数证法，由 Armand Meyer 于 1876 年发现
192	改编自 [3] 的第 64 个证法
193	李迈新于 2015 年 6 月 21 日发现
194	改编自 [2,p43]，为原书的第 19 个代数证法
195	改编自 [2,p46]，为原书的第 28 个代数证法
196	改编自 [3] 的第 63 个证法，由 Floor van Lamoen 发现
197	原作者不详，由李有贵提供
198~199	李有贵于 2016 年 4 月 23 日发现
200	改编自 [2,p78]，为原书的第 86 个代数证法，由 Loomis 于 1901 年 12 月 13 日发现
201	改编自 [2,p80]，为原书的第 87 个代数证法，由 Hague 于 1917 年发现
202	改编自 [2,p89]，为原书的第 102 个代数证法，由 F. S. Smedley 于 1901 年 6 月 10 日发现
203	改编自 [2,p241]，为原书的第 246 个几何证法，由 B. F. Yanney 于 1899 年发现
204	改编自 [3] 的第 42 个证法，由 Jack Oliver 于 1997 年发现
205	改编自 [3] 的第 54 个证法，由 Larry Hoehn 发现

编号	证法来源
206	改编自 [3] 的第 80 个证法, 由 David Houston 发现
207	改编自 [3] 的第 85 个证法, 由 Bui Quang Tuan 发现
208	改编自 [3] 的第 87 个证法, 由 John Molokach 和 Bui Quang Tuan 共同发现
209	改编自 [3] 的第 92 个证法, 由 Gaetano Speranza 发现
210	改编自 [3] 的第 117 个证法, 由 Andrés Navas 于 2016 年 4 月 12 日发现
211	改编自 [2,p23], 为原书的第 1 个代数证法, 由欧几里得发现
212~214	李迈新于 2014 年 6 月 22 日发现
215	改编自 [2,p25], 为原书的第 2 个代数证法
216~217	李迈新发现
218	改编自 [2,p26], 为原书的第 3 个代数证法
219	改编自 [2,p26], 为原书的第 4 个代数证法
220~223	李迈新发现
224	改编自 [2,p27], 为原书的第 6 个代数证法
225	改编自 [2,p28], 为原书的第 7 个代数证法
226	改编自 [2,p37], 为原书的第 9 个代数证法
227	李迈新于 2014 年 7 月 1 日发现
228	改编自 [2,p28], 为原书的第 8 个代数证法
229~234	李迈新发现
235	改编自 [2,p58], 为原书的第 85 个代数证法
236~237	改编自 [3] 的第 41 个证法, 由 Geoffrey Margrave 发现
238	改编自 [3] 的第 100 个证法, 由 John Arioni 发现
239~240	改编自 [3] 的第 96 个证法, 由 John Molokach 发现
241~246	李迈新发现
247	改编自 [2,p23], 为原书的第 1 个代数证法
248~259	李迈新发现
260	改编自 [2,p40], 为原书的第 14 个代数证法, 由 Alvin Knoer 于 1925 年 12 月发现
261	改编自 [2,p59], 为原书的第 53 个代数证法, 由 Leibniz 于发现
262	改编自 [2,p62], 为原书的第 58 个代数证法
263	改编自 [2,p62], 为原书的第 59 个代数证法
264	改编自 [2,p69], 为原书的第 73 个代数证法
265	改编自 [5] 的第 17 个证法
266	改编自 [5] 的第 18 个证法

编号	证法来源
267	改编自 [5] 的第 19 个证法
268	改编自 [3] 的第 79 个证法，由 Alexandre Wajnberg 发现
269	改编自 [2,p242]，为原书的第 247 个几何证法，由 Andrew Inggraham 发现
270	改编自 [3] 的第 44 个证法，由 Adam Rose 于 2004 年发现
271	改编自 [3] 的第 102 个证法，由 Marcelo Brafman 发现
272	改编自 [2,p74]，为原书的第 79 个代数证法
273	改编自 [2,p74]，为原书的第 80 个代数证法
274	改编自 [2,p80]，为原书的第 88 个代数证法
275	改编自 [2,p81]，为原书的第 89 个代数证法
276	改编自 [2,p81]，为原书的第 90 个代数证法
277	改编自 [3] 的第 113 个证法，由 J. Molokach 于 2015 年 5 月 19 日发现
278	改编自 [2,p77]，为原书的第 84 个代数证法
279	改编自 [2,p88]，为原书的第 101 个代数证法
280	改编自 [2,p68]，为原书的第 71 个代数证法
281	改编自 [2,p70]，为原书的第 74 个代数证法，由 Krueger 于 1746 年发现
282	改编自 [2,p71]，为原书的第 75 个代数证法，由 Joh. Hoffman 发现
283	改编自 [3] 的第 105 个证法，由 Bùi Quang Tuan 发现
284	改编自 [2,p63]，为原书的第 60 个代数证法
285	改编自 [2,p65]，为原书的第 65 个代数证法
286	改编自 [2,p68]，为原书的第 70 个代数证法
287	改编自 [2,p82]，为原书的第 91 个代数证法
288~292	李迈新发现
293	改编自 [2,p107]，为原书的第 215 个几何证法，由 Leitzmann 发现
294	改编自 [2,p52]，为原书的第 40 个代数证法，由 A. E. Colburn 发现
295	改编自 [2,p53]，为原书的第 40 个代数证法，由 A. E. Colburn 发现
296	改编自 [2,p75]，为原书的第 81 个代数证法
297	改编自 [5] 中的第 11 个证法
298	改编自 [2,p48]，为原书的第 32 个代数证法，由 Versluys 发现
299~302	李迈新发现
303	改编自 [3] 中的第 94 个证法，由 Aleksey Kuzmenko 于 2009 年发现
304	改编自 [2,p246]，为原书的第 1 个向量证法
305	改编自 [2,p247]，为原书的第 2 个向量证法
306~308	李迈新发现

续表

编号	证法来源
309	李迈新于 2015 年 2 月 4 日发现
310	改编自 [3] 中的第 94 个证法, 由 John Molokach 发现
311	改编自 [3] 中的第 98 个证法
312	改编自 [3] 中的第 111 个证法, 由 Nuno Luzia 发现
313	改编自 [3] 中的第 90 个证法, 由 John Molokach 于 2010 年 12 月 20 日发现
314	改编自 [3] 中的第 40 个证法, 由 Michael Hardy 于 1988 年发现
315	改编自文献 [12~14]
316	改编自 [3] 中的第 84 个证法
317	改编自文献 [12~14]
318	改编自 [3] 中的第 112 个证法, 由 John Molokach 发现
319~320	李迈新发现
321	改编自 [3] 中的第 112 个证法, 由 Nuno Luzia 发现
322	改编自 [2,p64], 为原书的第 64 个代数证法, 由 Brand 于 1897 年发现
323	改编自 [2,p66], 为原书的第 67 个代数证法, 由 Piton-Bressant 发现
324	改编自 [2,p67], 为原书的第 68 个代数证法, 由 Piton-Bressant 发现
325	改编自 [2,p71], 为原书的第 76 个代数证法, 由 Joh. Hoffman 发现
326~335	李迈新发现
336	改编自 [2,p127], 为原书的第 43 个几何证法, 由 Loomis 于 1933 年 10 月 26 日发现
337	改编自 [3] 的第 107 个证法, 由 Tran Quang Hung 发现
338	改编自 [2,p92], 为原书的第 107 个代数证法, 由 J. J. Postthumus 发现
339	改编自 [3] 的第 107 个证法, 由 W. Dunham 发现
340	改编自 [2,p232], 为原书的第 232 个几何证法, 由 Kruger 于 1746 年发现
341~347	李迈新发现
348	改编自 [3] 的第 13 个证法
349	改编自 [3] 的第 13 个证法, 由 E. W. Dijkstra 发现
349	改编自 [3] 的第 18 个证法, 由 E. W. Dijkstra 发现
351	改编自 [3] 的第 78 个证法, 由 Jan Stevens 发现
352	改编自 [2,p147], 为原书的第 77 个代数证法, 由 Peter Warins 于 1762 年发现
353~354	改编自 [3] 的第 107 个证法, 由 Tran Quang Hung 发现
355	改编自 [3] 的第 78 个证法, 由 Bui Quang Tuan 发现
356	改编自 [3] 的第 106 个证法

编号	证法来源
357	改编自 [2,p139], 为原书的第 66 个几何证法, 由 J. D. Kruitbosch 发现
358	改编自 [1,p7], 为原书的第 8 个证法
359	改编自 [3] 的第 65 个证法, 由 Floor van Lamoen 发现
360	改编自 [3] 的第 66 个证法, 由 Floor van Lamoen 发现
361	改编自 [3] 的第 55 个证法, 由 W. J. Hazard 发现
362	改编自 [3] 的第 68 个证法
363	改编自 [2,p248], 为原书第 4 篇的第 1 个证法
364	改编自 [2,p249], 为原书第 4 篇的第 2 个证法
365	李迈新于 2015 年 11 月 16 日发现

附录 B

勾股定理之高考花絮

在本书写作的过程中, 受到很多朋友的鼓励, 不过也有质疑之声. 一个朋友就直言不讳地问:"勾股定理这么简单, 收集这么多证法有啥实际用处? 这和孔乙己卖弄'茴'字有四种写法有什么区别?" 我相信这也是相当一部分对数学不感兴趣的人的想法.

对这个问题, 我觉得下面这个故事或许对他们有所启迪 (该故事摘自著名作家萨苏的新浪博客中的《"罪大恶极"的数学家 —— 潘承彪》一文, 有部分删节, 在此感谢萨老师同意本人转载这篇文章).

谈到数学家, 有位朋友提起了山东大学老校长潘承洞先生, 问我是否了解. 老实说, 我对潘承洞先生是只闻其名, 未见其人. 但关于潘先生, 倒不是完全没的可说, 可以泄露一个堪称中国数学界"罪大恶极"的秘密. 不过, 这个"罪大恶极"的主角, 并不是潘承洞先生, 而是潘承洞先生的弟弟, 潘承彪先生.

数学界父子传承的不在少数, 但兄弟都在这个领域做出出色成就的倒不是特别多, 至少我所听说过的, 也就是潘先生两兄弟了. 这可能是数学这玩意儿太累脑子, 对先天要求比较高, 家里偶尔出一个干这个的还行, "连续放卫星"未免要求太高. 两位潘先生都在解析数论方面有着出色的成就, 堪称双璧.

不过, 我要说的并非潘承彪的成就, 而是他在数学界一个"罪大恶极"的秘密, 他干的这件事, 相信到现在还有不少人记得, 只不过找不着正主儿是谁.

潘先生温文尔雅的人, 怎么会做出"罪大恶极"的事情来呢? 嘿嘿, 这就是教育部的问题了 —— 教育部找了潘先生去出高考题.

中国的高考, 习惯是找学科权威来出题的. 实际上, 我觉得这根本没有道理. 因为学科权威的本领在专、在精, 对于中学教育那就"擀面杖吹火 —— 一窍不通". 比如科学院数学所的孩子们没一个敢找自己老爹辅导数学的 —— 我们都知道那肯定越讲越糊涂.

但是, 孩子都明白的道理, 教育部却不明白!

于是, 出高考题, 它不找高中的模范教师来做, 却找到了潘教授, 当然高考出题是很多教授一起来的, 潘教授只出了一道题 —— 也还好是只出了一道题. 可以想象, 刚跟一帮杠头 PK 完歌德巴赫猜想, 忽然让他给小孩子们出题, 不出乱子那才怪呢.

那一年, 考数学的孩子们都嗑了牙花, 有愁眉苦脸的, 有咬牙切齿的, 有目瞪口呆的, 有满地找牙的 —— 找了牙准备咬出题的一口. 所有的这些学生, 都是卡在了潘先生这道题上. 这道题答对了的只有不到 1%.

是太难么? 那倒不是, 潘先生算是有自知之明的人, 他知道不能拿微分方程折腾孩子们, 自己知道不能出这么难的. 那出什么好呢? 他琢磨着越简单越好吧. 就出了一道特别简单的题.

这道题就是 —— "请叙述并证明勾股定理".

对高考的学生来说, 这实在太简单了, 就是因为太简单了, 根本没有几个学生还记得这东西怎么证. 勾股定理么, 简直像地球是圆的那么自然么. 但是 …… 证明? 这东西还要证明么?!

就是啊, 你证明一下地球是圆的吧 ……

十年寒窗, 苦苦的猜题, 弄出来这样一道令人目瞪口呆的题目. 下来以后, 学生老师没有不骂的 —— 这谁呀, 出这种题.

那些天, 潘先生就总是有些灰溜溜的, 对议论高考的人很敏感, 而且经常打喷嚏. 见到萨爹, 一个劲儿地嘱咐 —— 人家要问, 你可千万别说那道题是我出的啊 ……

估计他嘱咐了不少人, 所以, 至今还时而听到有人印象深刻地提起这道"罪大恶极", 坑了全国 99% 考生的怪题, 却从来没听到谁说得清它的出处.

现在揭开这个谜底, 潘先生应该不会反对了吧. 相信当年的学生们也早就想开了 —— 反正大伙儿都挂了, 又不是我一个 ……

出于好奇, 我考证了一番这个事情的真假. 刚好认识一个朋友, 他对这件事情记得相当清楚, 是 1979 年高考数学题第四大题, 因为他就是那年参加高考的. 不过我没好意思问这道题他做没做出来, 人家现在是高级中学的特级数学教师, 问这个话题显然有藐视人家水平之嫌, 而且如果人家正好是当时那百分之九十九, 问这个更是给人添堵, 总之还是不问为妙 ……

那么, 潘先生为什么要出这么一道看起来很简单的题目呢, 还是让原文来回答我们吧. 这也正是我想表达的意思.

实际上, 潘先生出这道题, 当然不是因为希望出得简单, 而是他认为中学教育不能只注意题海和数学竞赛, 更应该在基础方面让学生打得更扎实一些, 这是他和萨苏的父亲谈起这件事的时候讲的.

时间虽然过去了近 40 年, 但潘成彪先生的观点并未过时, 一个国家经济、社会的发展离不开科学技术的进步, 要想取得科学技术的领先必须重视基础研究, 而数学是基础中的基础, 是重中之重. 而数学教育, 不能仅限于让学生们知道如何去使用数学定理, 也应该包括让学生了解发现和证明这个定理的过程和思路, 所谓"授人予鱼, 不如授人予渔"是也. 满足了学生的好奇心, 将大大有助于把他们培养成 21 世纪所需要的创新型人才. 因为好的数学素养比如严密的逻辑推理和分析能力, 以及清晰的文字表达能力等, 都是创新的基础.

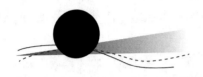

参考文献

[1] 王岳庭, 程其坚. 定理的多种证明公式的多种推导 [M]. 呼和浩特: 内蒙古人民出版社, 1985.

[2] Loomis E S. Pythagorean Proposition[M].3rd ed.ERIC, 1968.

[3] Bogomolny A. Pythagorean Theorem and its many proofs from interactive Mathematics Miscellany and Puzzles[EB/OL]. http://www.cut-the-knot.org/pythagoras/index.shtml.

[4] Dudeney, Perigal.Pythagoras' Theorem by Tessellation[EB/OL].http://www.cut-the-knot.org/pythagoras/PythLattice.shtml.

[5] Yanney B F, Calderhead J A. New and old proofs of the pythagorean theorem[J]. Am Math Monthly, 1896, 3: 65–67, 110–113, 169–171, 299–300; 1897, 4: 11–12, 79–81, 168–170, 250–251, 267–269; 1898, 5: 73-74; 1899, 6: 33-34, 69-71.

[6] Nelsen R B.Proofs Without Words II[M]. MAA, 2000.

[7] 张景中, 彭翕成. 绕来绕去的向量法 [M]. 北京: 科学出版社, 2010.

[8] 彭翕成, 张景中. 仁者无敌面积法 [M]. 上海: 上海教育出版社, 2011.

[9] Eli Maor. 勾股定理: 悠悠 4000 年的故事 [M]. 冯速, 译. 北京: 人民邮电出版社,2010.

[10] 沈文选. 平面几何证明方法全书 [M]. 哈尔滨: 哈尔滨工业大学出版社,2005.

[11] 刘超. 海伦公式证明之史海钩沉 [J]. 中学数学杂志,2008(10):63–65.

[12] 王恩宾. 两角和与差的余弦公式的五种推导方法之对比 [EB/OL]. http://www.pep.com.cn/gzsxb/jszx/jxyj/201403/t20140321_1189326.htm.

[13] 皇甫力超. 两角和差正余弦公式的证明 [EB/OL]. http://edu6.teacher.com.cn/tkc1267a/kcjj/ch1/ckzl/txt3.htm.

[14] 曹开清. 两角和与差的正弦公式的有趣证明 [EB/OL].http://wwwckq.51.net/.

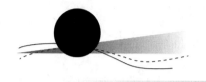

后 记

本书的写作起源于一个很偶然的事件.

2012 年开始我经常写一些数学方面的电子笔记, 而 Word 的公式编辑器不能满足我的需求, 于是开始学习数学排版软件 LaTeX 的使用, 所看的入门书籍是刘海洋编著的《LaTeX 入门》.

该书中的第一个例子是用 LaTeX 排版的一篇名为《杂谈勾股定理》的小文章, 出于好奇, 我在练习完之后上网搜了一下勾股定理有多少种证明方法, 于是搜到了 E. S. Loomis 编著的 *Pythagorean Proposition* 一书, 准备有时间好好看看.

仔细阅读之后我才发现, 原书是用当时的数学语言写的, 比较难懂, 于是就有了把原来的证法改写成现代数学语言的念头. 最终花了两年时间 (2012 年 8 月 — 2014 年 8 月) 把原书的每个证法和相关图形都用 LaTeX 进行了重新排版. 这就是本书的雏形.

古人云 "温故而知新", 在对 *Pythagorean Proposition* 一书进行排版练习同时也是校对的过程中, 我也开始对勾股定理的证明真正产生了兴趣, 所以就下定决心自己也写一本类似的书籍出来.

为了能够达到出书的写作目标, 我去查阅了很多资料, 来加固自己的平面几何基础. 在这些资料中, 对我帮助比较大的有张景中院士和彭翕成老师著的《仁者无敌面积法》和《绕来绕去的向量法》两本书. 最后又花了近两年时间 (2014 年 9 月 — 2016 年 5 月) 完成了本书的初稿.

在本书即将出版之际, 回首这四年中的工作, 感慨颇多, 却难以下笔描述, 还是借用一下电视剧西游记片尾曲《敢问路在何方》的歌词来表达吧.

......

迎来日出送走晚霞

踏平坎坷成大道

斗罢艰险又出发

一年年春秋冬夏

一场场酸甜苦辣

敢问路在何方

路在脚下

最后, 用改编《明朝那些事儿》中的一句话表达自己的终极感想: "对我来说, 成功和幸福的标准就是 —— 按照自己希望和喜欢的方式, 去度过人生."

李迈新

2016 年 9 月 30 日于大连